园林植物病虫害防治

王润珍　王丽君　王海荣　主编

北京

本书是编者在总结了多年园林植物病虫害防治经验基础上，借鉴前人研究成果和学生学习特点编写而成，共分五篇和两个附录。分别介绍了园林植物病虫害的识别、园林植物病虫害的发生规律、园林植物病虫害的综合防治、常见园林植物虫害及防治、常见园林植物病害及防治、常用农药简介和禁止使用的农药简介。

本书着重突出实用性、针对性，力求帮助读者掌握园林植物病虫害防治的基本原理与技能。本书既是高职高专园林、花卉专业必修课教材，也是园艺、林学等其他专业选修课的教材，并可供园林业技术人员阅读参考或职业培训之用。

图书在版编目（CIP）数据

园林植物病虫害防治/王润珍，王丽君，王海荣主编．
北京：化学工业出版社，2011.11（2024.7重印）
ISBN 978-7-122-12495-1

Ⅰ．园… Ⅱ．①王…②王…③王… Ⅲ．园林植物-病虫害防治 Ⅳ．S436.8

中国版本图书馆CIP数据核字（2011）第205863号

责任编辑：李植峰　刘阿娜　　　　装帧设计：关　飞
责任校对：战河红

出版发行：化学工业出版社（北京市东城区青年湖南街13号　邮政编码100011）
印　　刷：北京云浩印刷有限责任公司
装　　订：三河市振勇印装有限公司
710mm×1000mm　1/16　印张14　字数277千字　2024年7月北京第1版第16次印刷

购书咨询：010-64518888　　　　售后服务：010-64518899
网　　址：http://www.cip.com.cn

凡购买本书，如有缺损质量问题，本社销售中心负责调换。

定　　价：28.00元　　　　　　　　　　　　　　　　　版权所有　违者必究

《园林植物病虫害防治》编写人员

主　　编	王润珍　王丽君　王海荣
副 主 编	曹彦清　侯慧锋　张　娟
编写人员	（按姓名汉语拼音排列）

　　　　　　曹彦清（山西省农科院果树研究所）
　　　　　　费云丽（大连市农村工作委员会）
　　　　　　郭瑞锋（山西省农科院高寒区作物研究所）
　　　　　　侯慧锋（辽宁农业职业技术学院）
　　　　　　马铁山（濮阳职业技术学院）
　　　　　　欧善生（广西农业职业技术学院）
　　　　　　王海荣（辽宁农业职业技术学院）
　　　　　　王丽君（辽宁农业职业技术学院）
　　　　　　王润珍（辽宁农业职业技术学院）
　　　　　　阎福军（塔里木大学）
　　　　　　张　娟（塔里木大学）

主　　审　李光武（中国农业大学烟台分院）

前　言

随着人民生活水平的不断提高，环境的绿化和美化成为人们生活的基本要求，优美的环境令置身其中的人们心旷神怡。目前我国各地区都在深入开展和巩固环境的绿化、美化工作，但园林植物在生长过程中不可避免地要受到病虫害的危害，因此园林植物保护工作就显得尤为重要，培养园林植物保护人才的任务也更加紧迫。

本教材是编者在总结了多年园林植物病虫害防治经验基础之上，借鉴前人研究成果和学生学习特点编写而成的。内容上注重针对性和实用性，知识点的讲解力求循序渐进。教材特色主要体现在以下几方面：

① 强化教学中学生的主体地位，尽量使用通俗易懂的语言对内容进行描述。

② 本书完全用文字说明，教材中所涉及的图片和教学所需资料（PPT 等）可从化学工业出版社教学服务网站上获取。网站地址：www.cipedu.com.cn。

本教材由王润珍、王丽君和王海荣担任主编；曹彦清、侯慧锋和张娟担任副主编；阎福军、费云丽、郭瑞锋、欧善生、马铁山参加了编写工作。李光武教授审阅了全稿，并提出了许多宝贵意见和建议。

本教材在编写过程中，得到了有关领导、同行的大力支持和帮助，参阅和借鉴了国内外专家学者的研究成果，在此一并表示诚挚的感谢。

由于园林植物病虫害防治涉及内容广泛，技术性很强，限于编者水平有限，加之编写时间短促，书中不妥或疏漏之处在所难免，敬请专家和广大读者批评指正。

编　者

2011 年 8 月

目 录

第一篇　园林植物病虫害的识别

第一章　园林植物虫害识别 ... 2
第一节　昆虫与近缘动物的识别 ... 2
第二节　昆虫的形态识别 ... 3
第三节　害虫为害状的识别 ... 14
第四节　园林植物昆虫常见类群的识别 ... 15
第二章　园林植物病害识别 ... 20
第一节　园林植物病害的症状识别 ... 20
第二节　园林植物病害的侵染性病原识别 ... 23
第三节　园林植物病害的非侵染性病原识别 ... 38
第四节　植物病害的诊断技术 ... 42

第二篇　园林植物病虫害的发生规律

第一章　园林植物虫害的发生规律 ... 48
第一节　昆虫与人类的关系 ... 49
第二节　昆虫的生殖方式与发育 ... 51
第二章　园林植物病害的发生规律 ... 60
第一节　园林植物病害的发生条件 ... 60
第二节　植物病原的发生特点 ... 61
第三节　植物病害的发生与发展 ... 69

第三篇　园林植物病虫害的综合防治

第一章　综合治理的基本原理 ... 76
第一节　综合治理的概念 ... 76
第二节　综合治理遵循的原则 ... 76
第二章　园林植物病虫害防治的基本方法 ... 78
第一节　植物检疫 ... 78
第二节　园艺技术防治措施 ... 80
第三节　物理机械防治 ... 82

第四节　生物防治 ································ 85
　　第五节　化学防治 ································ 90

第四篇　常见园林植物虫害及防治

第一章　常见食叶害虫及防治 ························ 100
　　第一节　鳞翅目 ································ 100
　　第二节　膜翅目 ································ 124
　　第三节　鞘翅目 ································ 126
　　第四节　直翅目 ································ 129
　　第五节　双翅目 ································ 130

第二章　常见刺吸类害虫及防治 ······················ 133
　　第一节　同翅目 ································ 133
　　第二节　缨翅目 ································ 143
　　第三节　半翅目 ································ 145
　　第四节　蜱螨目 ································ 147

第三章　常见钻蛀性害虫及防治 ······················ 151
　　第一节　鞘翅目 ································ 151
　　第二节　鳞翅目 ································ 158
　　第三节　膜翅目 ································ 160

第四章　常见地下害虫及防治 ························ 161
　　第一节　蝼蛄类 ································ 161
　　第二节　蛴螬类 ································ 162
　　第三节　金针虫类 ······························ 164
　　第四节　地老虎类 ······························ 165

第五篇　常见园林植物病害及防治

第一章　叶、花、果类病害 ·························· 168
　　第一节　叶斑病类 ······························ 168
　　第二节　灰霉病类 ······························ 172
　　第三节　炭疽病类 ······························ 174
　　第四节　锈病类 ································ 175
　　第五节　白粉病类 ······························ 180
　　第六节　畸形病类 ······························ 184
　　第七节　病毒病类 ······························ 185
　　第八节　其他类型叶部病害 ······················ 187

第二章　枝干病害 ·································· 191

第一节　枝干的真菌性病害…………………………………191
　　第二节　枝干的细菌性病害…………………………………194
　　第三节　枝干的线虫病害……………………………………196
　　第四节　枝干的寄生性种子植物……………………………198
　　第五节　枝干的生理性病害…………………………………199
　第三章　根部病害………………………………………………201
　附录一　常用农药简介…………………………………………204
　附录二　禁止使用的农药简介…………………………………213
　参考文献……………………………………………………………214

第一篇 园林植物病虫害的识别

第一章　园林植物虫害识别

为害园林植物的害虫很多，有节肢动物门昆虫纲的各种昆虫、甲壳纲的卷球鼠妇、蛛形纲的螨类、软体动物门的蜗牛和蛞蝓、线形动物门中的一些种类如线虫。还有一些大型的动物如田鼠、野兔和鸟类等。但这其中昆虫占绝大多数。

昆虫是动物界节肢动物门中唯一具有翅的无脊椎动物，是地球上最繁荣的动物类群。"昆"字的意思就是"众多"、"细小"、"小虫"的意思，形形色色的昆虫，成为影响园林植物生长的重要生物因素。

第一节　昆虫与近缘动物的识别

节肢动物门包括6个纲，除昆虫纲外，还有多足纲、甲壳纲、蛛形纲、有爪纲和肢口纲。人们经常见到蜘蛛、螨类、卷球鼠妇、虾、蟹、蜈蚣、马陆等不是昆虫，它们分属于节肢动物门的蛛形纲、甲壳纲和多足纲。

一、节肢动物门的共同特征

① 身体分节，由一个一个的小环节组成。
② 有的体节上有成对分节的附肢。
③ 具有外骨骼。

昆虫与同门的近缘动物之间是有着很多不同的，在防治时所采取的方法也不同，因此有必要将它们加以区别。昆虫属于动物界节肢动物门昆虫纲。昆虫的种类不同，它们的身体构造差别很大，防治时所采取的方法也不同，但其成虫有共同的特征。

二、昆虫纲成虫的共同特征

① 体分头、胸、腹三个体段。
② 头部有口器、一对触角、一对复眼、0～3个单眼。
③ 胸部生有三对足，两对翅。
④ 腹部由9～11节组成，末端有外生殖器。

蝗虫、蝴蝶、蜜蜂、蚂蚁、金龟子、蟒象等都符合上述特征，所以都是昆虫。

只要掌握昆虫的特征，就能把昆虫和其他近缘动物区别开，如蛛形纲的蜘蛛，体分头胸部和腹部两个体段，有4对足，无翅，无触角；甲壳纲的卷球鼠妇、虾、蟹，体分头胸部和腹部，5对足，无翅；多足纲的蜈蚣、马陆，体分头部和胸腹部（胸部和腹部同形），身体各节都生1对或2对足，无翅。由于这些近缘动物都不符合昆虫的特征，所以都不是昆虫，但它们都属于节肢动物。

三、为害园林植物的其他有害动物

为害园林植物的动物中，绝大多数是昆虫，但也有些种类是螨类及其他动物。

螨类属于节肢动物门中的蛛形纲，其中包括各种叶螨、小爪螨、跗线螨、瘿螨等。

除节肢动物门外，对农业有害的还有软体动物门中的蜗牛、蛞蝓、线形动物门中的线虫、脊椎动物中的一些鸟类如麻雀、野鸡和一些哺乳动物如田鼠、野兔、刺猬等也都为害植物。广义地讲，园林植保工作就是防治以上对园林植物生长不利的有害生物。

第二节 昆虫的形态识别

昆虫的种类繁多，外部形态复杂。研究昆虫的外部形态就是从变化多端的结构中，找出它们共同的基本构造，作为种类识别和害虫防治的依据。

一、昆虫的头部

昆虫的头部是昆虫身体的最前体段，以膜质的颈与胸部相连，它是由几个体节合并而成的一个整体，不再分节。头壳坚硬，上面生有口器、触角和眼。因此头部是昆虫感觉和取食的中心。

（一）头部的构造

坚硬的头壳多呈半球形、圆形或椭圆形。在头壳形成过程中，由于体壁的内陷，表面形成许多沟缝，因此将头壳分成若干区。这些沟、区在各类昆虫中变化很大，每一小区都有一定的位置和名称，是昆虫分类的重要依据。

昆虫头部通常可分头顶、额、唇基、颊和后头。头的前上方是头顶，头顶前下方是额（头顶和额的中间以"人"字形的头颅缝为界，头颅缝又称蜕裂线，是幼虫脱皮时头壳裂开的地方）。额的下方是唇基，额和唇基中间以额唇基沟为界。唇基下连上唇，其间以唇基上唇沟为界。颊在头部两侧，其前方以额颊沟与额为界。头的后方连接一条狭窄拱形的骨片是后头，其前方与后头沟与颊为界。如果把头部取下，还可看到一个孔洞，这是后头孔，消化道、神经等都从这里通向身体内部。

（二）昆虫的头式（或口式）

依照口器在头部的着生位置和所指方向，可以将昆虫头部分三种形式。

1. 下口式

口器着生在头部下方，与身体的纵轴垂直，如蝗虫、黏虫等。具有这种头式的昆虫大多数适于在植物表面取食茎、叶，取食方式是比较原始的形式。

2. 前口式

口器着生于头部的前方，与身体的纵轴成一钝角或近乎平行，如步行虫、天牛幼虫等。具有这类头式的昆虫大多数适于捕食或钻蛀。

3. 后口式

口器向后倾斜,与身体纵轴成一锐角,不用时贴在身体的腹面,如蜡象、蝉等。具有这类头式的昆虫大多数适于刺吸植物或动物的汁液。

不同的头式反映了不同的取食方式,这是昆虫适应生活环境的结果。在昆虫分类上经常要用到头式。

(三)昆虫的眼

昆虫的眼有两类:复眼和单眼。复眼是杀虫灯和黄板诱杀所利用的器官。

1. 复眼

完全变态昆虫的成虫期,不完全变态的若虫和成虫期都具有复眼。复眼是昆虫的主要视觉器官,对于昆虫的取食、觅偶、群集、归巢、避敌等都起着重要的作用。

复眼由许多小眼组成。小眼的数目在各类昆虫中变化很大,可以有 1～28000 个不等。小眼的数目越多,复眼的成像就越清晰。复眼能感受光的强弱、一定的颜色和不同的光波,特别对于短光波的感受,很多昆虫更为强烈。这就是利用黑光灯诱虫效果好的道理。复眼还有一定的辨别物像的能力,但只能辨别近处的物体。

2. 单眼

昆虫的单眼分背单眼和侧单眼两类。背单眼为成虫和不完全变态类的幼虫所具有,一般与复眼并存,着生在额区的上方即两复眼之间。一般 3 个,排成倒三角形,有的只有 1～2 个,还有的没有单眼,如盲蝽。侧单眼为完全变态类幼虫所具有,着生于头部两侧,但无复眼。每侧的单眼数目在各类昆虫中不同,一般为 1～7 个(如鳞翅目幼虫一般 6 个,膜翅目叶蜂类幼虫只 1 个,鞘翅目幼虫一般 2～6 个),多的可达几十个(如长翅目幼虫为 20～28 个)。单眼同复眼一样,也是昆虫的视觉器官,但只能感受光的强弱,不能辨别物像。

3. 昆虫的视力和趋光性

昆虫的视力是比较近视的。蝶类只能辨别 1～1.5m 距离的物体,家蝇的视距为 0.4～0.7m,蜻蜓为 1.5～2m。

许多夜出活动的昆虫,对于灯光有趋向的习性,叫做趋光性。相反,有些昆虫习惯于在黑暗处活动,一旦暴露在光照下,立即寻找阴暗处潜藏起来,这是避光性或负趋光性。了解昆虫的趋光和避光的习性,就可以诱杀害虫。例如,波长在 365nm 左右,属紫外光波的黑光灯,对许多昆虫具有强大的诱集力。这种光波在人眼看来是较暗的,但对许多昆虫却是一种最明亮的光线。

(四)昆虫的触角

1. 触角的构造和功能

诱集捕杀昆虫主要是利用昆虫的嗅觉器官——触角。昆虫绝大多数种类都有一对触角,着生在额区两侧,基部在一个膜质的触角窝内。它由柄节、梗节及鞭节三部分组成。柄节是连在头部触角窝里的一节,第二节是梗节,一般比较细小,梗节以后称鞭节,通常是由许多亚节组成。鞭节的亚节数目和形状,随昆虫种类的不同而变化,在昆虫分类上是常用的特征,可以区分不同的种类,有的还可以区别雌雄。

触角是昆虫的重要感觉器官,上面生有许多感觉器和嗅觉器(可以算是昆虫的"鼻子"),有的还具有触觉和听觉的功能,昆虫主要用它来寻找食物和配偶。一般近距离起接触感觉作用,决定是否停留或取食;远距离起嗅觉作用,能闻到食物气味或异性分泌的性激素气味,借此可找到所需的食物或配偶。如菜粉蝶凭着芥子油的气味找到十字花科植物;许多蛾类的雌虫分泌的性外激素,能引诱数里外的雄虫飞来交尾。

有些昆虫的触角还有其他功能,如雄蚊触角的梗节能听到雌蚊飞翔时所发出的音波而找到雌蚊;雄芫菁的触角在交尾时能抱握雌体;水生的仰泳蝽的触角能保持身体平衡;萤蚊的触角能捕食小虫;水龟虫的触角能吸收空气等。

2. 触角的类型

昆虫触角的类型很多,主要有以下几种。

(1) 丝状或线状 触角细长,圆筒形,除基部一、二节稍大外,其余各节的大小、形状相似,逐渐向端部缩小。如蝗虫、草蛉等。

(2) 刚毛状或刺状 触角很短,基部的一、二节粗大,其余的各节纤细似刚毛。如蜻蜓、叶蝉等。

(3) 念珠状 鞭节各亚节形如小珠,大小相似。如白蚁、褐蛉等。

(4) 球杆状 鞭节端部数亚节膨大如球,其余各节细长如杆。如蝶类、蚁蛉等。

(5) 羽毛状 鞭节各亚节向两侧作细羽状突出,形似鸟羽。如蚕蛾、毒蛾等。

(6) 栉齿状 鞭节各亚节向一侧伸出枝状突起,整个触角似梳子。如雄性绿豆象等。

(7) 锯齿状 鞭节各亚节向一侧稍突出如锯齿,整个触角似锯条。如雌性绿豆象、叩头虫和锯天牛等。

(8) 锤状 基部各节细长如杆,鞭节端部数亚节突然膨大,整个触角较短,形似锤。如瓢虫、郭公虫和长角蛉等。

(9) 环毛状 鞭节各亚节环生一圈细毛,近基部的环毛较长,端部的较短。如雄蚊、摇蚊等。

(10) 具芒状 触角只有三节,即鞭节不分亚节。鞭节较粗大,上长一刚毛或羽状毛,称此毛为触角芒。此类触角为蝇类所特有。

(11) 鳃片状或鳃叶状 鞭节端部数亚节或鞭节各亚节向一面扩展成片状或叶片状,状如鱼鳃。此类触角为金龟子类所特有。

(12) 膝状 柄节细长,梗节短小,鞭节各亚节与柄节形成膝状曲折。如蜜蜂、象鼻虫等。

总之,昆虫种类不同,触角形式也不一样,昆虫触角是昆虫分类的常用特征。

例如，具有鳃片状触角的，几乎都是金龟甲类；具有具芒状触角的都是蝇类。此外，触角着生的位置、分节数目、长度比例、触角上感觉器的形状、数目及排列方式等，也常用于蚜虫、蜂的种类鉴定。

利用昆虫的触角，还可区别害虫的雌雄，这在害虫的预测预报和防治策略上很有用处。例如，小地老虎雄蛾的触角是羽毛状，而雌蛾则是丝状；雄性绿豆象触角栉齿状，雌性绿豆象锯齿状。如果诱虫灯下诱到的害虫多是雌虫，且尚未达到产卵的程度，那么及时预报诱杀成虫就可减少产卵为害，这常用于测报上分析虫情。

(五) 昆虫的口器

昆虫的口器是昆虫取食的器官。由于各类昆虫的食性不同，取食方式不一样，口器的构造也发生相应的变化，形成各种类型的口器，但这些类型都由最原始的咀嚼式口器演化而来。

1. 咀嚼式口器

这类口器为取食固体食物的昆虫所具有，如蝗虫、甲虫等。基本构造由五部分组成：上唇、上颚、下颚、下唇和舌。

以蝗虫口器为例，了解咀嚼式口器的基本构造。

上唇是一个薄片，悬在头壳的前下方，盖在上颚的前面。外面坚硬，内部柔软，能辨别食物的味道。

上颚是着生在上唇后面的一对坚硬带齿的锥形物。端部有齿称切区，用来切碎食物；基部有臼称膜区，用来磨碎食物。

下颚也是一对，着生在上颚的后面。每个下颚分成几个部分：端部有两片，靠外的叫外颚叶，靠内的叫内颚叶；此外还有一根通常分为五节的下颚须。下颚能帮助上颚取食，当上颚张开时，下颚就把食物往口里推送，以便上颚继续咬食，即托持、抱握、刮集并输送食物。下颚须具有嗅觉、味觉作用，有来感触食物。

下唇一片，着生在口器的底部，是由一对同下颚相似的构造合并而成。下唇端部有两对突起和一对下唇须，外面的一对称为侧唇舌，里面的一对称为中唇舌，前者比后者大得多；下唇须通常分为三节。下唇及下唇须的作用同下颚及下颚须。

舌位于上、下颚之间、口器的中央，是一个袋形构造，后侧有唾腺开口，能帮助搅拌和吞咽食物。

2. 刺吸式口器

这类口器为取食动植物体内液体食物的昆虫所具有，如蚜虫、叶蝉、蚊、臭虫等。这类口器的特点是具有刺进寄主体内的针状构造和吸食汁液的管状构造。

以蚱蝉口器为例来了解刺吸式口器的基本构造。

该口器有一个由下唇特化成的长管形分节的喙。喙的前面有一个槽，里面埋藏着四根口针，四根口针相互嵌合着。上颚口针一对，是刺进的构造；下颚口针里面有两个槽，两根下颚口针嵌合成两条管道，其中一条管道是用来排出唾液的通道，另一条管道是用来把汁液吸进消化道的通道。

具有刺吸式口器的昆虫主要有半翅目、同翅目、缨翅目和双翅目的一部分成虫（蚊类）。

3. 虹吸式口器

这类口器为鳞翅目成虫（蝶类和蛾类）所特有。它的主要特点是具有一根能卷曲和伸直的喙。喙由两个下颚的外颚叶特化合并而成，中间有管道，花蜜、水等液体食料可由此被吸进消化道。口器的其他部分都已退化，只有下唇须的三节仍发达，突出在喙基部的两侧。具这类口器的昆虫，除部分吸果夜蛾能为害近成熟的果实外，一般不能造成为害。

4. 舐吸式口器

蝇类的口器是舐吸式口器。它的特点是下唇变成粗短的喙。喙的端部膨大，形成一对富有展缩合拢能力的唇瓣。两唇瓣间有一食道口，唇瓣上有许多横列的小沟。这些小沟为食物的进口，取食时即由唇瓣舐吸物体表面的汁液或吐出唾液湿润食物，然后加以舐吸。这类口器的昆虫都无穿刺破坏能力，但其幼虫是蛆，它有一对口钩却能钩烂植物组织吸取汁液。

5. 锉吸式口器

蓟马的口器是锉吸式口器。蓟马头部具有短的圆锥形的喙，是由上唇、下颚和下唇形成的，内藏有舌，只有三根口针，由一对下颚和一根左上颚特化而成，右上颚已完全退化，形成不对称的口器。食物管由两条下颚互相嵌合而成，唾液管则由舌与下唇紧接而成。取食时左上颚针先戳破组织表皮，然后以喙端吸取汁液。

二、昆虫的胸部

昆虫的胸部是昆虫身体的第二个体段，它由颈膜和头部连接。胸部由三个体节组成，依次称为前胸、中胸和后胸。每个胸节的侧下方均有一对分节的胸足，依次称为前足、中足和后足。在大多数种类中，中胸和后胸的背侧各有一对翅，分别称为前翅和后翅，因此中胸和后胸也被称为具翅胸节。由于胸部有足和翅，而足和翅又是昆虫的主要运动器官，所以胸部是昆虫的运动中心。

（一）胸部的基本构造

昆虫胸部要支撑足和翅的运动，承受足、翅的强大动力，故胸节体壁通常高度骨化，形成四面骨板：在上面的称为背板，在腹面的称为腹板，在两侧的称为侧板。这些骨板上还有内陷的沟，里面形成内脊，供肌肉着生。胸部的肌肉也特别发达。

胸部各节发达程度与足翅发达程度有关。如蝼蛄、螳螂的前足很发达，所以前胸比中、后胸发达；蝗虫、蟋蟀的后足善跳跃，因此后胸也发达；蝇类、蚊类的前翅发达，所以它们的中胸特别发达。

三个胸节连接很紧密，特别是两个具翅胸节。胸部通常有两对气门（体内气管系统在体壁上的开口构造），位于节间或前节的后部。

(二) 胸足的构造及其类型

1. 胸足的构造

胸足是昆虫体躯上最典型的附肢，是昆虫行走的器官，由6节组成。

(1) 基节　基节是足和胸部连接的第一节，形状粗短，着生于胸部侧下方足窝内。

(2) 转节　转节很小呈多角形，可使足在行动时转变方向。有些种类转节可分为两个亚节，如一些蜂类。

(3) 腿节　腿节一般最粗大，能跳的昆虫腿节更发达。

(4) 胫节　胫节细长，与腿节成膝状相连，常具成行的刺和端部能活动的距。

(5) 跗节　跗节是足末端的几个小节，通常分成2~5个亚节。

(6) 前跗节　在跗节末端通常还有一对爪，称为前跗节。爪间的突起物称中垫；爪下的叫爪垫，爪和垫都是用来抓住物体的。

2. 胸足的类型

由于各类昆虫的生活习性不同，胸足发生种种特化，形成不同功能的类型。

(1) 步行足　这是最普通的一种。足较细长，各节不特化，适于行走。如步行虫、蟑等。

(2) 跳跃足　这是指后足。腿节特别发达，胫节细长。跳动前，胫节折贴于腿节下，然后突然伸直，使虫体弹跳起来。如蝗虫、蟋蟀等。

(3) 捕捉足　这是由前足特化而成的。基节延长，腿节的腹面有一沟槽，胫节可以折嵌其内，好像一把折刀，用来捕捉其他昆虫、蜘蛛等。如螳螂、猎蝽等。

(4) 开掘足　这是由前足特化而成的。胫节宽扁，外侧具齿，跗节呈铲状，用来掘土。如蝼蛄、金龟子等。

(5) 携粉足　这是由后足特化而成的。胫节宽扁，向外的一面光滑略凹，边缘有长毛，形成一个可以携带花粉的容器，称此为花粉篮；第一跗节也特别膨大，内侧有很多列横排的刚毛，用来梳集粘在体毛上的花粉。此为蜜蜂类所特有。

(6) 游泳足　这是由后足特化而成的。足各节扁平，有长的缘毛，以利于划水。此为水生昆虫所具有。如龙虱、松藻虫等。

(7) 抱握足　这是由前足特化而成的。跗节特别膨大，上面有吸盘状构造，用于交配时抱持雌虫。如龙虱雄虫。

(8) 攀援足　这是外寄生于人及动物毛发上的虱类所具有。跗节只一节，前跗节变为一钩状的爪，胫节肥大，外缘有一指状突起，当爪内缩时可与此指状物紧接，形成钳状，便于夹住毛发。

(9) 净角足　这是由前足特化而成的。第一跗节的基部有一凹陷，胫节端部有1~2个瓣状的距，可以盖在此凹口上，形成一个闭合的空隙，触角从中抽过，便可去掉粘附在上面的东西。此为一些蜂类所具有。

胸足的类型除在分类上常用到外，还可以推断昆虫的栖息场所和取食方式等。

如具有捕捉足的为捕食性；具携粉足的取食花粉和花蜜；具开掘足的为土栖。因此，足的类型可作为害虫防治和益虫保护上的参考。

（三）翅

昆虫纲除少数种类外，绝大多数到成虫期都有两对翅，翅是昆虫的飞翔器官。翅对于觅食、求偶、营巢、育幼和避敌等都非常有利。

有些种类只有一对翅，后翅特化成平衡棒（如双翅目成虫和雄蚧等），用于飞行时维持身体平衡。有些种类翅退化或完全无翅；有些无翅的只限于一性，如枣尺蠖雌成虫、雌蚧等；有些只限于种的一些型，如白蚁、蚂蚁的工蚁和兵蚁；有些则只限于一个时期或一些世代，如在植物生长季为害的若干代的无翅蚜等。此外，还有些种类有短翅型和长翅型之分，如稻褐飞虱等。

1. 翅的形状与构造

（1）翅的形状　一般呈三角形，有三个边，三个角。前面的边称为前缘，后面的边称为后缘或内缘，两者之间的边即外面的边称为外缘。前缘与胸部间的角称为肩角，前缘与外缘间的角称为顶角，又叫翅尖，外缘与内缘间的角称为臀角。此外，昆虫的翅面还有褶纹，从而把翅面划分为几个区。如从翅基到翅的外方有一条臀褶，因而把翅前部划分为臀前区，是主要纵脉分布的区域；臀褶的后方为臀区，是臀脉分布的区域。有时在翅基后方，还有基褶划出腋区，轭褶划出轭区。总之，褶纹可增强昆虫飞行的力量。

（2）翅的构造与脉相　翅上有许多起骨架支撑作用的翅脉。这些翅脉排列的方式在各类昆虫中变化很大，但归纳起来仍有一定的规律与次序。这些翅脉的排列次序称为脉序或脉相。一般认为不同的脉序是由一个原始的脉序演化而来的，这一原始形式是根据现代各类昆虫与古代化石昆虫的脉序比较研究，以及昆虫在幼期翅脉的发育过程推论得出的，所以称为标准脉序或假想脉序。

翅脉可以分为纵脉和横脉两类，纵脉是从翅基部伸到边缘的脉；横脉是横列在两纵脉之间的短脉。纵脉和横脉都有一定的名称和符号。

① 纵脉的名称。

前缘脉（C）：在翅的最前缘，1 支。

亚前缘脉（Sc）：在前缘脉之后，端部常分成 2 支（Sc_1、Sc_2）。

径脉（R）：在亚前缘脉之后，先分出 2 支，前支称第一径脉（R_1），后支称为径分脉（Rs），径分脉再分支两次成为 4 支（R_2、R_3、R_4、R_5）。

中脉（M）：在径脉之后，位于翅的中部。端部分为 4 支（M_1、M_2、M_3、M_4）。

肘脉（Cu）：在中脉之后，端部分为三支（Cu_{1a}、Cu_{1b}、Cu_2）。

臀脉（A）：在肘脉之后，分布在臀区，数目 1~12 支，通常 3 支（1A、2A、3A…）。

轭脉（J）：在臀脉之后，位于轭区，一般 2 支（1J、2J）。

② 横脉的名称（根据所连接的纵脉而命名）。

肩横脉（h）：连接 C-Sc。

径横脉（r）：连接 R_1-R_{2+3}。

分横脉（s）：连接 R_3-R_4 或 R_{2+3}-R_{4+5}。

径中横脉（r-m）：连接 R_{4+5}-M_{1+2}。

中横脉（m）：连接 M_2-M_3。

中肘横脉（m-cu）：连接 M_{3+4}-Cu_1。

由于纵横翅脉的存在，把翅面划分为若干小区，每个小区称为翅室。翅室的命名是以前缘的纵脉而得名，如亚前缘脉后面的翅室称为亚前缘室；中脉后方的翅室称为中室等。如果翅脉合并，则以后一根翅脉的名称来命翅室。有的翅室四周完全为翅脉所封闭，称为闭室；如有一边无翅脉，则称开室。

各类昆虫中脉序的变化很大。这种变化包括翅脉的减少或增多。纵脉的减少是由原有的脉合并或消失；纵脉的增多是原有的脉再分支或发生次生的纵脉。这些变化在分类上是经常用到的。

2. 翅的质地与变异

昆虫的翅一般是膜质的，但不同类型变化很大。有些昆虫为适应特殊需要，发生各种变异。最常见的有以下几种。

（1）覆翅　蝗虫和蟋蟀类的前翅加厚变为革质，栖息时覆盖于后翅上面，但翅脉仍保留着。

（2）鞘翅　各类甲虫的前翅，骨化坚硬如角质，翅脉消失，栖息时两翅相接于背中线上。

（3）半翅或半鞘翅　蝽象类的前翅，基部一半加厚革质，端部一半则为膜质。

（4）鳞翅　蛾蝶类的翅为膜质，但翅面覆盖很多鳞片。

（5）毛翅　石蛾的翅为膜质，但翅面上有很多细毛。

（6）缨翅　蓟马的翅细而长，前后缘具有很长的缨毛。

（7）膜翅　蜂类、蝇类的翅为膜质透明。

（8）平衡棒　蚊、蝇类的后翅，退化为小型棒状体，飞行时有保持身体平衡的作用。

3. 翅的连锁

很多昆虫的前后翅，借各种特殊构造相互连锁在一起，以增强飞行的效力。这种连锁构造统称为翅的连锁器。常见的连锁器有以下几种。

（1）翅轭　比较低等的蛾类，如蝙蝠蛾，在前翅后缘的基部有一指状突出物，称为翅轭，伸在后翅前缘的反面，而以前翅臀区的一部分叠盖后翅前缘的正面，形似夹子，使前后翅连接起来。

（2）翅缰与系缰钩　大部分蛾类后翅前缘的基部有 1 根或几根鬃状的翅缰（通常雄蛾只 1 根，雌蛾最多 3 根，可用以区别雌雄），而前翅反面有系缰钩（雌虫在亚前缘脉基部有一撮倒生的毛；雄虫亚前缘脉下有一耳状骨片），飞翔时翅缰插在系缰钩内，使前后翅连接在一起。系缰钩也称安缰器。

（3）翅钩列　后翅前缘有1列小钩，可钩住前翅后缘的1条卷褶，如蜜蜂的连锁器。还有一种是前后翅都有卷褶，如蝉等。

三、昆虫的腹部

昆虫的腹部是昆虫身体的第三个体段，前端与胸部紧密相接，后端有肛门和外生殖器等。腹部内包有大部分内脏和生殖器官，所以腹部是昆虫新陈代谢和和生殖的中心。

（一）腹部的构造

腹部一般由9～11节组成，除末端几节外，一般无附肢。构造比较简单，只有背板和腹板，两侧为侧膜，而无侧板。腹部的节间膜发达，即腹节可以互相套叠，伸缩弯曲，以利于交配、产卵等活动。

腹部1～8节两侧各有气门（气门是体壁内陷的开口，圆形或椭圆形）1对，用以呼吸。有些种类在末节背部有一对须状的构造称为尾须，尾须是末节未完全退化的附肢，有感觉的功能。在各类昆虫中变化很大，分节或不分节或消失，在分类上常用到。

（二）外生殖器

外生殖器是交配和产卵的器官。

1. 雌性外生殖器

雌虫外生殖器称为产卵器，由2～3对瓣状的构造所组成。在腹面的称为腹产卵瓣，在内方的称为内产卵瓣，在背方的称为背产卵瓣，如雌性螽斯的产卵器。产卵器的构造、形状和功能，在各类昆虫中变化很大。有的种类并无特别的产卵器，直接由腹部末端几节伸长成一细管来产卵，如鳞翅目、双翅目、鞘翅目等的雌虫即属此类。有的种类产卵器已不再用来产卵，而特化成螫刺，用以自卫或麻醉猎物，如蜜蜂、胡蜂、泥蜂、土蜂等蜂类即属此类。还有些种类利用产卵器把植物组织刺破将卵产入，给植物造成很大的伤害，如蝉、叶蝉和飞虱等。这些变化在分类上也是常用到的特征。

2. 雄性外生殖器

雄虫的外生殖器称为交配器，交配器主要包括阳具和抱握器。交配器的构造比较复杂，具有种的特异性，以保证自然界昆虫不能进行种间杂交，在昆虫分类上常用作种和近缘类群鉴定的重要特征。

四、昆虫的体壁

节肢动物的骨骼长在身体外面，而肌肉却着生在骨骼里面，这层外骨骼叫做体壁，即体壁是昆虫骨化了的皮肤，包被在虫体之外，类似高等动物的骨骼。

（一）体壁的功能

昆虫体壁是昆虫体躯（包括附肢）最外层的组织，它的功能归纳起来主要有以下几点：

① 它构成昆虫身体外形，并供肌肉着生，起着高等动物的骨骼作用，因此有"外骨骼"之称。

② 它对昆虫起着保护作用。一方面防止体内水分过度蒸发，这点对陆生昆虫维持体内水分平衡是十分重要的；另一方面防止外来物的侵入，如病原微生物和杀虫剂等的侵入。这对于我们施用杀虫剂时是必须十分注意的。

③ 它上面有许多感觉器官，是昆虫接受刺激并产生反应的场所。

④ 由它形成的各种皮细胞腺起着特殊的分泌作用。

⑤ 它还可以起着一定的呼吸和排泄作用（在一些昆虫中主要靠体壁进行呼吸和排泄）。

（二）体壁的基本构造

体壁为什么能起这些作用？这是由它的基本构造决定的。

昆虫体壁是由胚胎发育时期的外胚层发育而形成的，它由三层组成。由里向外，包括底膜、皮细胞层和表皮层。皮细胞层和表皮层是体壁的主要组成部分，皮细胞层是一层活细胞，而表皮层又是皮细胞层所分泌的，是非细胞性物质。体壁的保护作用和特性大都是由表皮层形成的。

1. 皮细胞层

由一单层连续的细胞组成，它是体壁中唯一的活组织，主要由具有分泌功能的一般皮细胞组成。此外，还有一些特化了的皮细胞，如刚毛、鳞片、感觉器、腺体等。在昆虫生长期（如幼虫期），特别在新表皮形成时，皮细胞层很发达，但到了成虫期，一般退化成一薄层。皮细胞层的主要功能是分泌表皮层和脱皮液，控制昆虫脱皮，还可以修补伤口等。特化的皮细胞层则具有特殊的功能，如感觉器具有感觉功能，腺体具有特殊的分泌功能，如唾腺分泌唾液，丝腺分泌丝，毒腺分泌毒汁，蜡腺分泌蜡液，臭腺分泌臭液等。

2. 表皮层

表皮层是构造最复杂的一层，也是影响杀虫剂作用最大的一层，因此对它的研究也较多。表皮层不仅覆盖虫体的整个表面，还覆盖着前后肠、气管、生殖管道等的内壁。它具有许多特性，如坚硬性、不透性和弹性等。体壁的骨骼支撑作用和保护作用就是由表皮层形成的。表皮层由许多层次组成，从里向外可以分成内表皮、外表皮和上表皮三层。上表皮不含几丁质，内、外表皮含有几丁质。

（1）内表皮 它是表皮层中最厚的一层，一般无色而柔软，主要成分是蛋白质和几丁质，容易被水及水溶性物质渗透，所以它是亲水、疏脂性的。

（2）外表皮 它是由内表皮转化而成的，所以基本成分也是蛋白质和几丁质。昆虫脱皮以后，内表皮的外层中的蛋白质逐渐变化成不可溶性的坚硬的骨蛋白，颜色由浅变深，表皮由软到硬，而形成外表皮。由于它仍是蛋白质和几丁质的复合物，所以基本上也是亲水和疏脂性的。但因为在骨化过程中失水干燥，对水溶性物质的通透性要比内表皮差得多，即愈骨化透性愈差。这说明为什么有些杀虫剂在较柔软的部分（如节间膜）更容易侵入。

（3）上表皮 它是表皮层中最薄的一层，一般在 $1\mu m$ 以下，但构造复杂。它几乎覆盖着整个虫体的表面，还包括前肠、后肠、气管、微气管等的内壁。它由不同层次组成，一般从里向外又可分为壳质层、蜡质层和护蜡层三层。

① 壳质层。壳质层有不同的中文译名，如脂腈层或角质精层等，主要由脂蛋白和鞣化蛋白组成。它是上表皮中最先形成的一层，覆盖着整个虫体表面及前后肠等内壁。壳质层是通透性的屏障，它对于酸类、无机盐类和有机溶剂都表现出抵抗性。但它是疏水性还是亲水性以及通透性的强弱，与它和上层蜡质分子的排列方式以及本身鞣化（即骨化）与否有关。若本身鞣化程度很高，其上排列的蜡质分子为一层紧密的单分子的长链醇，则表现为疏水性；若本身未鞣化，且其上排列的一层单分子长链醇的链，方向倒过来，则为亲水性。

② 蜡质层。几乎全部由蜡质（一般脂类）组成，表现很强的疏水性，水分子及水溶性物质无法通过此层进入虫体内。蜡质层是杀虫剂侵入最关键的一层。有机溶剂（如煤油等）可以溶解此层；一定的高温（如菜粉蝶蛹在 $36\sim40℃$ 左右时）可以扰乱此层蜡质分子的排列从而有利于杀虫剂的侵入。

③ 护蜡层。由脂类、鞣化蛋白和蜡质组成，为疏水亲脂性，用以保护下面的蜡质层及防止体内水分的过量蒸发。此层是杀虫剂能否被吸附于体壁上关键性的一层。

由上可知，上表皮的护蜡层、蜡质层都是疏水亲脂的，壳质层或为疏水性或为亲水性；而外表皮、内表皮都是亲水疏脂性的。这样，杀虫剂既要穿透疏水层又要穿透亲水层，否则不易侵入虫体。

近来人工合成的杀虫剂，都是根据昆虫体壁特性而制造的。如有机磷杀虫剂、拟除虫菊酯类杀虫剂等，都对昆虫体壁具有强烈的亲和力，能很好地附着体壁，使药剂的毒效成分溶解于蜡质，为药剂进入虫体打开通道，能很快地杀死害虫。人工合成的灭幼脲类，也是根据体壁特性而制造的。这类药剂具有抗脱皮激素的作用，当幼虫吃下这类药物后，体内几丁质的合成受到阻碍，不能生出新的表皮，因而使幼虫脱不下表皮，脱皮受阻而死。

（三）体壁的衍生物

由于昆虫对不同生活条件的适应，在体壁上还发生一些特化现象，大致可以分成两类：一类是向外发生的外长物，如刚毛、毒毛、刺、距、鳞片等；另一类是向内发生的腺体，如唾腺、丝腺、蜡腺、毒腺、臭腺、胶腺、脱皮腺及性引诱腺等，这些腺体统称为皮细胞腺。

（四）脱皮

昆虫的表皮既是非细胞性组织，而且外表皮又骨化变硬，所以不能随着虫体的长大而相应增大。因此，昆虫在生长时期（幼虫期）和变态时期（幼虫变蛹、蛹变成虫），就要形成新表皮和脱去旧表皮，这个过程叫做脱皮。幼虫期的脱皮称为生长脱皮；伴随变态的脱皮称为变态脱皮。脱下的虫皮称为蜕。昆虫幼虫每脱皮一次，就增加一龄。值得注意的是昆虫成虫不再脱皮（除极少数外）。成虫期是昆虫个体发育的最后一个阶段，除有性腺发育外，不再生长了。昆虫脱皮时首先从头部蜕裂线处裂开旧表皮，因为蜕裂线处无外表皮。在脱皮发生后期只剩下极薄的一层上表皮，在虫体伸张压力下，就很容易从此线裂开。昆虫脱皮后再逐渐形成外表皮和蜡质层、护蜡层等。

第三节　害虫为害状的识别

不同种类的害虫在为害时会造成不同的为害状。掌握害虫的为害状，能够根据害虫所留下的为害状初步判断害虫的种类，采取相应的防治措施，在生产实践上具有很重要的意义。

一、咀嚼式口器害虫的为害状

咀嚼式口器害虫把植物咬成缺刻、孔洞，或将叶肉吃去，仅留下网状的叶脉，甚至全部吃光，如蝗虫、黏虫、毛毛虫等；钻蛀茎秆或果实的害虫造成孔洞和隧道，如光肩星天牛、月季茎蜂等；为害幼苗常咬断根茎，如蛴螬、蝼蛄等；有的还能钻入叶片上下表皮之间蛀食叶肉，如杨白潜蛾、丁香潜叶跳甲等；还有吐丝卷叶在里面咬食的，如各种卷叶虫。总之，具有这类口器的害虫，都能给植物造成机械损伤，为害性很大。

可以根据不同的为害状来鉴别害虫的种类和为害方式，如地下害虫为害幼苗，被害的幼苗茎秆、地下部分被整齐地切断，好像剪刀剪去的一样，这一定是蛴螬类为害的结果；如果被害处是乱麻一样的须状，无明显的切口，这就是蝼蛄或金针虫为害的结果。根据这些来采取相应的防治措施。

由于咀嚼式口器的害虫是将植物组织切碎嚼烂后吞入消化道，因此可以应用胃毒剂来毒杀它们，如将药剂喷布在植物上或作成诱饵，使药剂和食物一起被吞入消化道而杀死害虫。

二、刺吸式口器害虫的为害状

刺吸式口器害虫为害后，一般不造成缺刻，只在为害部位形成斑点，并随着植物的生长而引起各种畸形，如卷叶、虫瘿、肿瘤等，也有形成破叶的（如绿盲蝽刺吸锦带嫩叶后，随着叶片长大在被害部分就裂开了，形成所谓的"破疯叶"）。此外，刺吸式口器的害虫往往是植物病毒病害的重要传播者，它们的危害性有时更大。

根据刺吸式口器造成的不同为害状，也可以用来作为田间鉴别害虫的依据。

由于刺吸式口器的害虫是将植物的汁液吸入消化道，因此可以应用内吸性杀虫剂来防治这类害虫。

三、其他口器害虫的为害状

具有锉吸式口器的蓟马,往往使被害植物出现不规则的变色斑点、畸形或叶片皱缩、卷曲等为害状,同时有利于病菌的入侵。

红蜘蛛为害叶片时,常使叶片焦枯,为害严重时,远望去似火烧一样。

在害虫防治的生产实践中,有很多可以利用的经验性知识,如根据害虫为害状鉴别害虫种类时,除观察不同口器所造成的为害状以外,也可以仔细观察害虫留下的蜜露、粪便、网幕、脱皮、蛹壳,以及害虫为害造成的煤污、皱缩、变色、蚂蚁上下树等,作为判断害虫种类、确定防治措施的辅助依据。

另外,针对咀嚼式口器和刺吸式口器害虫,除采用胃毒剂和内吸剂外,还可以采用触杀剂、熏蒸剂等药剂进行防治。

第四节 园林植物昆虫常见类群的识别

一、昆虫分类的阶元

昆虫的分类同其他生物的分类一样,整个生物的分类阶元是:界、门、纲、目、科、属、种七个基本阶元。前面已经提到昆虫的分类地位是:动物界,节肢动物门,昆虫纲。

昆虫纲以下的分类阶元是目、科、属、种四个基本阶元。在纲、目、科、属、种之间以及种下还可以设立其他阶元。如亚纲、亚目、亚科、亚属及亚种;也有在目、科之上设立总目、总科;也可以在亚纲与目之间或在亚目与总科之间设立部等阶元。

昆虫每个种都有一个科学的名称,称为学名。昆虫种的学名在国际上有统一的规定,这就是双名法,即规定种的学名由属名和种名共同组成,第一个词为属名,第二个词为种名,最后附上定名人。属名和定名人的第一个字母必须大写,种名全部小写,有时在种名后面还有一个名,这是亚种名,也为小写,并且都由拉丁文字来书写。学名中的属名、种名、有的还有亚种名,一般用斜体字书写,定名人的姓用直体字书写,以示区别。生物的这一双命名法,是由林奈 Linnaeus(1758)创造的。

学名举例:

东亚飞蝗 *Locusta migratoria manilensis* Meyen
     属名   种名   亚种名 定名人

二、昆虫分类系统

昆虫纲的分类系统很多,分多少个目和各目的排列顺序全世界无一致的意见。最早林奈将昆虫分为6个目,现代一般将昆虫分为28~33个目,马尔蒂诺夫将昆虫分了40个目,纲下亚纲等大类群的设立意见也不一致。

三、与园林植物有关的重要目昆虫的特征识别要点

在昆虫分类中，以直翅目、半翅目、同翅目、缨翅目、鞘翅目、脉翅目、鳞翅目、双翅目和膜翅目9个目最为重要，其中几乎包括了所有的园林植物害虫和益虫。下面分目介绍概况。

(一) 直翅目

本目全世界记载约有2万种，我国记载约有500多种。其中包括很多重要害虫，如东亚飞蝗、华北蝼蛄、大蟋蟀等。

本目主要特点：后足为跳跃足或前足为开掘足；咀嚼式口器；前胸背板发达，多呈马鞍状；前翅革质，后翅膜质，少数翅一对或无翅；雌虫腹末多有明显的产卵器（蝼蛄例外）；雄虫多能用后足摩擦前翅或前翅相互摩擦发音；多有听器（腹听器或足听器）；渐变态，若虫与成虫相似；一般为植食性，多为害虫。

(二) 半翅目

本目全世界已记载的约有3万种，我国记载的约有1200种，它是外翅部中第二大目。过去称蝽象，现简称蝽。其中包括有许多重要害虫，如为害园林植物的绿盲蝽、茶翅蝽等。本目中有些为益虫，如猎蝽、姬猎蝽、花蝽等，它们可以捕食蚜、蚧、叶蝉、蓟马、螨类等害虫、害螨。

本目主要特点：刺吸式口器；具分节的喙，喙从头端部伸出；前翅为"半翅"，栖息时平覆背上；前胸很大，中胸小盾片发达（一般呈倒三角形）；腹面中后足间多有臭腺开口；陆生或水生；植食性或捕食性；渐变态。

(三) 同翅目

本目全世界已记载的约有3.2万种，我国记载的约有700种，它是外翅部中第一大目。其中包括许多重要害虫，如蚜虫、蚧类、叶蝉类、飞虱类等。它们除直接吸食为害外，不少种类还能传播植物病害。如大青叶蝉能传播国槐病毒病。

本目主要特点：刺吸式口器，具分节的喙，但喙出自前足基节之间（与半翅目不同）；前翅质地相同（全为膜质或全为革质），栖息时呈屋脊状覆在背上，也有无翅或一对翅的；多为陆生；植食性；多为渐变态。

(四) 缨翅目

本目全世界已记载的约有3000种，我国已发现100多种。其中包括有许多害虫，如为害园林植物的烟蓟马、温室蓟马、花蓟马等。少数种类捕食蚜、螨等害虫、害螨，如塔六点蓟马、纹蓟马等为益虫类。

本目主要特点：翅极狭长，翅缘密生长毛（缨翅），脉很少或无，也有无翅或一对翅的；足跗节末端有一能伸缩的泡；口器刺吸式，但不对称（右上颚口针退化）；多为植食性，少为捕食性；过渐变态（幼虫与成虫外形相似，生活环境也一致；但幼虫转变为成虫前，有一个不食不动的类似蛹的虫态；其幼虫仍称为若虫）。许多种类喜活动于花丛中；有些种类除直接吸食为害外，还可以传播植物病害，或使植物形成虫瘿。

（五）鞘翅目

本目全世界已记载的约有 27 万种以上，我国已记载的约有 7000 种，它是昆虫纲中、也是整个生物中最大的一目。其中包括许多重要害虫，如蛴螬类、金针虫类（均属重要地下害虫）；天牛类、吉丁类（均属蛀干类害虫）；叶甲类、象甲类（均属食叶性害虫）以及许多重要的仓库害虫等。此外，还包括有许多益虫，如捕食性瓢虫类、步行虫类及虎甲类等。

本目主要特点：前翅为鞘翅，静止时覆在背上，盖住中后胸及大部分甚至全部腹部；也有无翅或短翅型的；口器咀嚼式；触角多为 11 节，形态不一；跗节 5 节；多为陆生，也有水生；食性各异，植食性包括很多害虫，捕食性多为益虫，还有不少为腐食性；全变态，少数为复变态（幼虫各龄间，在形态和习性上又有进一步的分化现象）。

（六）脉翅目

本目全世界已记载的约有 5000 种，我国已知约有 200 余种。本目几乎都是益虫，成虫和幼虫几乎都是捕食性，以蚜、蚧、螨、木虱、飞虱、叶蝉以及蚁类、鳞翅目的卵及幼虫等为食；少数水生或寄生。其中最常见的种类是草蛉，其次为褐蛉等。我国常见草蛉有大草蛉、丽草蛉、叶色草蛉、普通草蛉等十多种，有些已经应用在生物防治上。

本目主要特点：二对翅，膜质而近似，脉序如网，各脉到翅缘多分为小叉，少数翅脉简单，但体翅覆盖白粉；头下口式；咀嚼式口器；触角细长，线状或念珠状，少数为棒状；足跗节 5 节，爪 2 个；卵多有长柄；全变态。

（七）鳞翅目

本目全世界已记载的约有 14 万种以上，我国记载的约有 7000 种以上，它是昆虫纲中第二大目。其中包括许多重要害虫，如美国白蛾、棉褐带卷蛾、棉铃虫、舞毒蛾、松毛虫等。此外，著名的家蚕、柞蚕也属于本目昆虫。

本目主要特点：成虫虹吸式口器；体和翅密被鳞片和毛；二对翅，膜质，各有一个封闭的中室，翅上被有鳞毛，组成特殊的斑纹，在分类上常用到；少数无翅或短翅型；跗节 5 节；无尾须；全变态。幼虫多足型，除三对胸足外，一般在第 3～第 6 及第 10 腹节各有腹足一对，但有减少及特化情况，腹足端部有趾钩；幼虫体上条纹在分类上很重要；蛹为被蛹。

成虫一般取食花蜜、水等物，不为害（除少数外，如吸果夜蛾类为害近成熟的果实）。幼虫绝大多数陆生，植食性，为害各种植物；少数水生。

（八）双翅目

本目全世界已记载的约有 85000 多种，我国记载的有 1700 多种，它是昆虫纲中第四大目。其中包括有许多重要卫生害虫和农业害虫，如蚊类、蝇类、牛虻等。此外还包括有食蚜蝇、寄生蝇类等益虫。

本目主要特点：前翅一对，后翅特化为平衡棒，少数无翅；口器刺吸式或舐吸式；足跗节5节；蝇类触角具芒状，虻类触角具端刺或末端分亚节，蚊类触角多为线状（8节以上）；无尾须；全变态或复变态。幼虫无足型，蝇类为无头型，虻类为半头型，蚊类为显头型。蛹为离蛹或围蛹。

（九）膜翅目

本目全世界已记载的约有12万种，我国记载的约有1500种，它是仅次于鞘翅目、鳞翅目而居第三位的大目。其中除少数为植食性害虫（如叶蜂类、树蜂类等）外，大多数为肉食性益虫（如寄生蜂类、捕食性蜂类及蚁类等）；此外，著名的蜜蜂就属于本目昆虫。

本目主要特点：二对翅，膜质，前翅一般较后翅大，后翅前缘具一排小翅钩列；咀嚼式或嚼吸式口器；腹部第一节多向前并入后胸（称为并胸腹节），且常与第二腹节间形成细腰；雌虫一般有锯状或针状产卵器；触角多为膝状；足跗节5节；无尾须；全变态或复变态。幼虫一类为无足型，一类为多足型（叶蜂类：除三对胸足外，还具6~8对腹足，着生于腹部第2~第8节上，但无趾钩）。蛹为离蛹，一般有茧。

本目几乎全部陆生。主要为益虫类，除大多数为天敌昆虫外（寄生蜂类、捕食性蜂类与蚁类），尚有蜜蜂等资源昆虫及授粉昆虫。本目一些种类营群居性或"社会性"生活（蜜蜂和蚁）。

附：蜱螨目

与园林植物关系密切的害虫除以上各目外，还有一部分为蛛形纲蜱螨目的害螨，尤其是叶螨类。

蜱螨目与昆虫的主要区别在于：体不分头、胸、腹三段；无翅；无复眼，或只有1~2对单眼；有足4对（少数有足2对或3对）；变态经过卵—幼螨—若螨—成螨。

与蛛形纲其他动物的区别在于：体躯通常不分节，腹部宽阔地与头胸相连接。

叶螨类俗称红蜘蛛，体形微小，体长1mm以下，圆形或卵形。雄虫一般较雌虫小，躯体末端尖削。体呈红、褐、绿、黄、黄绿、褐绿等多种颜色，体色可随食物种类、食物多少、植物的发育阶段和生理状态不同而异。

身体分区不明显，体躯通常分为前半体和后半体两部分。前半体包括颚体、前足体；后半体包括足体、末体。

颚体位于螨体前端，相当于昆虫的头部。由螯肢和须肢组成，螯肢为伸出于前足体前端的结构，有口针和口针鞘组成，为叶螨的取食器官，取食时可以自由伸缩；须肢位于颚体两侧，左右成对，其节数因科或属的不同而异，如叶螨为5节。叶螨端感器和背感器的形状、长度常随种而异，是分类特征。须肢是叶螨的感觉器官，可以帮助寻找食物。具吐丝习性的种类，须肢端感器还兼具吐丝器的功能。

气门沟是叶螨的呼吸器官，位于口针鞘中央上方的表皮下，呈管状突起，左右成对，形状多变，为分类特征。

多数叶螨表皮薄而柔软，背板不具几丁质，但有些种类背部表皮有不同程度的增厚。表面具线状、网状或颗粒状的表皮纹或皱。背毛形状多种，如刚毛状、刮铲状、披针状、叶状、鞭状等。其数目一般不多于 16 对。躯体腹面具刚毛。末体有生殖孔和肛门，生殖孔四周具放射状的、明显的表皮皱。叶螨成螨和若螨具足 4 对，幼螨具足 3 对。但细须螨科的幼须螨属和植须螨属的成螨仅有 3 对足。足由基节、转节、股节、膝节、胫节和跗节组成。各足跗节爪具黏毛，爪间突有或无黏毛。足Ⅰ、Ⅱ跗节具双毛，此外端侧有 1 根感毛，粗而长，也称大毛，基侧有 1 根触毛，细小，也称小毛。触毛和感毛的数目及其余各足跗、胫节的毛数常为分类依据。

第二章 园林植物病害识别

第一节 园林植物病害的症状识别

园林植物在生长发育和贮藏运输过程中,由于遭受其他生物的侵染或不利的非生物因素的影响,使它的生长和发育受到显著的阻碍,导致产量降低、品质变劣、甚至死亡的现象,称为植物病害。

无论是非侵染性病害还是侵染性病害,都是由生理病变开始,随后发展到组织病变和形态病变。因此,都会表现出一定的症状。症状是植物内部一系列复杂病理变化在植株外部的表现。各种植物病害的症状都有一定的特征性和稳定性,对于园林植物的常见病和多发病,可以依据症状进行诊断。

症状是植物生病后的不正常表现;植物本身的不正常表现称为病状,病原物在发病部位的特征性表现称为病症。通常病害都有病状和病症,但也有例外。非侵染性病害不是由病原物引发的,因而没有病症;侵染性病害中也只有真菌、细菌、寄生性植物有病症,病毒、类病毒、植原体、线虫所致的病害无病症;也有些真菌病害没有明显的病状,在识别病害时应注意。

一、病状

植物病害的病状主要分为变色、坏死、腐烂、萎蔫、畸形五大类型。

(一) 变色

变色是指植物的局部或全株失去正常的颜色。变色是由于色素比例失调造成的,其细胞并没有死亡。变色以叶片变色最为多见。主要表现有以下方面。

(1) 花叶　形状不规则的深浅绿色相间而形成不规则的杂色,各种颜色轮廓清晰。
(2) 斑驳　与花叶不同的是它的轮廓不清晰。
(3) 褪绿　叶片均匀地变为浅绿色。
(4) 黄化、红化、紫化　叶片均匀地变为黄色、红色和紫色。
(5) 明脉　叶脉变为半透明状。
(6) 碎色　发生在花瓣上的变色。

植物病毒、植原体和非生物因子(尤其是缺素)常可引起植物变色。在实践中要注意植物在正常生长过程中出现的变色与发病变色的区别。由植物病毒引起的变色,反映出病毒在基因水平上对寄主植物的干扰和破坏。

(二) 坏死

坏死指植物细胞和组织的死亡,多为局部小面积发生这类病状,坏死在叶片上常表现为各种病斑和叶枯。

1. 病斑

形状、大小和颜色因病害种类不同而差别较大，轮廓多比较清晰。病斑的形状多样，有圆形、椭圆形和梭形等。受叶脉的限制，有些病斑呈多角形或条形。色泽以褐色居多，但也有灰色、黑色、白色的。有的病斑周围还有变色环，称为晕圈。病斑的坏死组织有时脱落形成穿孔，有些病斑上有轮纹，称轮斑或环斑，环斑多为同心圆组成。

2. 叶枯

叶枯是指叶片上较大面积的枯死，枯死的轮廓有的不很明显。叶尖和叶缘枯死称作叶烧或枯焦。

很多在叶片上引起坏死的病原物，也可为害果实，在果实上形成斑点和疮痂。

（三）腐烂

腐烂指植物大块组织的分解和破坏。园林植物幼嫩多汁的根、茎、花和果实上容易发生腐烂。腐烂可以分干腐、湿腐和软腐。如果组织崩溃时伴随汁液流出便形成湿腐；腐烂组织崩溃过程中的水分迅速丧失或组织坚硬则形成干腐；软腐则是中胶层受到破坏而后细胞离析、消解形成的。根据腐烂的部位，有根腐、基腐、茎腐、果腐、花腐等，还伴随有各种颜色变化的特点，如褐腐、白腐、黑腐等。木本植物枝干皮层坏死、腐烂，使木质部外露的病状称为溃疡。立枯和猝倒是由于植株幼苗茎基部组织被破坏、腐烂，植株上部表现萎蔫以至死亡。立枯病发病后立而不倒，猝倒因基部腐烂而迅速倒伏。

（四）萎蔫

萎蔫指植物的整株或局部因脱水而枝叶下垂的现象，主要是由于植物维管束受到毒害或破坏，水分吸收和运输困难造成的。

病原物侵染引起的萎蔫一般不能恢复。萎蔫有局部性的和全株性的，后者更为常见。植株失水迅速，仍能保持绿色的称青枯，不能保持绿色的称枯萎和黄萎。一般说细菌性萎蔫发展快，植株死亡也快，常表现为青枯，而真菌性萎蔫发展相对缓慢，从发病到表现症状需要一定的时间，一些不能获得水分的部位表现出缺水萎蔫、枯死等症状。

（五）畸形

植物受害部位的细胞生长发生促进性或抑制性的病变，使被害植株全株或局部形态异常。

畸形常见的有：矮化、矮缩、皱缩、丛枝、发根、卷叶、蕨叶（或线叶）、瘤肿。畸形多由病毒、类病毒、植原体等病原物侵染引起的。

矮化是植物的各个器官的生长成比例地受到抑制。矮缩是指不成比例的变小，主要是节间缩短。在腋芽处，不正常地萌发出多个小枝，呈簇状，称为丛枝。在根部有类似症状，如大量萌发不定根，称为发根。叶片的畸形种类很多，如叶变小，叶面高低不平的皱缩，叶片沿主脉下卷或上卷的卷叶，卷向与主脉垂直的缩叶等。增生是病部薄壁组织分裂加快，数量迅速增加，使局部出现肿瘤或癌肿。根结线虫在根部取食时，头部周围的寄主细胞发生多次细胞核分裂，但细胞自身不分裂，仅体积增大，形成含多个细胞核的巨型细胞，外表形成瘤状根结。细菌、病毒和真菌等病原物均可造成畸形，他们共同的特征是当感染寄主后，或自身合成植物激素或影响寄主激素的合成，从而破坏植物正常激素调控的时空程序。

二、病症

植物病害的病症可分为五大类，为真菌和细菌在植物得病部位所形成的特殊结构。

（一）霉状物

由真菌的菌丝、孢子梗和孢子在植株表面构成，其着生部位、颜色、质地、疏密变化较大，可分为霜霉、绵霉、灰霉、青霉、黑霉等。

（1）霜霉 多生于叶背，由气孔伸出的较为密集的白色至紫灰色霉状物。如月季霜霉病。

（2）绵霉 是病部产生的大量的白色、疏松、棉絮状物。如观赏茄绵疫病、瓜果腐烂病等。

（3）灰霉、青霉、黑霉 最大的差别是颜色的不同。如非洲菊灰霉病、瓜叶菊黑斑病等。

（二）粉状物

根据粉状物的颜色不同可分为锈粉、白粉、黑粉和白锈。

（1）锈粉 也称锈状物，颜色有黄色、褐色和棕色，在表皮下形成，表皮破裂后散出。具有此类病症的病害统称锈病，如毛白杨锈病、草坪草锈病和玫瑰锈病等。

（2）白粉 是叶片正面表生的大量白色粉状物，后期变为淡褐色，与黄色、黑色小点混生，统称白粉病，如臭椿白粉病和凤仙花白粉病等。

（3）黑粉 是病部菌瘿内产生的大量黑色粉状物，如草坪草黑粉病等。

（4）白锈 是叶背表皮下形成的白色瓷片状物，表皮破裂后散出白色粉状物，如牵牛花白锈病、菊花白锈病等。

（三）点状物

在病斑上产生的颜色、大小、色泽各异的点状结构，它们多是病原真菌的繁殖体，如分生孢子器、分生孢子盘、子囊壳、闭囊壳或子囊座等，如橡皮树炭疽病、兰花炭疽病等。点状物一般颜色较深，常见于后期的病斑。很多病原真菌在早期于病斑上产生霉状物或粉状物，于后期形成点状物，如白粉病。在特定的病斑上，点状物的排列可以是有规则的，如轮纹状或随机分布。

（四）颗粒状物

主要是病原真菌的菌核，是病原真菌菌丝体变态形成的一种特殊结构。颗粒状物大小不等，一般比点状物体积要大，着生于病残体上。当病原菌的生长受到营养的限制后，病原真菌在病残体上形成菌核用于越冬或越夏。颗粒状物的颜色、大小和形状主要与病原真菌自身的特性有关，但与环境和寄主等也有一定的关系。如牡丹白绢病、兰花、茉莉白绢病等。

（五）脓状物

脓状物和胶状物是细菌性病害在病部溢出的含细菌菌体的脓状黏液，露珠状，空气干燥时，脓状物风干后呈胶状，如鸢尾细菌性软腐病、京桃细菌性穿孔病等。

植物病害的病状和病症是症状统一的两个方面，二者既有区别，又互相联系。有些病害只有病状而没有可见的病症，有些病害病症非常明显而病状却不明显，如白粉病、煤污病等，在这些病害的早期很难观察到寄主的特异性变化。多数侵染性病害既有明显的病状，又有显著的病症，如月季霜霉病，病状是边缘不清晰的退绿病斑，病症是霜状霉层。

植物病害的症状不是一成不变的，而是受到寄主和环境条件的影响。病害在寄主的不同部位，症状可能会有一定的区别，寄主的抗病性和生长状况会影响到病斑的大小。温度和湿度等环境因素适宜时，病害发展快，症状显著；不适宜时，病害发展慢，甚至出现症状暂时消失的现象（隐症）。同一种病原物在不同种属的寄主上诱发的症状也可能是不一样的。同一株植物也常同时感染两种以上的病原物，出现并发症，这种现象在植物病毒病中是常见的。另外，非传染性病害与传染性病害有交互促进作用，常导致症状加重。

症状是描述病害、识别病害和命名病害的主要依据。当遇到新的病害时，首先要准确描述病害的症状，并对病害进行命名。很多病害以症状命名，如花叶病、叶枯病、萎蔫病、腐烂病、丛枝病和癌肿病等；以病症命名的病有灰霉病、绿霉病、白腐病、白粉病、锈病、菌核病等。结合病状和病症，可以较准确地识别植物病害，达到初步诊断病害的目的。

第二节　园林植物病害的侵染性病原识别

引起植物病害的病原物有侵染性的和非侵染性的，侵染性病原物主要包括病原真菌、原核生物、病毒、线虫及寄生性植物等。

一、真菌

真菌是菌物界真菌门生物的统称，是一类营养体通常为丝状分枝的菌丝体，具有细胞壁和真正的细胞核，以吸收为营养获取方式，通过产生孢子进行繁殖的微生物。真菌种类多，分布广，可以存在于水中和陆地上。真菌大部分是腐生的，少数可以寄生在植物、人类和动物上引起病害。由真菌所致的病害称真菌病害。在园林植物病害中，约有80%以上的病害是由真菌引起的。如月季霜霉病、百合疫病、孔雀草灰霉病、合欢枯萎病、杨柳树腐烂病、芍药褐斑病等都是生产上危害严重的病害，有时甚至造成毁灭性的灾难。

（一）真菌的一般性状

真菌的发育过程可分为营养阶段和繁殖阶段，营养阶段称营养体，是真菌生长和营养积累的时期；繁殖阶段称繁殖体，是真菌产生各种类型孢子进行繁殖的时期。大多数真菌的营养体和繁殖体形态差别明显。

1. 真菌的营养体

大多数真菌的营养体是可分枝的丝状体，单根丝状体称为菌丝，多根菌丝交织集合成团称为菌丝体。菌丝通常呈圆管状，直径一般为 $5\sim10\mu m$，无色或有色。高等真菌的菌丝有隔膜，将菌丝分隔成多个细胞，称为有隔菌丝；低等真菌的菌丝一般无隔膜，通常认为是一个多核的大细胞，称为无隔菌丝。菌丝一般由孢子萌发产生的芽管生长而成，以顶部生长和延伸。菌丝每一部分都潜存着生长的能力，每一断裂的小段菌丝在适宜的条件下均可继续生长。少数真菌的营养体不是丝状体，而是一团多核、无细胞壁且形状可变的原生质团如黏菌；或具细胞壁、卵圆形的单细胞，如酵母菌。

菌丝体是真菌获得养分的结构，寄生真菌以菌丝侵入寄主的细胞间或细胞内吸收营养物质。当菌丝体与寄主细胞壁或原生质接触后，营养物质和水分通过渗透作用和离子交换作用进入菌丝体内。生长在细胞间的真菌，特别是专性寄生菌，还可在菌丝体上形成特殊机构——吸器，伸入寄主细胞内吸收养分和水分。吸器的形状多样，因真菌的种类不同而异，有掌状、丝状、分枝状、指状、小球状等。有些真菌还有假根，其形态状如高等植物的根，但结构简单，与菌丝对生，可从基物中吸收营养。

真菌的菌丝体一般是分散的，但有时可以密集形成菌组织。菌组织有两种：一种是菌丝体组成比较疏松的疏丝组织；另一种是菌丝体组成比较紧密的拟薄壁组织。有些真菌的菌组织还可以形成菌核、子座和菌索等变态类型。

菌核是由菌丝紧密交织而成的较坚硬的休眠体，内层是疏丝组织，外层是拟薄壁组织。菌核的形状和大小差异较大，通常似菜籽状、鼠粪状或不规则状。大的如拳头，小的需在显微镜下才能观察到。颜色初期常为白色或浅色，成熟后为褐色或黑色，特别是表层细胞壁厚、颜色深，所以菌核多较坚硬。菌核的功能主要是抵抗不良环境，当条件适宜时，菌核能萌发产生新的菌丝体或在上面形成产孢结构。

子座也是由两种菌组织形成的，或菌组织和寄主组织结合而成，垫状。子座的主要功能是形成产孢结构，也有度过不良环境的作用。

菌索是由菌丝体平行交织构成的绳索状结构，外形与植物的根相似，所以也称根状菌索。菌索的粗细不一，长短不同，有的可长达几十厘米。菌索可抵抗不良环境，也有助于菌体在基质上蔓延和侵入。

2. 真菌的繁殖体

真菌经过营养生长阶段后，即进入繁殖阶段，形成各种繁殖体，即子实体。大多数真菌只以一部分营养体分化为繁殖体，其余营养体仍然进行营养生长，少数低等真菌则以整个营养体转变为繁殖体。真菌的繁殖方式分为无性和有性两种，无性繁殖产生无性孢子，有性繁殖产生有性孢子。孢子的功能相当于高等植物的种子。

（1）无性繁殖及无性孢子的类型　无性繁殖是指真菌不经过性细胞或性器官的结合，直接从营养体上产生孢子的繁殖方式。所产生的孢子称为无性孢子。无性孢子在一个生长季中，环境适宜的条件下可以重复产生多次，是病害迅速蔓延、扩散的重要孢子类型。但其抗逆性差，环境不适宜很快失去生活力。

① 游动孢子。产生于游动孢子囊中的内生孢子。游动孢子囊由菌丝或孢囊梗顶端膨大而成，呈球形、卵形或不规则形。游动孢子为肾形、梨形，无细胞壁，具1～2根鞭毛，可在水中游动。

② 孢囊孢子。产生于孢子囊中的内生孢子。孢子囊由孢囊梗的顶端膨大而成。孢囊孢子球形，有细胞壁，无鞭毛，释放后可随风飞散。

③ 分生孢子。产生于由菌丝分化而形成的呈枝状的分生孢子梗上，成熟后从孢子梗上脱落。分生孢子的种类很多，它们的形状、大小、色泽、形成和着生的方式都有很大的差异。不同真菌的分生孢子梗或散生或丛生，也有些真菌的分生孢子梗着生在特定形状的结构中。如近球形、具孔口的分生孢子器和杯状或盘状的分生孢子盘。

④ 厚垣孢子。真菌菌丝的某些细胞膨大变圆、原生质浓缩、细胞壁加厚而形成。与其他无性孢子不同，它可以抵抗不良环境，条件适宜时萌发形成菌丝。

（2）有性繁殖及有性孢子的类型　有性繁殖指真菌通过性细胞或性器官的结合而产生孢子的繁殖方式。有性繁殖产生的孢子称为有性孢子。真菌的性细胞，称为配子，性器官称为配子囊。真菌有性繁殖的过程可分为质配、核配和减数分裂三个阶段。真菌的有性孢子多数一个生长季产生一次，且多在寄主生长后期，它有较强的生活力和对不良环境的忍耐力，常是越冬的孢子类型和次年病害的侵染来源。

① 卵孢子。由两个异型配子囊——雄器和藏卵器结合形成的，球形、厚壁。如鞭毛菌亚门真菌的有性孢子。

② 接合孢子。由两个同型配子囊融合成厚壁、色深的休眠孢子。如接合菌亚门真菌的有性孢子。

③ 子囊孢子。通常由两个异型配子囊——雄器和产囊体相结合，其内形成子囊。子囊是无色透明、棒状或卵圆形的囊状结构。每个子囊中一般形成8个子囊孢子，子囊孢子形态差异很大。子囊通常产生在有包被的子囊果内。如子囊菌亚门真菌的有性孢子。

④ 担孢子。通常直接由性别不同的菌丝结合成双核菌丝后，双核菌丝顶端细胞膨大成棒状的担子。在担子上产生4个外生担孢子。如担子菌亚门真菌的有性孢子。

（二）真菌的分类与命名

真菌在自然界的地位和分类问题随着科学研究的深入一直在不断发生变化。

1969 年，Whittaket 根据生物在自然界中的地位、作用以及获取营养的方式，提出了五界分类系统，即原核生物界、原生生物界、植物界、真菌界和动物界。

进入 20 世纪 80 年代，电子显微镜、分子生物学等新技术的发展导致了生物分类系统和理论的更新。1981 年，Cavaliaer-Smith 首次提出细胞生物八界分类系统，即真菌界、动物界、胆藻界、绿色植物界、眼虫动物界、原生动物界、藻物界及原核生物界。不论是五界分类统，还是八界分类系统，都主张将真菌独立成为一个界，称为真菌界。裘维蕃将其称为菌物界包括真菌、假真菌和黏菌三部分。

关于真菌的分类，学术界历来观点不一，较为有影响的有两个，一个是三纲一类的分类系统，它根据菌丝有无隔膜及有性孢子类型，将真菌分为藻状菌纲、子囊菌纲、担子菌纲、和半知菌类。上述三纲一类的特点如下表所示。

类　别	特　点
藻状菌纲	菌丝无隔膜，有性孢子为卵孢子或接合孢子
子囊菌纲	菌丝有隔膜，有性孢子为子囊内生的子囊孢子
担子菌纲	菌丝有隔膜，有性孢子为担子外生的担孢子
关知菌类	菌丝有隔膜，有性孢子没有发现

另一个分类系统为 Ainsworth（1971，1973）提出的真菌分类系统。这个系统根据营养体的特征将真菌界分为两个门，即营养体为变形体或原生质团的黏菌门和营养体主要为菌丝体的真菌门。植物病原真菌几乎都属于真菌门。根据营养体、无性繁殖和有性繁殖的特征，真菌门中分为 5 个亚门，即鞭毛菌亚门、接合菌亚门、子囊菌亚门、担子菌亚门和半知菌亚门。5 个亚门的特点如下表所示。

类　别	特　点
鞭毛菌亚门	无性阶段有能动细胞(游动孢子)；有性阶段产生卵孢子
接合菌亚门	无性阶段无能动细胞；有性阶段产生接合孢子
子囊菌亚门	无性阶段无能动细胞；有性阶段产生子囊孢子
担子菌亚门	无性阶段无能动细胞；有性阶段产生担孢子
半知菌亚门	无性阶段无能动细胞且暂未发现有性阶段

真菌的各级分类单元是界、门、亚门、纲、亚纲、目、科、属、种。种是真菌最基本的分类单元，许多亲缘关系相近的种就归于属。种的建立是以形态为基础，种与种之间在主要形态上应该有显著而稳定的差别，有时还应考虑生态、生理、生化及遗传等方面的差别。

真菌在种下面有时还可分为变种、专化型和生理小种。变种也是根据一定的形态差别来区分的。专化型和生理小种在形态上基本没有差别，是根据其致病性的差异来划分的。专化型的划分大多是以同一种真菌对寄主植物的不同科、属的致病性差异为依据；生理小种的划分大多是以同一种真菌对寄主不同种和品种的致病性差异为依据。有些病原真菌的种，没有明显的专化型，但是可以区分为许多生理小种。生理小种是一个群体，其中个体的遗传性并不完全相同。

真菌的命名与其他生物一样，采用拉丁双名法。前一个名称是属名，后一个名称是种名。属名第一个字母要大写，种名所有字母都小写。学名之后加定名人的姓氏缩写，如果原学名不恰当而被更改，则将原定名人姓氏缩写加括号，在括号后再注明更改人的姓名。如山茶炭疽病菌的有性态围小丛壳菌 *Glomerella cingulata* (Ston.) Spauld et Schtenk。如果种的下面还分变种或专化型，在种后附加相应的变种或专化型的名称。如京桃白粉病菌：*Sphaerotheca pannosa* (Wallr.) Lev. *var. persicae* Woronich。生理小种一般用编号来表示。

有些真菌有两个学名，这是因为最初命名时只发现其无性阶段，以后发现了有性阶段时又另外命名。如梅花炭疽病的有性阶段为 *Glomerella mume* (Hori) Hemmi，无性阶段为梅炭疽病菌 *Colletotrichum mume* Hori。通常以自然界常见的无性阶段为正规学名，这是因为这些真菌的有性阶段在自然界很少发生，其无性阶段在致病方面往往更为重要。

（三）植物病原真菌的主要类群

1. 鞭毛菌亚门

鞭毛菌大多数生活于水中，少数具有两栖和陆生习性。有腐生的，也有寄生的，有些高等鞭毛菌是植物上的活体寄生菌。鞭毛菌的主要特征是营养体多为无隔的菌丝体，少数为原生质团或具细胞壁的单细胞；无性繁殖产生具鞭毛的游动孢子；有性繁殖形成休眠孢子（囊）或卵孢子。

与园林植物病害关系较密切的鞭毛菌主要有以下各属。

（1）腐霉属　无特殊分化的孢囊梗。孢子囊丝状、姜瓣状、球状或卵形，顶生或间生在菌丝上。孢子囊成熟后一般不脱落，萌发时产生游动孢子或产生排孢管，顶端膨大成近球形的泡囊，在泡囊内形成游动孢子。藏卵器壁平滑或具各种突起，雄器侧生，卵孢子大多平滑，少数具纹饰。腐霉属的真菌可引起落叶松幼苗猝倒病及瓜果腐烂病等。

（2）疫霉属　菌丝初期无隔多核，后期产生隔膜，分支多为直角。有分化明显的孢囊梗，为无限生长式，假单轴分枝，分枝在产生孢子处膨大呈结节状。孢子囊近球形、卵形或倒梨形，具不同高度的乳突，成熟后脱落或不脱落，脱落者常具长短不等的柄。孢子囊萌发产生游动孢子或芽管。游动孢子在孢子囊内形成，不形成孢囊。厚垣孢子球形，无色至深色，薄壁或厚壁，顶生或间生。藏卵器内有一个卵孢子，卵孢子壁光滑，雄器包裹在藏卵器的柄上（寄雄式）或着生在藏卵器的侧面。疫霉属的真菌可引起百合疫病、蝴蝶兰疫病等。

（3）白锈属　孢子囊球形、椭圆形或圆筒形，单胞，无色或淡黄色，串珠状。孢子囊间由胶质连接物相连，萌发产生 6～18 个游动孢子。藏卵器球形，在菌丝顶部或中间形成，有一个单核的卵球，周围有一层多核的卵周质。雄器棍棒状，侧面与藏卵器接触。卵孢子单个，壁厚，平滑或外壁有纹饰，有各种网状或瘤状突起。白锈属的真菌可引起牵牛花白锈病、菊花白锈病等。

（4）霜霉属　孢囊梗主轴较明显，粗壮，顶部有2～10个对称的二叉状分支，分支的顶端尖锐。孢子囊近卵形，有色或无色，无乳突，成熟时易脱落，萌发时直接产生芽管，偶尔释放游动孢子。卵孢子产生在寄主体内，壁平滑或具有网状或瘤状突起。霜霉属的真菌可引起月季、紫罗兰、虞美人等花卉的霜霉病。

（5）单轴霉属　孢囊梗单支或成簇自寄主气孔伸出，单轴分支，分支与主轴常成直角或近直角，末端较刚直，顶端钝圆或平截。孢子囊较小，无色，球形或卵形，顶端常有乳突，基部常具短柄，易脱落，萌发产生游动孢子或芽管。卵孢子不常见，圆形，黄褐色，卵孢子壁与藏卵器壁分离。单轴霉属的真菌可引起葡萄霜霉病。

2. 接合菌亚门

接合菌绝大多数为腐生菌，少数为弱寄生菌。营养体为无隔菌丝体；无性繁殖在孢子囊内产生不动的孢囊孢子；有性繁殖产生接合孢子。本亚门真菌与园林植物病害有关的主要是根霉属，引起贮藏中的块根、块茎软腐病。

根霉属菌丝发达，分布在基质表面和基质内，有匍匐丝和假根。孢囊梗从匍匐丝上长出，与假根对生，顶端形成孢子囊，其内产生孢囊孢子。

3. 子囊菌亚门

本亚门真菌除酵母菌为单细胞外，其他子囊菌的营养体都是分枝繁茂的有隔菌丝体，无性繁殖在孢子梗上产生分生孢子，产生分生孢子的子实体有分生孢子器、分生孢子盘、分生孢子束等；有性繁殖产生子囊和子囊孢子，大多数子囊菌的子囊产生在子囊果内，少数是裸生的。常见的子囊果有四种类型：闭囊壳、子囊壳、子囊盘和子囊腔。

（1）闭囊壳　其壳壁由数层菌丝细胞构成，无孔口，多为球形，子囊在其中散生或整齐排列，破裂后才放出子囊孢子。

（2）子囊壳　其形态结构与闭囊壳类似。但有一明显的孔口，可释放子囊孢子。子囊孢子多为瓶状或球状。子囊在壳内整齐平行排列，或基部束生，端部展开成扇形。

（3）子囊盘　仅子囊基部或下部被菌丝细胞所组成的盘状结构所包围，而顶端裸露，这种盘状或杯状的子囊果称为子囊盘。子囊盘上的子囊都是平行排列的。

（4）子囊腔　这是一种特殊类型的子囊果。其子囊着生在球状或块状的子座内，子囊周围除子座组织以外，没有像子囊壳或闭囊壳那样的壳壁组织，这种含有子囊的子座称为子囊座。在子囊座内，着生子囊的腔称子囊腔。一个子囊座可以含一个到多个子囊腔。在每个子囊腔内可以只含一个子囊，也可成束或成排地着生多个子囊。子囊座内的子囊通常都是双层壁的。有些仅含单腔的子囊座，在外形上很像子囊壳。球形或瓶状，顶端有孔口，有的还有拟侧丝，这种形似子囊壳的子囊座，被称为假囊壳。

子囊果有的单生，有的丛生，产生在基物的表面，或者初期埋生在基物内，后期突破基物表层而外露。也有些子囊果着生在子座上或埋生在子座内。

重要的子囊菌有白粉菌引起各种园林植物白粉病；黑腐皮壳属引起杨柳树腐烂病等；小丛壳属，引起海棠、兰花的炭疽病；核盘菌属引起多种园林植物菌核病；外囊菌属引起桃缩叶病、樱桃丛枝病、桦木丛枝病等。

① 白粉菌属。分生孢子串生或单生。闭囊壳内含子囊数个，子囊内含2~8个子囊孢子。附属丝菌丝状，附属丝二叉状分支。寄生于豆类以及油菜、番茄等多种植物引起白粉病。

② 单丝壳属。分生孢子串生，椭圆形或圆筒状。闭囊壳内只含一个子囊。子囊内含8个子囊孢子；附属丝菌丝状，附属丝不分支。寄生于桃和蔷薇科多种植物上引起白粉病。

③ 叉丝单囊壳属。分生孢子椭圆形，串生。闭囊壳内只含一个子囊，内含8个子囊孢子。附属丝刚直，顶端叉状分支，产生在闭囊壳的中腰或顶部，主要寄生在木本植物上。寄生于苹果、花红、山荆子、海棠、山楂、梨等引起白粉病。

④ 黑腐皮壳属。子囊壳具长颈，成群埋生于寄主组织的子座基部。子囊孢子单细胞，无色，腊肠形，引起杨、柳的烂皮病等。

⑤ 小丛壳属。子囊壳小，壁薄，多埋生于子座内，没有侧丝。子囊棍棒形，子囊孢子单胞，无色，椭圆形，引起园林植物炭疽病。

⑥ 核盘菌属。菌核形成于寄主表面或空腔内，产生在寄主表面的多为圆形。空腔内的常以空腔为模型而有各种不同的形状，如圆柱形、三角形、扁平形等。菌核表面黑色，外层为黄褐色的拟薄壁组织，内部为白色的密丝组织。子囊盘由菌核生出，漏斗状或盘状，带有深浅程度不同的褐色。子囊圆柱形，具侧丝。子囊孢子单胞，无色，椭圆形。常引起多种园林植物菌核病。

⑦ 外囊菌属。子囊裸生，平行排列在寄主组织表面形成栅状层，子囊长圆筒形，其中有8个子囊孢子，子囊孢子单细胞，椭圆形或圆形。侵染植物的叶、果和芽，引起畸形，如桃缩叶病、李袋果病、桦木丛枝病、樱桃丛枝病等。

4. 担子菌亚门

担子菌中包括可供人类食用和药用的真菌，如平菇、香菇、猴头菇、木耳、竹荪、灵芝等。寄生或腐生，营养体为发达的有隔菌丝体。担子菌菌丝体发育有两个阶段，由担孢子萌发的菌丝单细胞核，称初生菌丝，性别不同的初生菌丝结合形成双核的次生菌丝。双核菌丝体可以形成菌核、菌索和担子果等结构；担子菌无性繁殖一般不发达，有性繁殖除锈菌外，多由双核菌丝体的细胞直接产生担子和担孢子。高等担子菌的担子散生或聚生在担子果上，如蘑菇、木耳等。担子上着生4个担孢子。与园林植物病害关系较密切的担子菌主要有以下各属。

(1) 锈菌　锈菌为活体寄生菌，菌丝在寄主细胞间以吸器伸入细胞内吸取养料。在锈菌的生活史中可产生多种类型的孢子，典型锈菌具有5种类型的孢子，即性孢子、锈孢子、夏孢子、冬孢子和担孢子。冬孢子主要起越冬休眠的作用，冬孢子萌发产生担孢子，常为病害的初次侵染源；锈孢子、夏孢子是再次侵染源，起扩大蔓延的作用。有些锈菌还有转主寄生现象。锈菌引起的植物病害在病部可以看到铁锈状物（孢子堆）故称锈病。

(2) 柄锈菌属　冬孢子有柄，双细胞，深褐色，椭圆，棒状至柱状壁多光滑，少数具疣；单主或转主寄生；性孢子器球形；锈孢子器杯状或筒状；锈孢子单细胞。引起草坪草的锈病、菊花锈病等。

(3) 黑粉菌属　黑粉菌以双核菌丝在寄主的细胞间寄生，一般有吸器伸入寄主细胞内。典型特征是形成黑色粉状的冬孢子，萌发形成菌丝和担孢子。黑粉菌的分属主要根据冬孢子的形状、大小、有无不孕细胞、萌发的方式及冬孢子球的形态等。引起草坪草的黑粉病等。

(4) 层菌属　层菌多有发达的担子果，多腐生，少数是植物病原菌。担子在担子果上很整齐地排列成子实层，担子有隔或无隔，外生4个担孢子，层菌通常只产生担孢子。病害主要通过土壤中的菌核、菌丝或菌索进行传播和蔓延。层菌一般是弱寄生菌，经伤口侵入到树木根部或维管束，造成根腐或木腐。引起的园林植物病害，如紫纹羽病、木腐病和根朽病等。

5. 半知菌亚门

半知菌的营养体为多分枝繁茂的有隔菌丝体；无性繁殖产生各种类型的分生孢子；多数种类有性阶段尚未发现，少数发现有性阶段的，其有性阶段多属子囊菌，少数为担子菌。着生分生孢子的结构类型多样。有些种类分生孢子梗散生，或成分生孢子束状，或着生在分生孢子座上；有些种类形成孢子果，分生孢子梗和分生孢子着生在近球形、具孔口的分生孢子器中，或盘状的分生孢子盘内上。半知菌所引起的病害种类在真菌病害中所占比例较大，种类众多。

分生孢子梗是由菌丝特化能产生分生孢子的一种丝状结构。分生孢子梗单生或丛生，无色或有色，分支或不分支，有的分生孢子梗顶端膨大，上面产生分生孢子。有的半知菌无分生孢子梗。

孢梗束是分生孢子梗基部联结成束状，顶端分离而且常具分支的一种分生孢子梗联合体。

分生孢子座是许多半知菌首先由菌丝组织形成垫状结构，再在其表面形成分生孢子梗。

分生孢子器是由菌丝形成近球形的结构，其内壁上产生分生孢子梗，顶端着生分生孢子。分生孢子梗的长短不一，有的分生孢子直接从内壁的细胞产生。典型的分生孢子器有固定的孔口，器壁是拟薄壁组织。分生孢子器内产生大量的分生孢子，孢子间常有胶质，胶质吸水后膨胀，可以使孢子成条地从孔口挤出。分生孢器有不同的形状、颜色和结构，着生的部位也不同。有的着生在表面，有的全部或部分着生在培养物或子座的内部。分生孢子器的外形和子囊壳非常相似，有时必须在显微镜下将子实体压碎以后才能确定。

分生孢子盘是由多根菌丝特化成的盘状结构，上面着生成排的短分生孢子梗及分生孢子。有时分生孢子盘的四周或中央有深褐色的刚毛。寄生性真菌的分生孢子盘往往产生在寄主表皮下面，成熟后才露出表面。

重要的病原菌有：粉孢属引起多种园林植物的白粉病；轮枝孢属引起黄栌黄萎病等；葡萄孢属引起多种园林植物的灰霉病等；尾孢属引起叶斑病、斑点病等；链格孢属引起黑斑病等；镰孢霉属引起多种园林植物的枯萎病等；炭疽菌属，此属真菌包括原来的从刺盘孢属和盘圆孢属的大部分种，引起多种园林植物的炭疽病等；茎点霉属引起苹果、梨的轮纹病、苹果干腐病等；拟茎点霉属引起茄褐纹病；壳囊孢属引起苹果树、梨树腐烂病；盾壳霉属引起葡萄白腐病；壳针孢属引起番茄、芹菜斑枯病；丝核菌属是重要的寄生性土壤习居菌，侵染园林植物根、茎引起猝倒或立枯病等；小核菌属引起多种园林植物如苹果、梨、菜豆等的白绢病。

（1）丝核菌属　无性态不产生孢子而以有隔菌丝繁殖。菌核着生菌丝间，菌丝彼此相连。菌核褐色或黑色，表面粗糙、内外层颜色一致，结构较疏松。菌丝褐色，近分支处形成隔膜，呈缢缩状，多为直角分支。最常见的是引起多种园林植物立枯病。

（2）轮枝孢属　分生孢子梗无色、直立、分支、轮生、对生或互生，分支末端及主支顶端有瓶状产孢细胞；分生孢子着生瓶体端部，无色或淡色，椭圆形或梭形，单胞，常聚集成孢子球。引起黄栌等植物黄萎病。

（3）粉孢属　菌丝体表生。分生孢子梗直立，顶部产生菌丝型的分生节孢子。分生孢子串生，单胞，无色。为白粉菌的无性阶段，引起白粉病。

（4）链格孢属　又称交链孢属。分生孢子梗淡褐至褐色，弯或屈曲，孔出式产孢，合轴式延伸或不延伸，孢痕明显。分生孢子串生或单生，淡褐至深褐色，卵圆形或倒棍棒形，具纵横隔膜，表面光滑或有疣，顶端常具喙状细胞、常呈分支或不分支的孢子链。寄生的种引起叶斑及果实等多汁器官的腐烂。

（5）葡萄孢属　分生孢子梗褐色，有分支，末端形成膨大的产孢瓶体，产孢细胞多芽生。分生孢子无色或灰色，单胞，圆形。通常产生黑色菌核。大多寄生，为害花、叶、果实及贮藏器官，产生坏死及腐烂症状，最常见的种是灰葡萄孢，引起仙客来、万寿菊的灰霉病。

（6）尾孢属　分生孢子梗褐色，顶部色淡，直、弯或屈曲，丛生在发达的子座上。产孢细胞多芽生，合轴式延伸，孢痕明显。分生孢子无色或淡褐色，线形、鞭形或蠕虫形，直或微弯，多隔膜，表面光滑，有性态多为球腔菌属。寄生多种植物，引起叶斑或叶枯。

（7）镰孢属　分生孢子梗无色，有或无隔膜，不分支至多分支，上端是产孢细胞，内壁芽生瓶体式产孢。分生孢子有2种类型：①大型分生孢子，椭圆形至镰刀型，无色，多胞，两端稍尖，略弯曲，基部常有明显突起的足胞；②小型分生孢子，卵圆形至椭圆形，无色，单胞至双胞，单生或串生。有的可在菌丝末端和中间或分生孢子上形成近球形的厚垣孢子。厚垣孢子无色或有色，表面光滑或有齿状突起，单生、串生或成团。在人工培养基上菌丝茂密，产生黄、红、紫等色素，并可形成圆形菌核。菌核颜色变化很大。有性态是赤霉属、丛赤壳属、菌寄生属和丽赤壳属等。

（8）炭疽菌属　分生孢子盘生于寄主植物角质层下、表皮或表皮下，散生或合生，无色至深褐色，不规则开裂。人工培养有时出现菌核。菌核和分生孢子盘上有时出现褐色至暗褐色刚毛，表面光滑，有隔膜，顶端渐尖。分生孢子梗无色至褐色，有隔，光滑，仅基部分支。产孢细胞圆柱形，无色，光滑，内壁芽生瓶体式产孢。分生孢子无色，单胞（萌发前除外），短圆柱形或镰刀形，薄壁，表面光滑，有时具油球，端部钝，仅个别种孢子顶端延伸成一附属丝。孢子萌发产生附着胞，褐色，形态较复杂，是重要的分类特征。有性态是小丛壳属、球座菌属及囊孢壳属。引起多种园林植物炭疽病。

（9）茎点霉属　分生孢子器球形，褐色，分散或集生，埋生或半埋生，有时表生，由膜质、近炭质的薄壁细胞组成，具孔口。少数种产生线形，分支或分隔的分生孢子梗。产孢细胞瓶形至瓮形，单胞，无色，不分支，内壁芽生瓶体式产孢。分生孢子单胞，无色，椭圆形，圆柱形，纺锤形、梨形或球形，常有2个油球。有性态属于小球腔菌属、格孢腔菌属、球座菌属。本属是一个大属，也是引起植物病害的重要病原菌，引起叶斑、茎枯或根腐等症状。

（10）壳针孢属　分生孢子器半埋生，散生或聚生，但不合生，球形，褐色，壁薄，孔口圆形，乳突状或否。无分生孢子梗。产孢细胞瓶形、桶形、葫芦形或短筒形，无色，光滑，全壁芽生式产孢，合轴式延伸。分生孢子无色，线形，多隔膜，光滑，隔膜处无或有缢缩，引起菊花的褐斑病。

二、原核生物

原核生物是指含有原核结构的单细胞生物。其遗传物质分散在细胞质内，没有核膜包围而成的细胞核。细胞质中含有小分子的核蛋白体，没有线粒体、叶绿体等细胞器。引起园林植物病害的原核生物主要有细菌、植原体和螺原体等，它们的重要性仅次于真菌和病毒，引起的重要病害有鸢尾细菌性软腐病、大丽花青枯病、紫叶李根癌病、枣疯病、泡桐丛枝病、桑矮缩病等。

（一）植物病原细菌的一般性状

细菌的形态有球状、杆状和螺旋状。植物病原细菌大多为杆状，因而称为杆菌，两端略圆或尖细。菌体大小为 $(0.5 \sim 0.8)\mu m \times (1 \sim 3)\mu m$。

细菌的构造简单，由外向内依次为黏质层或荚膜、细胞壁、细胞质膜、细胞质、由核物质聚集而成的核区，细胞质中有颗粒体、核糖体、液泡等内含物。植病原细菌细胞壁外有黏质层，但很少有荚膜。

大多数的植物病原细菌有鞭毛，鞭毛数目各种细菌都不相同，通有 3～7 根，着生在一端或两端的鞭毛称为极鞭，着生在菌体四周的鞭毛称为周鞭。细菌鞭毛的数目和着生位置在分类上有重要意义。

有些细菌生活史的某一阶段会形成芽孢。芽孢是菌体内容物浓缩产生的，一个营养细胞内只形成一个芽孢，是细菌的休眠体，有很厚的壁，对光、热、干燥及其他因素有很强的抵抗力。植物病原细菌通常不产生芽孢。通常在制作植物病理学所需的培养基时，要采用 121℃ 的高温高压热蒸汽经 15～30min 可将其杀灭。

（二）植物菌原体的一般性状

植物菌原体没有细胞壁，没有革兰染色反应，也无鞭毛等其他附属结构。菌体外缘为三层结构的单位膜。细胞内有颗粒状的核糖体和丝状的核酸物质。

植物菌原体包括植原体（$Phytoplasma$）即原来的类菌原体（MycoPlasma like organism，简称 MLO）和螺原体（$Spiroplasma$）两种类型。植原体的形态通常呈圆形或椭圆形，圆形的直径在 100～1000nm，椭圆形的大小为 200nm×300nm，但其形态可发生变化，有时呈哑铃形、纺锤形、马鞍形、梨形、蘑菇形等形状。螺原体菌体呈螺旋丝状。

（三）植物病原原核生物的分类和主要类群

根据伯杰氏细菌鉴定手册（第 9 版，1994）列举的总的分类纲要，并采用 Gibbons and Murray（1978）的分类系统，将原核生物分为 4 个门，7 个纲，35 个组群。与园林植物病害有关的原核生物分属于薄壁菌门、厚壁菌门和软壁菌门。薄壁菌门和厚壁菌门的原核生物有细胞壁，而软壁菌门没有细胞壁，也称菌原体。

重要的植物病原细菌属有以下几个。

1. 土壤杆菌属

菌体短杆状，大小为 (0.6～1.0)μm×(1.5～3.0)μm，鞭毛多为 1～4 根，周生或侧生，革兰反应阴性，引起京桃、樱花等的根癌病。

2. 欧文氏菌属

菌体短杆状，大小为 (0.5～1.0)μm×(1～3)μm。有多根周生鞭毛。革兰反应阴性，引起鸢尾、仙客来软腐病。

3. 假单胞菌属

菌体短杆状，大小为 (0.5～1.0)μm×(1.5～5.0)μm，一般有鞭毛 3～7 根，极生，革兰反应阴性。为害植物引起斑点、萎蔫和腐烂。如大丽花青枯病、丁香细菌性疫病。

4. 黄单胞菌属

菌体短杆状，大小为 (0.4～0.6)μm×(1.0～2.9)μm，单鞭毛，极生。革兰反应阴性，为害植物多引起斑点或枯死，少数引起萎蔫。如天竺葵、红掌细菌性叶斑病。

5. 棒形杆菌属

菌体短杆状或不规则杆状，大小为（0.4～0.75）μm×（0.8～2.5）μm，无鞭毛，革兰反应阳性，为害植物引起萎蔫症状。如翠菊枯萎病。

三、病毒

植物病原病毒是仅次于真菌的重要病原物。据1999年统计，有900余种病毒可引起植物病害。很多园林植物病毒病对生产造成极大的威胁。如郁金香、唐菖蒲、水仙、美人蕉的病毒病，严重影响了花卉的产量和品质。

病毒比细菌更加微小，在普通光学显微镜下是看不见的，必须用电子显微镜观察。人类对病毒的性状和本质的认识是随科学技术的进步而不断发展的，至今也很难对病毒作出非常确切的定义。1935年经提纯得到烟草花叶病毒（TMV）的结晶，证明病毒是含有核酸的核蛋白；随着电子显微镜的应用，明确病毒是有一定形状的非细胞状态的分子生物；1991年，Matthews将病毒定义为：通常包被于保护性的蛋白（或脂蛋白）衣壳中，只能在适宜的寄主细胞内完成自身复制的一个或一套基因组核酸分子。

另外，在病毒的研究过程中，还发现了一些与病毒相似、但个体更小的植物病原物。如卫星病毒和类病毒。

（一）植物病毒的形态

形态完整的病毒称作病毒粒体。高等植物病毒粒体主要为杆状、线条状和球状等。线条状、杆状和短杆状的粒体两端钝圆或平截，粒体呈菌状或弹状。病毒个体之间的大小、长度并不一致，一般以平均值来表示。线状粒体大小为（480～1250）nm×（10～13）nm；杆状粒体大小为（130～300）nm×（15～20）nm，弹状粒体大小（58～240）nm×（18～90）nm；球状病毒粒体为多面体，粒体直径多在16～80nm。

许多植物病毒可由几种大小、形状相同或不同的粒体所组成，病毒的基因组可以分配在各个病毒粒体内，这几种粒体必须同时存在，该病毒才表现侵染、增殖等全部性状。如烟草脆叶病毒（TRV）有大小两种杆状粒体；苜蓿花叶病毒（AMV）具有大小不同的5种粒体，分别为杆状和球状。这些病毒统称为多分体病毒。

（二）植物病毒的结构和成分

植物的病毒粒体由核酸和蛋白质衣壳组成。蛋白质在外形成衣壳，核酸在内形成心轴。一般杆状或线条状的植物病毒是中空的，中间是核酸链，蛋白质亚基呈螺旋对称排列。核酸链也排列成螺旋状，嵌于亚基的凹痕处；球状病毒大都是近似正20面体，粒体也是中空的。由60个或60个倍数的蛋白质亚基镶嵌在粒体表面组成衣壳。但核酸链的排列情况还不太清楚；弹状粒体的结构更为复杂，内部为一个由核酸和蛋白质形成的、较粒体短而细的螺旋体管状中髓，外面有一层含有蛋白质和脂类的包膜。

植物病毒粒体的主要成分是核酸和蛋白质,核酸和蛋白质比例因病毒种类而异,一般核酸占5%～40%,蛋白质占60%～95%。此外,还含有水分、矿物质元素等;有些病毒的粒体还有脂类、碳水化合物、多胺类物质;有少数植物病毒含有不止一种蛋白质或酶系统。

一种病毒粒体内只含有一种核酸(RNA或DNA)。高等植物病毒的核酸大多数是单链RNA,极少数是双链的(三叶草伤瘤病毒)。个别病毒是单链DNA(联体病毒科)或双链DNA(花椰菜花叶病毒)。

植物病毒外部的蛋白质衣壳具有保护核酸免受核酸酶或紫外线破坏的作用。蛋白质亚基是由许多氨基酸以多肽连接形成的。病毒粒体的氨基酸有19或20种,氨基酸在蛋白质中的排列次序由核酸控制,同种病毒的不同株系,蛋白质的结构可以有一定的差异。

(三)植物病毒的分类和命名

1. 分类原则

植物病毒分类主要依据以下几项原则进行。

①病毒基因组的核酸类型;②核酸是否单链;③病毒粒体有无脂蛋白包膜;④病毒粒体形态;⑤基因组核酸分段状况等。

根据上述主要特性,在国际病毒分类委员会(ICTV)2000年的分类报告中,将植物病毒分为15个科(包括49个属)和24个未定科的属,900多个确定种或可能种。其中DNA病毒有4个科,13个属;RNA病毒有11个科,60个属。根据核酸的类型和链数,可将植物病毒分为:双链DNA病毒、单链DNA病毒、双链RNA病毒、负单链RNA病毒以及正单链RNA病毒。

2. 分类单元

株系和变株是病毒种下的分类单元,具有生产上的重要性。

一般将自然存在的称株系,人工诱变的称变株。不同株系之间在蛋白质衣壳中氨基酸的成分、介体昆虫的专化程度、传染效率和症状的严重度等方面存在性状差异。

3. 命名

病毒的命名法常用俗名法和拉丁双名法。

(1) 俗名法 是植物病毒最初使用的命名法,这种命名法是将寄主的俗名+症状特点+病毒组合而成。如烟草花叶病毒为Tobacco mosaic virus,简称TMV,这种命名法目前仍较通用。

(2) 拉丁文双名法 植物病毒的命名目前还不采用此法,仍沿用俗名法,病毒的属名为专用国际名称,由典型成员寄主名称(英文或拉丁文)缩写+主要特点描述(英文或拉丁文)缩写+virus拼组而成。植物病毒的科、属和正式种名书写时用斜体,未经ICTV批准的种名及株系书写时不采用斜体。

类病毒在命名时遵循相似的规则,因缩写时易与病毒混淆,新命名规则规定

Viroid 的缩写为 Vd；类病毒的科、属与正式种名书写时应用斜体，如马铃薯纺锤块茎类病毒（*Potato Spindle tuber viroid* 缩写为 PSTVd）。

（四）重要的植物病毒属及典型种

1. 烟草花叶病毒属

典型种为烟草花叶病毒（TMV），病毒形态为直杆状，直径 18nm，长 300nm，病毒基因组核酸为一条正 RNA 链。寄主范围广，属于世界性分布；依靠植株间的接触、花粉或种苗传播，对外界环境的抵抗力强。可侵染的植物达 150 多个属，主要引起草本双子叶植物如仙客来、一串红等园林植物病毒病，典型症状为花叶和斑驳，主要通过病汁液接触传播。

2. 马铃薯 Y 病毒属

本属皆为线状病毒，通常长 750nm，直径为 11～15nm，具有一条正单链 RNA。主要以蚜虫进行非持久性传播，绝大多数可以通过接触传染，个别可以种传。所有病毒均可在寄主细胞内产生典型的风轮状内含体或核内含体和不定形内含体。如郁金香杂色病毒引起郁金香病毒病。

3. 黄瓜花叶病毒属

典型种为黄瓜花叶病毒（CMV）。粒体球状，直径 29nm，属于三分体病毒。在 CMV 粒体中，有卫星 RNA 的存在。CMV 在自然界依赖蚜虫以非持久性方式传播，也可由汁液接触传播，少数报道可由土壤带毒而传播。黄瓜花叶病毒寄主包括 10 余科的上百种双子叶和单子叶植物，且常与其他病毒复合侵染，使病害症状复杂多变。如唐菖蒲花叶病、美人蕉花叶病等，引起的症状主要有花叶、蕨叶、矮化。

四、线虫

线虫是一类低等动物，种类多，分布广。一部分可寄生在植物上引起植物线虫病害。如松材线虫病、仙客来根结线虫病，使寄主生长衰弱、根部畸形，甚至死亡；同时，线虫还能传播其他病原物，如真菌、病毒、细菌等，加剧病害的严重程度。

近年来，很多具有生防潜力的昆虫病原线虫的繁殖和应用研究取得了很大的进展。如斯氏线虫科、异小杆线虫科、索科线虫等，在生产上对桃小食心虫、小地老虎、大黑鳃金龟等害虫取得了显著的防治效果；捕食真菌、细菌的线虫也有很多报道。

（一）形态特征

大多数植物寄生线虫体形细长，两端稍尖，形如线状，故名"线虫"。植物寄生性线虫大多虫体细小，需要用显微镜观察。线虫体长约 0.3～1mm，个别种类可达 4mm，宽约 30～50μm。线虫的体形也并非都是线形的，这与种类有关，雌雄同型的线虫，雌成虫和雄成虫皆为线形，雌雄异型的线虫，雌成虫为柠檬形或梨形，雄成虫为线形，但它们在幼虫阶段都是线状的。线虫虫体多为乳白色或无色透明，有些种类的成虫体壁可呈褐色或棕色。

线虫虫体分唇区、胴部和尾部。虫体最前端为唇区。胴部是从吻针基部到肛门的一段体躯。线虫的消化、神经、生殖、排泄系统都在这个体段。尾部是从肛门以下到尾尖的一部分。

植物寄生线虫外层为体壁，不透水、角质，有弹性，有保持体形、膨压和防御外来毒物渗透的作用。体壁下为体腔，其内充满体腔液，有消化、生殖、神经、排泄等系统。线虫无循环和呼吸系统。其中消化系统和生殖系统最为发达，神经系统和排泄系统相对较为简单。

（二）植物病原线虫的主要类群

线虫为动物界、线形动物门的低等动物。门下设侧尾腺纲和无侧尾腺纲。植物寄生线虫分属于垫刃目、滑刃目和三矛目，目以下分总科、科、亚科、属、种。种的名称采用拉丁双名法。

园林植物的重要病原线虫类群有以下几种。

1. 根腐线虫属

寄生于植物根内和块根、块茎等植物地下器官。寄主范围广泛，能危害多种园林植物，引起根部损伤和根腐。

2. 根结线虫属

寄主范围广泛，危害多种园林植物根系引起植物根结线虫病。

3. 伞滑刃属

其中最为重要的种为松材线虫，是松树上的一种毁灭性病害。

五、寄生性植物

大多数植物为自养生物，能自行吸收水分和矿物质，并利用叶绿素进行光合作用合成自身生长发育所需的各种营养物质。但也有少数植物由于叶绿素缺乏或根系、叶片退化，必须寄生在其他植物上以获取营养物质，称为寄生性植物。大多数寄生性植物为高等的双子叶植物，可以开花结实，故又称为寄生性种子植物。

寄生性植物的主要类群有以下几种。

1. 菟丝子科菟丝子属

菟丝子属植物是世界范围分布的寄生性种子植物，在我国各地均有发生，寄主范围广，主要寄生于豆科、菊科、茄科、百合科、伞形科、蔷薇科等草本和木本植物上。菟丝子属植物为全寄生、一年生攀藤寄生的草本种子植物，无根；叶片退化为鳞片状，无叶绿素；茎藤多为黄色丝状。菟丝子花较小，白色、黄色或淡红色，头状花序。蒴果扁球形，内有2～4粒种子；种子卵圆形，稍扁，黄褐色至深褐色。

在我国主要有中国菟丝子和日本菟丝子等。中国菟丝子主要危害草本植物，日本菟丝子则主要危害木本植物。

田间发生菟丝子为害后，一般是在开花前彻底割除，或采取深耕的方法将种子深埋，使其不能萌发。近年来用"鲁保一号"防效也很好。

2. 桑寄生科槲寄生属

槲寄生多为绿色灌木，有叶绿素，营半寄生生活，主要寄生于桑、杨、板栗、梨、桃、李、枣等多种木本植物的茎枝上。

槲寄生为绿色小灌木。叶肉质肥厚，无柄，对生，倒披针形或退化成鳞片；茎圆柱形，二歧或三歧分枝，节间明显，无匍匐茎；花极小，单性，雌雄同株或异株；果实为浆果，黄色。

槲寄生的种子由鸟类携带传播到寄主植物的茎枝上，萌发后胚轴在与寄主接触处形成吸盘，由吸盘中长出初生吸根，穿透寄主皮层，形成侧根并环绕木质部，再形成次生吸根，侵入木质部内吸取水分和矿物质。

我国以槲寄生和东方槲寄生较为常见。槲寄生发现后应及时锯除病枝烧毁，喷洒硫酸铜800倍液有一定防效。

第三节　园林植物病害的非侵染性病原识别

引起非侵染性病害的病原因子有很多，主要可归为营养失调、土壤水分失调、温度不适、有害物质侵入等。

一、营养失调

植物在正常生长发育过程中需要氮、磷、钾等大量元素，钙、硫、镁等中量元素，铁、硼、锰、锌等微量元素。当营养元素缺乏或过剩、各种营养元素的比例失调，或者由于土壤的理化性质不适宜而影响了这些元素的吸收，植物都不能正常生长发育，产生生理病害。

其中缺素症较为常见。常见的有以下几种。

1. 缺氮

氮是形成蛋白质的基本成分，氮还存在于各种化合物中，如嘌呤和生物碱。植物一旦缺乏氮素，首先生长受阻，叶片小且色淡，叶片稀疏易落，影响植物光合作用，因而生长不良，植株矮小，分枝较少，结果少且小。在严重缺氮的情况下，往往出现生理病症，最终植株死亡。如栀子缺氮时，叶片普遍黄化，植株生长发育受抑制。菊花缺氮时，叶片较小，呈灰绿色，下部老叶脱落，茎木质化，节间短，生长受抑制。月季缺氮时叶片黄化，但不脱落，植株矮小，叶芽发育不良，花小、色淡。天竺葵缺氮时幼叶呈淡绿色，在叶片中部具有红铜色圆圈，老叶呈亮红色，叶柄附近呈黄色，干枯叶片仍残留在茎上，植株瘦小，发育不良，不能开花。瓜叶菊需要大量的氮肥才能正常生长发育，缺氮时，由植株下部叶片开始变黄，逐渐扩大到顶部，致使整株叶片变黄，新长出的芽及幼叶也都很小，呈锈黄色，最后呈畸形。

2. 缺磷

磷是核蛋白及磷脂的组成成分，是植物高能磷酸键的构成成分，对植物生长发育有着重要意义。植物缺磷时,生长受抑制,植株矮小,叶片变成深绿色,灰暗无光泽,具有紫色素,然后枯死脱落。如香石竹缺磷,基部变成棕色而死亡,茎纤细柔弱,节间短,花较小。月季则表现为老叶凋落,但不发黄,茎瘦弱,芽发育缓慢,根系较小,影响花的质量。瓜叶菊缺磷时,叶片呈深绿色,老叶干枯死亡,尚未完全变黄则凋落,植物生长发育受抑制。一品红缺磷时,叶片呈暗绿色,从老叶叶缘开始,逐渐向内部黄化,落叶较早,往往只剩顶端一些小叶,植株生长发育受阻。

3. 缺钾

钾是植物营养三要素之一,在植物灰分中是较多的元素,与原生质生命活动有密切关系,是有机体进行代谢的基础,钾在植物体内对碳水化合物的合成、转移和积累及蛋白质的合成有一定的促进作用。植物缺钾时,叶片往往出现棕色斑点,发生不正常的皱纹,叶缘卷曲,最后焦枯,似火烧过的状态。红壤土中一般含钾较少,通常易发生缺钾症。如洋秋海棠缺钾时,叶缘焦枯乃至脱落。菊花缺钾时叶片小呈灰绿色,叶缘呈现典型的棕色,并逐渐向内扩展,发生一些斑点,终至脱落。香石竹缺钾时,植株基部叶片变棕色而死亡,茎秆瘦弱,易罹病。天竺葵缺钾时,幼叶呈现黄绿色,叶脉则呈深绿色,老叶的边缘及叶脉间呈灰黄色,并有一些黄色和棕色斑点,中部则有锈褐色的圆圈,最后叶缘变为黄褐色焦枯状。月季缺钾时,叶片边缘呈棕色,有时呈紫色,茎瘦弱,花色甚劣。

4. 缺钙

钙是细胞壁及细胞间层的组成成分,并能调节植物体内细胞液的酸碱反应,把草酸结合成草酸钙,减少环境中过多酸的毒害作用,加强植物对氮、磷的吸收,并能降低一价离子过多的毒性,同时在土壤中有一定的杀虫杀菌功能。当植物缺钙时,根系的生长受到抑制,根系多而短,细胞壁黏化,根尖细胞遭受到破坏,以致腐烂。种子在萌发时如缺钙,植株柔弱,幼叶尖端多呈现钩状,新生的叶片很快就枯死。如栀子缺钙后,叶片黄化,顶芽及幼叶的尖端死亡,植株上部叶片的边缘及尖端产生明显的坏死区,叶面皱缩,根部受伤显著,在两星期内就可死亡,植株的生长受到严重的抑制。月季缺钙时,根系和植株顶端部死亡,提早落叶。菊花缺钙时,顶芽及顶部的一部分叶片死亡,有些叶子缺绿,根粗短,呈棕褐色,常腐烂,通常在2~3周内大部分根系死亡,植物严重缺钙则不易开花。

5. 缺镁

镁是叶绿素的主要构成物质,镁能调节原生质的物理化学状态,镁与钙有颉颃作用,过剩的钙有害时,只要加入镁即可消除钙。植物缺镁时,主要引起缺绿病或称黄化病、白化病。缺镁的植物常从植株下部叶片开始退绿,出现黄化,逐渐向上部叶片蔓延,最初叶片保持绿色,仅叶肉变黄色,不久下部叶片变枯死,最终脱落。枝条细长且脆弱,根系长,但须根稀少,开花受到抑制,花色较苍白。如金鱼草缺镁时,基部叶片黄化随后叶片上出现白色斑点,叶缘向上卷曲,叶尖向下钩弯，叶柄及叶片皱缩，干焦，但垂挂在茎上不脱落，花色变白。栀子缺镁时出现叶片黄化，从叶缘开始向内坏死，从植株基部开始脱叶，逐渐向上扩展，根系不发展。八仙花对镁元素的贫缺特别敏感，缺镁时，基部叶片的叶脉间黄化，不久即死亡。月季在缺镁时，基部叶片变小，根部变粗，侧根少，植株生长发育受阻，花较小。

6. 缺铁

植物对铁的需求量虽然较少，但它是植物生长发育中所必需的元素，它参与叶绿素的形成，并是构成许多氧化酶的必要元素，具有调节呼吸的作用。植物缺铁时引起黄化病。由于铁在植物体内不易转移，所以缺铁时首先是枝条上部的嫩叶受害，下部老叶仍保持绿色。缺铁轻微的，叶肉组织淡绿色，叶脉保持绿色，严重时，嫩叶全部呈黄白色，并出现枯斑，逐渐焦枯脱落。栀子花缺铁引起的黄化病是极为普遍的，首先由幼叶开始黄化，然后向下扩展到植株基部叶片，严重时全叶变白色，由叶尖发展到叶缘，逐渐枯死，植株生长受抑制。菊花、山茶花、海棠花等多种花木均发生相似症状。在我国北方偏碱性土壤中缺铁症较为普遍。

7. 缺锰

锰是植物体内氧化酶的辅酶基，它与植物光合作用有着密切关系，锰可以抑制过多的铁的毒害，又能增加土壤中硝态氮的含量，它在形成叶绿素及植物体内糖分积累和转运中，也起着重大作用，对于种子萌芽及幼苗的早期生长、受精过程、结实作用及果实的含糖量都有良好的作用，也是植物体内维生素 C 合成的重要因素。植物缺锰时，叶片先变苍白而带一些灰色，后在叶尖处发生褐色斑点，逐渐散布到叶片的其他部分，最后叶片迅速凋萎，植株生长变弱，花也不能形成。缺锰症一般发生在碱性土壤中。如洋秋海棠缺锰时顶部叶片叶脉间失绿，随后枯腐，并呈水渍状，老叶则呈现灰绿色。菊花缺锰后，首先是叶尖表现症状，叶脉间变成枯黄色，叶缘及叶尖向下卷曲，以致叶片几乎卷缩起来，花呈紫色。栀子缺锰时，植株上部叶片叶脉黄化，但叶肉仍保持绿色，致使叶脉呈清晰的网状，随后发生小型的棕色坏死斑点，以致叶片皱缩、畸形而脱落。症状由上向下扩展。

8. 缺锌

锌是植物细胞中碳酸酐酶的组成元素，它直接影响植物的呼吸作用，它也是还原氧化过程中酶的催化剂，并影响植物生长刺激剂的合成。在一定程度上，它又是维生素的活化剂，对光合作用有促进作用。曾有报道，提供良好的锌营养，能增强植物对真菌病害的抵抗能力。植物缺锌时，体内生长素将受到破坏，植物生长受到抑制，并产生病害。桃树缺锌时，其典型症状为顶部簇生许多小叶片，因此称为"簇叶病"或"小叶病"。缺锌的桃树通常在夏末从植株基部到顶部的叶片均出现缺绿的斑点，病叶坚硬，无叶柄，有些枝条屈曲；春天发芽很迟缓，病害严重时常引起大面积死亡。苹果小叶病也是常见的缺锌症，病树新枝节间缩短，叶片小且黄，结果量少，根系发育不良。

9. 缺硫

硫是蛋白质重要的组成成分，植物缺硫时，也引起缺绿病，但它与缺镁和缺铁的症状有别。缺硫叶脉发黄，叶肉组织却仍然保持绿色，从叶片基部开始出现红色枯斑。通常植株顶端幼叶受害较早，叶坚厚，枝细长，呈木质化。如一品红缺硫时，叶呈淡暗绿色，后黄化，在叶片基部产生枯死组织，沿主脉向外扩展。八仙花缺硫时，幼叶呈淡绿色，植株生长缓慢，容易染霉菌病，生长严重受到抑制。

除上述元素外，铜、硼、硒、钼等元素也对植物的生长发育有影响。园林植物除在缺少某些元素时表现出缺素症外，当某些元素过多时，同样也会对园林植物的正常生长和发育带来伤害和影响。如土壤中氮肥含量过多时，常造成植物营养生长过旺，生育期延迟，植株抗病力下降；土壤中硼过剩时，引起植物下位叶缘黄化或脱落，植株矮化；锰过剩时，则使叶脉变褐，叶片早枯。

除土壤自身的营养元素的缺乏或过剩会引发营养失调外，土壤的理化性质不适宜，如温度过低、水分含量低、pH 值偏高或偏低等都会直接或间接影响植物对营养元素的正常吸收和利用。如低温会降低植株根的呼吸作用，直接影响根系对氮、磷、钾的吸收。土壤干燥、土壤溶液的浓度过高、温度高、空气湿度小、土壤水分蒸发快、酸性土壤中易发生钙的缺乏。

但近年来随着设施花卉栽培面积的不断扩大，土壤的次生盐渍化问题也日益突出。由于保护地栽培效益高，为了追求利益的最大化，花农也大量施用各种农家肥和化学肥料，有很多化学肥料如硫酸铵、硫酸钾、氯化钾等都有副成分在土壤中残留，但保护地半封闭的环境条件却阻碍了雨水对土壤的淋洗作用，造成多余肥料及其副成分在土壤中大量积累，其浓度超过了植物正常生长的允许范围，造成土壤次生盐渍化。据调查，我国多数保护地已不同程度地受到土壤次生盐渍化的危害。

二、水分失调

植物的新陈代谢过程和各种生理活动，都必须有水分的参与才能进行，它直接参与植物体内各种物质的转化和合成，溶解并吸收土壤中各种营养元素，并可调节植物体温。水分在植物体内的含量可达 80%～90% 以上，水分的缺乏或过多及供给失调都会对植物产生不良影响。

天气干旱，土壤水分供给不足，会使植物的营养生长受到抑制，营养物质的积累减少而降低品质。缺水严重时，植株萎蔫，叶片变色，叶缘枯焦，造成落叶、落花和落果，甚至整株枯死。

土壤水分过多，俗称涝害，会阻碍土温的升高和降低土壤的透气性，土壤中氧气含量降低，植物根系长时间进行无氧呼吸，引起根系腐烂，也会引起叶片变色、落花和落果，甚至植株死亡。

三、温度不适

植物的生长发育都有它适宜的温度范围，温度过高或过低，超过了它的适应能力，植物代谢过程将受到阻碍，就可能发生病理变化而发病。

低温对植物危害很大。轻者产生冷害，表现为植株生长减慢，组织变色、坏死，造成落叶、落花和植株畸形；0℃以下的低温可使植物细胞内含物结冰，细胞间隙脱水，原生质破坏，导致细胞及组织死亡。如秋季的早霜、春季的晚霜，常使植株的幼芽、新梢、花器、幼果等器官或组织受冻，造成幼芽枯死、花器脱落、不能结实或果实早落。

高温对植物的危害也很大。可使光合作用下降，呼吸作用上升，碳水化合物消耗加大，生长减慢，使植株矮化。干旱会加剧高温对植物的危害程度。

在自然条件下，高温常与强日照及干旱同时存在，使植物的茎、叶、果等组织产生灼伤，称日灼病，表现为组织褪色变白呈革质状、硬化、易被腐生菌侵染而引起腐烂。灼伤主要发生在植株的向阳面，如一叶兰的日灼主要发生在叶片上与日光垂直的部位。

四、有害物质侵入

空气中的有毒气体、土壤和植物表面的尘埃、农药、工厂排出的有害气体如硫化物、氟化物、氯化物、氮氧化物、臭氧、粉尘等有害物质，都可使植物中毒而发病。

保护地栽培的花卉等还可能受到氨气、亚硝酸气、以邻苯二甲酸二异丁酯为增塑剂的塑料薄膜挥发的有害气体的危害。在保护地一次性施用过多的铵态氮肥、未腐熟的饼肥、人粪尿、鸡粪、鱼肥等，遇棚内高温，3~4 天就可产生大量氨气，使空气中的氨气浓度不断增加，植物受害后在叶片上形成大小不一的不规则失绿斑，叶缘枯焦，严重时整株枯死。以邻苯二甲酸二异丁酯为增塑剂的塑料薄膜挥发的有害气体在高温下 2~3 天就可使唐菖蒲、百合、郁金香等园林植物中毒死亡。

在防治病虫草害时使用杀菌剂、杀虫剂、除草剂等化学农药浓度过高、施用方法不合理、种类和时期不恰当也会产生药害。如施用烟剂防治病虫害时用量过大，烟剂的分布点不均匀，局部植物会产生全株叶片焦枯的症状。杀菌剂和杀虫剂浓度过高，会使植物叶片产生不规则形坏死斑，甚至全叶枯焦。在花卉、苗木扩繁时，进行硬枝、绿枝扦插，使用多种植物生长调节剂，浓度过高会严重抑制植物生长，甚至引起植株死亡等。

第四节　植物病害的诊断技术

合理有效的病害防治措施应建立在对病害的准确诊断基础上。诊断就是判断植物生病的原因、确定病原类型和病害种类，为病害防治提供科学依据。如果诊断失误，无论实施什么样的精心措施，也不能控制病害，只会贻误时机，造成更大的损失。

诊断植物病害时，面对一种调查对象，首先要判断是侵染性病害还是非侵染性病害。在此基础上进一步缩小诊断范围，分析发病原因。诊断植物病害应遵循以下几个步骤。

① 从症状入手，仔细观察有病植物的发病部位，寻找对诊断有关键性作用的症状特点，并进行描述。

② 调查询问病史和相关情况，包括品种特性、土壤性质、栽培管理方式、施肥、施药情况及环境气候变化等。

③ 实验室镜检。

④ 特殊检测。

⑤ 查对资料，作出诊断报告。

田间诊断是病害诊断的第一步。到实际发生病害的田间观察，对病害作出初步的判断叫田间诊断。在病害诊断中，如有可能，诊断者必须深入实际，仔细观察，不能只凭别人送来的一枝一叶就作出结论。病害的现场观察十分重要，对于初步确定病害的类别，缩小进一步诊断的范围很有帮助。在发病现场观察要细致，从植株的根、茎、叶、花、果等各个器官到整株，注意观察植株的形态、颜色和气味的异常；调查要周全，从一个病株到全田，由一个田块到相邻的田块，注意区分不同的症状，排除田间其他病害的干扰；要了解当地地理环境和气象变化，并询问相关的农事操作和栽培管理，作出详细的记载。

在田间诊断中，诊断者凭借自己的经验和知识，利用放大镜观察病斑上的病症，对熟知的病害可以作出正确的诊断。但是在多数情况下，由于症状表现的复杂性、病原的隐蔽性，诊断者不应当仅靠田间观察就作出诊断，而应采集有代表性的标本到实验室做进一步检查，借助实验技术正确作出诊断。

一、植物非侵染性病害的诊断技术

对非侵染性病害的诊断通常可从以下几个方面着手：一是进行病害现场的观察和调查，分析病害的田间分布和类型。水、肥、气象因子和有毒气体等引起的非侵染性病害，发生分布普遍而均匀，面积较大，没有明显的发病中心。病害出现不规则的分布，往往与地势、地形和风向有一定的关系。二是检查病株地上和地下病部有无病症。非侵染性病害只有病状而没有病症，但是病组织上可能存在非致病性的腐生物，要注意分辨。三是治疗性诊断。根据田间症状的表现，拟定最可能的非侵染性病害治疗措施，进行针对性的施药处理，或改变环境条件，观察病害的发展情况。通常情况下、植物的缺素症在施肥后症状可以很快减轻或消失。

二、植物侵染性病害的诊断技术

侵染性病害是由病原生物侵染所致的病害，有个发生、传播、为害的过程。许多病害具有发病中心，病害总是有由少到多，由点到片，由轻到重的发展过程。在特定的品种或环境条件下，植株间病害有轻有重，在病株间常可观察到健康植株。大多数的真菌病害、细菌病害、线虫病害以及所有的寄生植物病害，可以在病部表面观察到病症。但有些侵染性病害的初期病症也不明显，病毒、类病毒、植原体等病害也没有病症，此时可以通过田间有中心病株或发病中心、病状分布不均匀（一般幼嫩组织重,成熟组织轻,甚至无病状)、病状往往是复合的(通常表现为变色伴有不同程度的畸形)等特点,综合分析,可以同非侵染性病害相区别。

由病原生物引起的侵染性病害,由于病原种类的不同,病害的症状相互间有明显的区别;大多数病害的病斑上,仅用肉眼或放大镜就可以区分病原真菌、细菌、线虫、寄生性种子植物的群体外观结构。根据病害的症状对许多病害可以作出初步诊断。

(一) 真菌病害

真菌病害的症状以腐烂和坏死居多,大多数真菌病害具有明显的病症。病症表现多种多样:粉状物、霉状物、霜状物、锈状物……各种子实体丰富多彩。有的病害的子实体产生在枯枝、枯叶上,特别是一些大树病害,在秋季应多注意观察枯枝落叶上的子实体,同时还要注意区分腐生真菌在上面产生的子实体。对于常见病害,根据病害在田间的分布和症状特点,可以基本确定是哪一类病害。

在实验室,对于病斑上已产生子实体的真菌病害,可直接采用挑、撕、切、压、刮等技术制成临时玻片,在显微镜下观察病菌的结构特征。或者将标本直接放在实体解剖镜下观察。对看不到真菌结构的标本,可在适温(20~25℃)和高湿条件下保持24~72h,病原真菌通常会在植株病部产孢或长出菌丝,然后再镜检观察。但要区分这些子实体是致病菌的子实体还是次生或腐生真菌的子实体,较为可靠的方法是从病斑边缘取样培养镜检。如果保湿培养结果不理想,可以选择合适的培养基进行分离培养。

(二) 细菌病害

大多数细菌病害的症状有一定特点,叶斑类型的病害,初期病斑呈水渍状或油渍状,边缘半透明,常有黄色晕圈。细菌病害的病症简单,在潮湿条件下,在病斑部位常可以见到污白色、黄白色或黄色的菌脓,一些菌脓干燥后呈鱼籽状的菌胶珠。腐烂类型的细菌病害产生特殊的气味,但无菌丝,可与真菌引起的腐烂区别。萎蔫型的细菌病害,横切病株茎基部,稍加挤压可见污白色菌脓溢出,并且维管束变褐。有无菌脓溢出是细菌性萎蔫同真菌性萎蔫的最大区别。植原体病害在田间表现出与病毒相似的症状,植株矮化、黄化、丛枝、丛根、花变叶、花变绿,并使植株衰退和死亡。要确诊需经室内鉴定。

根据症状不能确诊为细菌病害时,可将病组织制成临时玻片,在光学显微镜下可以观察到细菌从维管束组织切口涌出。但少数瘤肿病害的组织中菌体较少,观察不到喷菌现象。有的细菌(如韧皮部杆菌属)和植原体病害,用扫描电镜可观察到植物韧皮部细胞内的病原,对植原体病害而言这是目前唯一可靠的诊断方法。用四环素类抗菌素灌注植物,病株出现一定时期的恢复,可间接证明是植原体病害。细菌病害病原的鉴定必须经分离纯化后做细菌学性状鉴定。

(三) 线虫病害

病原线虫常引起植物生长衰弱,如果周围无健康植株作对照,往往容易忽视线虫病。田间观察到衰弱的植株，应仔细检查其根部，有无肿瘤和虫体。线虫为害植物后，地上部的症状有顶芽枯死、茎叶卷曲、叶片角斑或组织坏死、形成叶瘿或种瘿等；根部受害后有的生长点被破坏而停止生长或卷曲，根上形成瘤肿，过度分枝或分枝减少，根部组织坏死和腐烂等；柔嫩多汁的块根或块茎受害后，组织先坏死，随后腐烂。外寄生线虫病害常可在病株上观察到虫体，形成根结的线虫，割开根结可找到雌虫。根部受害后，根对矿质营养和水分的吸收能力下降，地上部的生长受到影响，表现为植株矮小、色泽失常和早衰等症状，严重时整株枯死。尤其是在光照较好的午后，植物光合作用强时表现叶片低垂，而次日清晨又表现恢复的症状较为典型。

值得注意，土壤中存在大量腐生线虫，常常在植物根部以及地下部或地上部坏死和腐烂组织内外看到的线虫，不一定是致病性的植物寄生线虫，要注意区分寄生性和腐生性线虫，要根据植物寄生线虫的口针类型和食道类型对线虫的寄生性作出判断，同时，要考虑根部线虫群体的数量、种类，某些线虫必须有足够的线虫群体才可以使寄主表现明显的症状。绝大多数线虫种类只侵染根部，少数线虫种类侵染叶、枝条、茎秆，采用简单的漏斗分离方法，可收集到寄生线虫，用以鉴定。

（四）寄生性植物

一般依据寄生在植物上的寄生性植物本身可以确诊。

（五）病毒及类病毒病害

在田间诊断中最易与病毒病相混淆的是非侵染性病害，在诊断时应注意分析。病毒病具传染性；多为系统感染，新叶、新梢上症状最明显，有独特的症状，例如，花叶、脉带、环斑、耳突、斑驳、蚀纹、矮缩等。类病毒病害田间表现主要有畸形、坏死、变色等。许多植物感染类病毒后不显症，主要通过室内诊断。

经症状诊断的病毒病，在实验室内可进一步确诊。在已知的34组植物病毒中，约有20个组的病毒在寄主细胞内可形成内含体，在光学显微镜下可观察识别。许多病毒接种在某些特定的鉴别寄主上，会产生特殊的病状，这些病状可以作为诊断的依据之一。从病组织中挤出汁液，经复染后在透射电镜下观察病毒粒体形态与结构是十分快速而可靠的诊断。

三、植物病害常规诊断的注意事项

（一）症状的复杂性

植物病害症状在田间的表现十分复杂。首先是许多植物病害常产生相似的症状，因此要从各方面的特点去综合判断；其次，植物常因品种的变化或受害器官的不同，而使症状有一定幅度的变化；第三，病害的发生发展是一个过程，有初期和后期，症状也随之而发展变化；第四，环境条件对病状和病症有一定的影响，尤其是湿度对病症的产生有显著的影响，加之发病后期病部往往会长出一些腐生菌的繁殖器官。植物病害症状的稳定性和特异性只是相对的，要认识症状的特异性和变化的规律，在观察植物病害时，必须认真地从症状的发展变化中去研究和掌握症状的特殊性。因此诊断者除了全面观察病害的典型症状外，应仔细地区别病症的那种微小的、似同而异的特征，这样才能正确地诊断病害。

（二）虫害、螨害和病害的区别

许多刺吸式口器的昆虫为害植物，造成植物叶片变色、皱缩。有的昆虫为害后造成虫瘿；有的昆虫取食叶肉留下表皮在叶上形成弯曲隧道。这些虫害易与病害混淆。诊断时，仔细观察可见虫体、虫粪、特殊的缺刻、孔洞、隧道及刺激点。有的虫螨不仅直接为害植物，还传播病毒病。

（三）并发病和继发病的识别

一种植物发生一种病害的同时，另一种病害伴随发生，这种伴随发生的病害称为并发病。继发病害是指植物发生一种病害后，紧接着又发生另一种病害，后发生的病害，以前一种病害为发病条件，后发生的病害叫继发性病害。例如红薯受冻害后，在贮藏时又发生软腐病。这两类病害的正确诊断，有助于分清矛盾的主次，采用合理的防治措施。

四、柯赫氏法则

在植物病害的诊断中，对于常见病害，诊断者熟知的病害，通过田间的症状诊断，室内镜检病原物的形态结构，查对有关的文献资料，一般都能确诊。但是，对于不熟悉的病害，疑难病害和新病害，即使在实验室观察到病斑上的微生物或经过分离培养获得的微生物，都不足以证明这种生物就是病原物。因为从田间采集到的标本上，其微生物的种类是相当多的，有些腐生菌在病斑上能迅速生长，在病斑上占据优势。由于经验不足和缺少资料，单凭这些观察到的微生物作出诊断是不恰当的，需要采用柯赫氏法则来确认具体病害。柯赫氏法则最早应用的实例是证明动物炭疽病菌的致病性，将该法则用于诊断和鉴定植物侵染性病害，其要点有四：①在患病植物上常能发现同一种致病的微生物，并诱发一定的症状；②能从病组织中分离出这种微生物，获得纯培养，并且明确它的特征；③将纯培养物接种到相同品种的健康植株上，可以产生相同病害症状；④从接种发病的植物上重新分离到与上次分离到的相同的微生物。

柯赫氏法则用于证明植物病原细菌、真菌的致病性方面一般是适用的，但在证明专性寄生真菌、病毒以及非生物致病因素时，就不能使用这一法则，专性寄生真菌、病毒必须在活体上生存。因此在实践中，原则上要遵循柯赫氏法则，但可作适当调整，完成证病。例如植物病毒的致病性测定，可以用物理和化学的方法将植物病毒提纯，并测定其主要性状，提纯的病毒相当于纯培养物。白粉菌的确认，在离体叶片上培养的孢子相当于纯培养物。植物线虫病害用分离的方法得到线虫，接种寄主植物也可以应用柯赫氏法则。但应注意，有的线虫是植物病害的病原，有的是其他病原物的传播媒介，有的是和其他病原物共同作用形成复合侵染病害，有的只是造成伤口，为其他病原物侵染植物提供条件，这比线虫单独侵染复杂得多。要弄清线虫在植物病害中的作用，充分利用实验条件，柯赫氏法则也是适用的。

第二篇 园林植物病虫害的发生规律

第一章　园林植物虫害的发生规律

昆虫是动物王国种类最繁多的类群,全世界已知动物中,昆虫就占了70%～75%,大约占150万种动物种群的2/3。昆虫起源于3亿5000万年前的泥盆纪,在漫长的演化过程中,形成了许多独特的适应特性,并分化出众多的适应不同生态环境的类群。昆虫种类繁多、数量巨大的原因有如下几点:

1. 体型小,吃得少

很少的食物便可以完成个体发育,同时也便于隐藏。

2. 有翅膀,会飞行

这对昆虫的求偶、避敌、觅食、迁移及扩大分布十分有利,也许地球上最早出现的具有飞行能力的动物就是昆虫。

3. 适应能力强

昆虫遍布地球的各个角落,在地球上分布之广也是其他动物不能比拟的。从两极到赤道,从海洋到沙漠,从平原到高山,从地面到空中,从石油到剧毒药物中,都有昆虫的栖息,到处都有它们的"足迹"。水蝇可以在55～65℃的温泉水里生活,曲蝇可以在石油中生活,盐蝇可以在盐水里生活,某些甲虫甚至可以在鸦片及辣椒等刺激或有毒物质中生活。

4. 昆虫繁殖力强大

除了种类众多以外,昆虫同种个体的数量也十分惊人。有人统计过一窝白蚁就有250万个个体,一窝蚂蚁群体可以多达50万个个体,一棵树上可以有10万头蚜虫,蜂王一天可以产1000～2000粒卵,一对苍蝇一年可以繁殖出5.5亿个后代,有人估计地球上昆虫的总重量可能是人类的12倍,即使自然死亡90%,昆虫仍能保持一定的种群数量。

5. 昆虫的食料也是极复杂的

有吃植物的,有吃动物的,还有吃腐败食物的等等。此外,昆虫的食性非常广泛,从植物到动物,从活体到死体和排泄物,甚至有机矿物等,几乎所有的天然有机物都可以是昆虫的食物。昆虫大都具有惊人的食量,尤其是取食植物的昆虫,一般每天摄取2～3倍于自身体重的食物,有些蝗虫成虫期甚至可以摄取20倍于自身体重的食物。即使在不良环境条件下,昆虫也有很强的耐饥饿能力,臭虫4年不取食,仍能维持生命。这些特性都赋予昆虫强大的适应能力,并使之获得了最成功的进化。

第一节 昆虫与人类的关系

昆虫种类多，分布广，与人类关系非常密切。在人类出现以前，昆虫已和其他动、植物建立了历史关系，在人类出现以后，也和人类发生了密切的关系。有些对人类有害，有些对人类有益。

一、有害方面

1. 经济作物害虫

昆虫中有 48.2% 是以植物为食，人类种植的各种植物，无一种不受其害，有的造成十分惊人的损失。园林植物害虫，是本教材所要介绍的重要种类，其他如农林作物、烟草、药材、甘蔗、茶树等，也都有害虫为害，造成不小的损失。

2. 卫生害虫

有些昆虫能直接为害人类，有些还能传染疾病，危害人的健康，甚至引起死亡。如跳蚤、蚊子、虱子、臭虫等，不但直接吸取人们的血液，扰乱人的安宁，而且还能传播各种疾病。例如跳蚤是传播鼠疫的媒介。14世纪鼠疫在欧洲大流行，也曾夺去 2500 万人的生命，占当时欧洲人口的 1/4。清朝时期鼠疫在我国东北也流行过，死亡 50 多万人。其他如斑疹伤寒、脑膜炎、疟疾等，也都是蚊、蝇等传染的。疟蚊传播的疟疾在非洲同样造成过类似的灾难。据估计，人类传染病中有 2/3 与昆虫传播有关。

3. 家畜害虫

许多昆虫能为害家畜、家禽，如牛虻、蚊、蝇、虱、蚤等，直接吸取家畜的血液，影响它们的栖息和健康。许多蝇类幼虫寄生于家畜的体内，造成蝇蛆病。如牛瘤蝇的幼虫寄生于牛的背部皮下，造成很多孔洞，影响牛的健康，降低牛皮价值。马胃蝇的幼虫寄生在马的胃里，影响马的饮食和健康，降低其免疫力。有些昆虫还能传染家禽的疾病，如马的脑炎（病毒）、鸡的回归热（螺旋体）、牛马的锥虫病、焦虫病（原生动物）、犬的丝虫病（蠕虫）等，都是由各种吸血昆虫所传染的。

4. 传播植物病害

许多植物的病害是由昆虫传播的，特别是植物的病毒病，多数由刺吸植物汁液的昆虫传播。此外，昆虫也能传播细菌或真菌所引起的病害。如蚜虫可传播多种花叶病，大青叶蝉可传播国槐带化病。根据已有记载，由昆虫传播的病毒病有 397 种，其中 170 种由蚜虫传播，133 种由叶蝉传播。由昆虫传病造成的损失，甚至比昆虫为害本身所造成的损失还要大。

二、有益方面

1. 工业昆虫

一些昆虫的产品是重要的工业原料，如家蚕、柞蚕是绢丝工业的主要原料，现在我国每年出口的生丝 500 万千克以上，给国家换回大量外汇。紫胶虫分泌的紫胶，胭脂虫可以提取染料，白蜡虫雄虫分泌的白蜡，倍蚜的虫瘿五倍子所含单宁酸都是重要的工业原料。从昆虫中提取的特殊酶类，如从萤火虫中提取荧光酶素，从白蚁中提取的纤维水解酶素，已分别应用于医疗器械工业及轻工与食品中。这些具有重要经济价值的昆虫，又被称为特种经济昆虫。

2. 天敌昆虫

在自然界中昆虫约有30％的种群是捕食性或寄生性的，它们多数是害虫的天敌，在害虫种群增长方面发挥着巨大的控制作用。它们帮助人们防治害虫，也是人们用来开展生物防治的重要前提。如瓢虫类、草蛉类、食蚜蝇类等，都能大量捕食各种害虫、叶螨和虫卵。赤眼蜂类、小蜂类、姬蜂类和茧蜂类等，能把卵产在许多害虫的卵内或幼虫、蛹的体内，把害虫杀死。

3. 传粉昆虫

显花植物中，约有85％的种类是虫媒植物，一些取食花蜜和花粉的昆虫，通过活动为植物传粉，为人类创造巨大的财富。昆虫33个目中，15个目的昆虫有访花习性，真正为植物传粉的有6个目，其中蜜蜂总科在生产实践中起着真正的传粉作用。除利用家养蜜蜂为植物授粉外，人类也重视利用野生蜂，如用壁蜂为苹果、梨等授粉。此外利用切叶蜂为苜蓿授粉，利用熊蜂为三叶草授粉，均已取得较好成绩。

4. 药用昆虫

许多昆虫的虫体、产物或被真菌寄生的虫体可入药，如九香虫（一种蝽象）、桑螵蛸（螳螂卵）、冬虫夏草（蝙蝠蛾幼虫被虫草菌寄生）。《中国药用动物志》记载，药用昆虫141种，12目，49科。另外利用虫体提取物的特殊生化成分，制备新药，如蜂毒、斑蝥素、蜣螂毒素、抗菌肽，其中有些对肿瘤细胞有明显的抑制作用。

5. 观赏昆虫

昆虫中有些形态奇异，色彩艳丽，鸣声悦耳，或有争斗行为，可供人们观赏娱乐，给人以精神享受。如有的蝴蝶是受人们喜欢的昆虫，被誉为"会飞的花朵"，用其制作的工艺品蝴蝶画有很高的经济价值。此外，斗蟋蟀、鸣虫蝈蝈（螽斯）都有较高的欣赏和经济价值。

6. 食品昆虫

很多昆虫，因营养价值高，烹饪后味道好，而成为人类的美食。生化分析证明，虫体内含有丰富的蛋白质、脂肪等。昆虫作为食品起源于民间，如东北人吃炸蚕蛹、烧螳螂卵，云南人吃胡蜂蛹，广东人吃龙虱、稻蝗，山东人吃豆天蛾。世界各国的各民族多少都有吃昆虫的习惯。今后人类的食品向昆虫方面发展，已成为一种趋势，以炸炒蚂蚁、蝗虫、蟑螂、蟋蟀等的昆虫宴在新加坡已进入餐馆。在我国西安一些餐馆中，也有了油炸黄粉虫、蚱蝉的若虫、天蛾幼虫等的昆虫宴。

7. 饲用昆虫

几乎所有的昆虫虫体都可作为动物,特别是家畜、家禽的蛋白质饲料。近年来,国内外都在发展人工笼养家蝇,进行工厂化生产,获取大量的家畜蛋白质饲料。笼养家蝇是将家畜的粪便,人类的废物转化为可利用的蛋白质饲料,既利用废物,又洁净环境,是一种功利两全的昆虫产业,受到各国重视。

8. 环保昆虫

腐蚀性昆虫以动植物遗体或动物排泄物为食,是地球上的清洁者,加速了微生物对生物残体的消解。如埋藏甲群聚于鸟兽尸体下,挖掘土壤,将尸体埋葬,蜣螂将地表的动物粪便转入土内,清洁了环境。中国的神农蜣螂曾被引入澳大利亚,解决畜粪覆盖草场的问题。

9. 科研特殊材料昆虫

许多昆虫由于生活周期短,个体小,易饲养,是现代生物学重要的实验动物。由于其种类多,特性各异,而成为选择实验动物的宝库。其中果蝇长期被作为遗传学研究材料,为遗传学发展作出了贡献,在现代遗传学中的作用尤为突出,显著加速了现代遗传学的发展。吸血蝽象是内分泌研究的极好材料,在生理学研究中立了功。昆虫的一些器官,如复眼形态、功能奇妙,结构完善,成为仿生学研究的主要对象。一些水生昆虫,如蜉蝣等,对水质很敏感,成为水质污染监测的良好指标。

因此,昆虫和人类的关系非常密切,又很复杂。昆虫对人类的益与害,不是绝对的,会因条件不同而转化。例如寄生蝇类,寄生在害虫身体内,对人类是益虫,但寄生在柞蚕体内,则成为人类有益昆虫的害虫。又如蝴蝶,成虫是主要观赏昆虫,但有些种类的幼虫,为害植物,又是害虫。天蛾、蚱蝉等取食经济作物,是害虫,但将其虫体制成昆虫宴,就又产生了经济价值。

总之,控制害虫的为害,充分利用昆虫的有益资源,造福人类,是我们研究昆虫的目的和意义。

第二节 昆虫的生殖方式与发育

一、昆虫的繁殖方式

昆虫种类多,数量大,这与它的繁殖特点分不开。主要表现在繁殖方式的多样化,繁殖力强、生活史短和所需的营养少。

昆虫的繁殖方式大致有以下几种类型。

(一) 两性生殖

昆虫绝大多数是雌雄异体,通过两性交配后,精子与卵子结合,由雌性将受精卵产出体外,才能发育成新的个体。这种生殖方式称两性卵生生殖或简称为两性生殖,这是昆虫繁殖后代最普遍的方式。

(二) 孤雌生殖

有些种类的昆虫,卵不经过受精就能发育成新的个体,这种生殖方式称为孤雌生殖或单性生殖。孤雌生殖对于昆虫的广泛分布有着重要的作用，因为即使只有一个雌虫被偶然带到新的地方（如人的传带、风吹等），如果环境条件适宜，就可能在这个地区繁殖起来。还有一些昆虫是两性生殖和孤雌生殖交替进行的，被称为世代交替。如许多蚜虫，从春季到秋季，连续10多代都是孤雌生殖，一般不产生雄蚜，只是当冬季来临前才产生雄蚜，雌雄交配，产下受精卵越冬。还有的昆虫，可以同时进行两性生殖和孤雌生殖，即在正常进行两性生殖的昆虫中，偶尔也出现未受精卵发育成新的个体的现象。如蜜蜂，雌雄交尾后，产下的卵并非都受精，即不是所有的卵都能获得精子而受精。凡受精卵皆发育为雌蜂（蜂后和工蜂），未受精卵孵化出的皆为雄峰。

（三）卵胎生和幼体生殖

昆虫是卵生动物，但有些种类的卵是在母体内发育成幼虫后才产出，即卵在母体内成熟后，并不排出体外，而是停留在母体内进行胚胎发育，直到孵化后，直接产下幼虫，称为卵胎生（区别于高等动物的胎生，因为胎生是母体供给胎儿营养，而卵胎生只是卵在母体内孵化）。例如蚜虫在进行孤雌生殖的同时又进行卵胎生，所以被称为孤雌胎生生殖。卵胎生对后代起保护作用。

另外有少数昆虫，母体尚未达到成虫阶段还处于幼虫时期，就进行生殖，称为幼体生殖。凡进行幼体生殖的，产下的都不是卵，而是幼虫，故幼体生殖可以看成是卵胎生的一种方式。如一些瘿蚊进行幼体生殖。

（四）多胚生殖

昆虫的多胚生殖是由一个卵发育成两个到几百个甚至上千个个体的生殖方式。这种生殖方式是一些内寄生蜂类所具有的。多胚生殖是对活体寄生的一种适应，可以利用少量的生活物质和较短的时间繁殖较多的后代个体。

二、昆虫的变态

昆虫从卵中孵化后，在生长发育过程中要经过一系列外部形态和内部器官的变化，才能转变为成虫，这种现象称为变态。

由于昆虫在长期演化过程中，随着成虫期和幼虫期的分化，以及幼虫期对生活环境的特殊适应，因而有不同的变态类型。最常见的类型有以下2种。

（一）不全变态

具有三个虫态，即卵、幼虫、成虫，无蛹期。其中有一类幼虫与成虫的生活环境一致，它们在外形上很相似，仅个体大小、翅及生殖器官的发育程度不同而已，因此又称此类为渐变态，其幼虫称为若虫。属于这类变态方式的主要有直翅目（如蝗虫）、半翅目（如盲蝽）、同翅目（如蚜虫）等昆虫。另一类幼虫与成虫生活环境不一致，外形上亦有很大区别，此类变态方式被称为过变态，其幼虫称为稚虫。如蜻蜓目属于这类昆虫。

此外，缨翅目的蓟马、同翅目的粉虱和雄性介壳虫的变态方式是不完全变态中最高级的类型，它们的幼虫在转变为成虫前有一个不食不动的类似蛹期的时期，真正的幼虫期仅为 2～3 龄。这种变态称之为过渐变态，可能是不完全变态向完全变态演化的过渡类型。

（二）全变态

具有四个虫态，即卵、幼虫、蛹、成虫，多一个蛹期。幼虫与成虫在形态上和生活习性上完全不同。属于此类变态方式的昆虫占大多数，主要有鞘翅目（如金龟子）、鳞翅目（如蛾、蝶类）、膜翅目（如梨大叶蜂）、双翅目（如蝇、蚊）等昆虫。

三、昆虫的个体发育

昆虫的个体发育可以分为两个阶段：第一阶段在卵内进行至孵化为止，称为胚胎发育；第二阶段是从卵孵化后开始到成虫性成熟为止，称为胚后发育。

（一）卵期

卵从母体产下到孵化为止，称为卵期。卵是昆虫胚胎发育的时期，也是个体发育的第一阶段，昆虫的生命活动从卵开始。

1. 卵的结构

昆虫的卵是一个大型细胞，最外面包着一层坚硬的卵壳，表面常有特殊的刻纹；其下为一层薄膜，称卵黄膜，里面包有大量的营养物质——原生质、卵黄和卵核。卵的顶端有 1 至几个小孔，是精子进入卵子的通道，称为卵孔或精孔。

2. 卵的形状及产卵方式

各种昆虫的卵，其形状、大小、颜色各不相同。卵的形状一般为卵圆形、半球形、圆球形、椭圆形、肾脏形、桶形等；最小的卵直径只有 0.02mm，最长的可达 7mm。产卵方式和产卵场所也不同，有一粒一粒的散产，有成块产。有的卵块上还盖有毛、鳞片等保护物，或有特殊的卵囊、卵鞘。产卵场所一般在植物上，但也有的产在植物组织内，或产在地面、土层内、水中及粪便等腐烂物内。

3. 卵的发育和孵化

胚胎发育完成后，幼虫从卵中破壳而出的过程称为孵化。孵化时幼虫用上颚或特殊的破卵器突破卵壳。一般卵从开始孵化到全部孵化结束，称为孵化期。有些种类的幼虫初孵化后有取食卵壳的习性。卵期长短因昆虫种类、季节及环境不同而异，一般短的只有 1～2 天，长的可达数月之久。

对害虫来说，从卵孵化为幼虫就进入为害期，消灭卵是一项重要的防治措施。

（二）幼虫期

昆虫从卵孵化出来后到出现成虫特征之前（即不全变态类变为成虫、全变态类化蛹之前）的整个发育阶段，都可称为幼虫期。无论若虫或幼虫，都是昆虫生长发育的时期，均需要大量取食，以惊人的速度增大体积，进行生长并脱皮才能转化为成虫或蛹。由于昆虫是外骨骼，其坚硬的体壁，限制了它的生长，所以昆虫生长到一定程度，必须将束缚过紧的旧表皮脱去，重新形成新表皮。昆虫在脱皮前后，不食不动，特别是刚脱皮及新表皮未形成前，抵抗力很差，是利用药剂触杀的较好时机。幼虫每次脱皮后，虫体的重量、长度、宽度、体积都显著增大，在形态上也会发生相应的变化。从卵中孵化出来的幼虫，称第一龄，经过第一次脱皮后的幼虫称第二龄，依此类推。两次脱皮之间的时期称为龄期。

昆虫幼虫形态大体上可分四类。

1. 原足型

很像一个发育不完全的胚胎，腹部分节或不分节，胸足和其他附肢处有几个突起，口器发育不全，不能独立生活。如寄生蜂的早龄幼虫。

2. 无足型

幼虫完全无足。多生活在食物易得的场所，行动和感觉器退化。根据头的发达程度又可分为有头无足型：头发达，如象甲、蚊子的幼虫；半头无足型：头后半部缩在胸内，如虻的幼虫；无头无足型：头很退化，完全缩入胸内，仅外露口钩，如蝇的幼虫。

3. 寡足型

幼虫只具有3对发达的胸足，无腹足。头发达，咀嚼式口器。有的行动敏捷，如步甲、瓢虫、草蛉及金针虫的幼虫；有的行动迟缓，如金龟甲的幼虫蛴螬等。

4. 多足型

幼虫除具有3对胸足外，还有腹足。头发达，咀嚼式口器，腹足的数目随种类不同而异。如鳞翅目的蛾蝶类有腹足2～5对，腹足端还有趾钩；叶蜂幼虫有6～8对腹足，无趾钩。

（三）蛹期

全变态类昆虫的幼虫老熟后，便停止取食，进入隐蔽场所，吐丝做茧或做土室准备化蛹。幼虫在化蛹前呈安静状态，称为前蛹期或预蛹期，以后才脱皮化蛹。由幼虫转变为蛹的过程称为化蛹，这个时期称为蛹期。蛹是幼虫过渡到成虫的阶段，表面上不食不动，但内部进行着分解旧器官，组成新器官的剧烈的新陈代谢作用。所以，蛹期是昆虫生命活动中的薄弱环节，易受伤害。了解这一生理特性，就可利用这个环节来消灭害虫和保护益虫。如耕翻土地、地面灌深水等都是有效的灭蛹措施。

蛹也有不同的类型，基本上可以分为三类。

1. 离蛹（裸蛹）

触角、足和翅等附肢不紧贴在身体上，与蛹体分离，有的还可以活动，而腹节间也能自由活动。如鞘翅目金龟子的蛹、膜翅目蜂类及脉翅目草蛉的蛹。

2. 被蛹

触角、足和翅等附肢紧紧粘贴在身体上，表面只能隐约见其形态，大多数蛹的腹节不能活动，仅少数可以扭动。如鳞翅目蛾蝶类的蛹。

3. 围蛹

蛹体被最后两龄幼虫脱的皮所形成的硬壳包住，外观似桶形，里面的蛹实际上就是离蛹。这是双翅目的蝇类、虻类以及一些蚧类、捻翅类的雄虫所特有。

（四）成虫

1. 成虫羽化及补充营养

昆虫由若虫、稚虫或蛹脱去最后一次皮变为成虫的过程，称为羽化。有些老熟幼虫化蛹于植物茎秆中，往往在化蛹前先留下羽化孔以利于成虫羽化后从此孔飞出；化蛹于土室内的则常常留有羽化道，以利于成虫由此道钻出。成虫主要是交配产卵，繁殖后代，因此，成虫期是昆虫的生殖时期。有些昆虫羽化后，性器官已经成熟，不需取食即可交尾、产卵，这类成虫的口器往往退化，寿命很短，只有几天，甚至几小时，如蜉蝣就是"朝生暮死"，这类成虫本身不为害性或为害不大。大多数昆虫羽化为成虫后，性器官并未同时成熟，需要继续取食，进行补充营养，使性器官成熟，才能交配产卵，这种成虫期继续取食的方式称为补充营养。由于补充营养的需要，这类昆虫的成虫往往造成为害。有些昆虫性发育必须有一定的补充营养，如蝗虫、蜡象等；一些成虫没有取得补充营养时，也可以交配产卵，但产卵量不高，而取得丰富的补充营养后，就可大大提高繁殖力，如黏虫、地老虎等。

2. 产卵前期及产卵期

成虫由羽化到产卵的间隔时期，称为产卵前期，各类昆虫的产卵前期常有一定的天数，但也受环境条件的影响。多数昆虫的产卵前期只有几天或十几天，诱杀成虫应在产卵前期进行，效果比较好。从成虫第一次产卵到产卵终止的时期称为产卵期。产卵期短的只有几天，长的可达几个月。

3. 性二型及多型现象

一般昆虫的雌、雄个体外形相似，仅外生殖器不同，称为第一性征。有些昆虫雌、雄个体除第一性征外，在形态上还有很大的差异，称第二性征。这种现象称为雌、雄二型或性二型。如介壳虫、枣尺蠖等雄虫有翅，雌虫则无翅；一些蛾类的雌雄触角不同等。此外，有些同种昆虫具有两种以上不同类型的个体，不仅雌、雄间有差别，而且同性间也不同，称为多型现象，如蚜虫类。特别是蜜蜂、蚂蚁和白蚁等昆虫多型现象更为突出，了解成虫雌、雄形态上的变化，掌握雌、雄性比数量，在预测预报上很重要。

四、昆虫的季节发育

昆虫生活在自然界是具有周期性节律的，即一种昆虫一年中总是在较适宜的温度及食物等外界条件下，才能生长、发育和繁殖；在不具备这些条件的时候如寒冷的冬季、炎热的夏季，就停止发育，并以一定的虫期度过不利的季节。当适合其发育的条件出现时，昆虫又开始了生长、发育和繁殖。这种生活周期的节律性是昆虫在长期的演化过程中，对环境条件和季节变化适应的结果。

（一）昆虫的世代与年生活史

1. 世代

昆虫自卵或幼体产下到成虫性成熟为止的个体发育史，称为一个世代或简称一代。各种昆虫世代的长短和一年内世代数各不相同。有一年一代的，如天幕毛虫、舞毒蛾等；有一年多代的，如蚜虫、松毛虫等；有数年一代的，如天牛、蚱蝉等。昆虫世代的长短和在一年内发生的世代数，受环境条件和种的遗传性影响。有些昆虫的世代多少，受气候（主要是温度）影响，它的分布地区越向南，一年发生的代数越多，如黏虫，在华南一年发生 6~8 代，在华北 3~4 代，到东北北部则发生 1~2 代；有时同种昆虫在同一地区不同年份发生的世代数也可能不同，如东亚飞蝗在江苏、安徽一般一年发生 2 代，而 1953 年因秋后气温高则发生了 3 代；有些昆虫一年内世代的多少完全由遗传特性所决定，不受外界条件的影响，如天幕毛虫，不论南方、北方都是一年一代的，即使气温再适合也不会发生第二代。

一年数代的昆虫，前后世代间常有首尾重叠的现象，即同一时间内有各世代各虫态，世代的划分变得很难，这种现象称为世代重叠。也有的昆虫在一年中的若干世代间，存在着生活方式甚至生活习性的明显差异，通常总是两性世代与若干代孤雌生殖世代相交替（如蚜虫），这种现象称为世代交替。

2. 年生活史

一种昆虫由当年的越冬虫态活动开始，到第二年越冬结束为止的一年内的发育史，称为年生活史，简称生活史。昆虫的生活史包括了昆虫一年中各代的发生期、有关习性和越冬虫态、场所等。一年中昆虫代数的计算，一般从卵开始，越冬后出现的虫态称为越冬代；由越冬代成虫产的卵称为第一代卵；由此发育的幼虫等虫态，分别称为第一代幼虫等；由第一代成虫产下的卵则称为第二代卵。其他各代依次类推。昆虫的生活史可用文字记载，也可用图表等形式来表示。各种昆虫由于世代长短不同，各发育阶段的历期也有很大的差异，同时其为害习性、栖息和越冬、越夏场所，也都不一样。因此，它们在一年中所表现的活动规律各不相同。要对害虫进行有效的防治，首先必须弄清楚害虫一年中的发生规律，才能掌握薄弱环节，采取有效措施。

（二）昆虫的休眠与滞育

昆虫或螨类在一年生长发育过程中，常常有一段或长或短的不食不动、停止生长发育的时期，这种现象可以称为停育。根据停育的程度和解除停育所需的环境条件，可分为休眠和滞育两种状态。

1. 休眠

这是昆虫为了安全度过不良环境条件（主要是低温或高温），而处于不食不动、停止生长发育的一种状态。当不良环境一旦解除，昆虫可以立即恢复正常的生长发育。这种现象称为休眠。很多昆虫可以进行休眠。

冬季的低温使许多昆虫进入一个不食不动的停止生长发育的休眠状态，以安全度过寒冬，这种现象称为越冬。昆虫越冬前往往作好越冬准备，如以幼虫越冬，在冬季到来前就大量取食，积累体内脂肪和糖类，寻找合适的越冬场所，并常以抵抗力较强的虫态越冬，以减少过冬时体内能量的消耗。

夏季的高温也可引起某些昆虫的休眠，称为越夏。如有些地下害虫蝼蛄等。

2. 滞育

某些昆虫在不良环境条件远未到来之前就进入了停育状态，纵然给予最适宜的环境条件也不能解除，必须经过一定的环境条件（主要是一定时期的低温）的刺激，才能打破停育状态，这种现象称为滞育。引起滞育的环境条件主要是光周期（指一天24h内的光照时数），而不是温度。它反映了种的遗传特性。具有滞育特性的昆虫都有各自的固定滞育虫态。如天幕毛虫以卵滞育。

五、昆虫的习性与防治

昆虫的重要行为习性有趋性、食性、群集性、迁飞性以及自卫习性等几个方面。

（一）趋性

趋性是昆虫接受外界环境刺激的一种反应。对于某种外界刺激，昆虫非趋即避。趋向刺激的称为正趋性；避开刺激的称为负趋性。按照外界刺激的性质，可将趋性分为许多种。

1. 趋光性

昆虫对于光源的刺激，多数表现为正趋性，即有趋光性，如蛾类、蝶类等。另有些却表现为背光性，如臭虫、米象、跳蚤等。不论趋光或背光，都是通过昆虫视觉器官（眼）而产生的反应。

很多昆虫，特别是大多数夜出活动的种类，如蛾类、蝼蛄以及叶蝉、飞虱等都有很强的趋光性。但各种昆虫对光波的长短、强弱反应不同，一般趋向于短光波，这就是利用黑光灯诱集昆虫的原理。

昆虫的趋光性受环境因素的影响很大，如温度、雨量、风力、月光等。当低温或大风、大雨时，往往趋光性减低甚至消失；在月光很亮时，灯光诱集效果就差。

雌、雄两性的趋光性往往也不同。有的雌性比雄性强些；有的雄性比雌性强些；还有的如大黑鳃金龟雄虫有趋光性，而雌虫无趋光性。因此利用黑光灯诱集昆虫，统计性比、估计诱集效果时应考虑这一情况。

2. 趋化性

昆虫通过嗅觉器官对于化学物质的刺激所产生的反应，称为趋化性。有趋也有避。这在昆虫寻食、觅偶、寻找产卵场所等方面表现明显。如菜粉蝶趋向于含有介子油的十字花科植物上产卵。利用趋化性在害虫防治上有很大意义。根据害虫对化学物质的正负趋性，而发展了诱集剂和忌避剂。对诱集剂的应用，如利用糖醋毒液或谷子、麦麸作毒饵等诱杀害虫。当今国内外利用性引诱剂来诱杀异性害虫也获得了很大的发展。对忌避剂的应用，如大家熟知的利用樟脑球（萘）来趋除衣鱼、衣蛾等皮毛纺织品的害虫；用避蚊油来趋蚊等。目前忌避剂在农业上的应用还很不够，特别对传毒害虫（如蚜虫、叶蝉、飞虱等）的忌避剂更为重要，这是今后值得研究的课题。

3. 趋温性

因昆虫是变温动物,本身不能保持和调节体温,必须主动趋向于环境中的适宜温度,这就是趋温性的本质所在。如东亚飞蝗蝗蝻每天早晨要晒太阳,当体温升到适宜时才开始跳跃、取食等活动。严冬、酷暑对某些害虫来说是生命的极限条件,这时害虫就要寻找适宜场所来越冬、越夏,这是对温度的一种负趋性。

此外,尚有趋湿性(如小地老虎、蝼蛄喜潮湿环境)、趋声性(如雄虫发音引诱雌虫来交配;又如吸血的雌蚊听见雄蚊发出的一种特殊声音就立即逃走)、趋磁性等。

(二)食性

昆虫在生长发育过程中,不断取食。它在长期的进化过程中,形成了各自的特殊取食习性。昆虫食性的分化,与昆虫的进化及种类繁盛是密切相关的。

1. 按照食物性质分类

(1) 植食性 昆虫以活的植物体为食。昆虫中约有48.2%属于此类,其中很多是园林植物害虫。

(2) 肉食性 昆虫以活的动物体为食。昆虫中约有30.4%属于此类,其中又可分为两类。

捕食性:捕捉其他动物为食(约占昆虫种类的28%)。

寄生性:寄生于其他动物体内或体外(约占昆虫种类的2.4%)。

肉食性昆虫中有不少种类可以用来消灭害虫,它们是生物防治上的重要益虫。如捕食性的瓢虫、草蛉;寄生性的赤眼蜂、金小蜂等。但寄生于益虫或人、畜的则为害虫。如蚊、虱等。

(3) 腐食性 昆虫以死亡的动植物残体、腐败物及动物粪便为食。昆虫中约有17.3%属于此类。

(4) 杂食性 昆虫以动植物产品为食(如皮毛、标本、粮食、书纸等)。昆虫中约有4.1%属于此类,如衣鱼、衣蛾及印度谷螟等许多仓库害虫。

2. 按照昆虫取食范围分类

(1) 单食性(或专食性) 只取食一种动植物。如葡萄天蛾只为害葡萄,豌豆象只为害豌豆。

(2) 寡食性 能取食一科或近缘科的动植物。如菜青虫只取食十字花科植物;某些瓢虫只捕食蚜虫、介壳虫。

(3) 多食性 能取食多科动植物。如蝗虫、美国白蛾等,可以取食很多科的植物;草蛉捕食多科害虫;一些卵寄生蜂可寄生许多种害虫的卵。

了解昆虫的习性,能帮助我们区分害虫和益虫。对于害虫,了解其食性的宽窄,在防治上可利用园林技术防治法,如对单食性害虫可用轮作来防治。在引进新的植物种类及品种时,应考虑本地区内多食性或寡食性害虫有无为害的可能,从而采取预防措施。

(三)群集性与迁移性

在昆虫中常常可以见到同种个体的大量群集,按其性质可分为两类。

1. 群集性

(1) 暂时性群集　是指一些昆虫的某一虫态或某一段时间群集在一起，以后就散开。因为群集的个体间并无任何联系及相互影响。如很多瓢虫，越冬时聚集在石块缝中、建筑物的隐蔽处或落叶层下，到春天分散活动。

(2) 永久性群集　有的昆虫个体群集后就不再分离，整个或几乎整个生命期都营群集生活，并常在体型、体色上发生变化。例如蝗虫就属此类。当蝗蝻孵出后，就聚集成群，由小群变大群，个体间紧密地生活在一起，日晒取暖、跳跃、取食、转迁都是群体活动。这是因为个体间互相影响的结果，因为蝗虫粪便中含有一种叫做"蝗呱酚"的聚集外激素，吸引蝗虫群集。

了解昆虫的群集性，一方面为集中防治提供了方便，另一方面对测报工作提出了更高的要求。

2. 迁移性

不少害虫，在成虫羽化到翅变硬的时期，有成群从一个发生地长距离地迁飞到另一个发生地或小范围内扩散的特性。不论暂时性群集还是永久性群集，因虫口数量很大，食料往往不足，因此要转移为害。这是昆虫的一种适应性，有助于种的延续生存。如东亚飞蝗，不仅群集，而且长距离群迁。此外，某些害虫，还可以在小范围内扩散、转移为害。如黏虫幼虫在吃光一块地的植物后，就会向邻近地块成群转移为害。

了解害虫的迁移特性，查明它们的来龙去脉及扩散、转移的时期，对害虫的测报与防治，具有重大意义，应该注意消灭它们于转移迁飞为害之前。

(四) 自卫习性

昆虫在长期适应环境的演化中，获得了多种多样的保护自身免受天敌伤害的自卫习性。

其中假死性是一些昆虫用以逃生的一种习性，特别当虫体体色与环境相似时更易于逃脱被天敌捕食的危险。当虫体受到机械性（如接触）或物理性（如光的闪动）等刺激后，引起足、翅、触角或整个身体的突然收缩，由停留的地方掉下来，状似死亡，过一会再恢复正常，这种现象被称为假死性。不少昆虫如臭椿沟眶象、杨干象、小地老虎等都有假死性。可以利用假死性来捕杀害虫，如摇树振落金龟子等甲虫以捕杀它们，并集中杀死。

第二章 园林植物病害的发生规律

第一节 园林植物病害的发生条件

植物病害是植物与病原物在外界条件影响下相互斗争的结果，植物、病原物和环境条件三者相互依存，缺一不可。

一、植物

植物是病害发生的基础，在病害发生过程中它为病原物提供必要的营养物质及生存场所，我们称之为寄主。当病原物作用于植物时，植物本身并不是完全被动的，相反，它们对病原物进行积极的抵抗。任何植物对外界环境中的有害因素，都有一定的抵抗和忍耐能力，这就是抗逆性。这是植物本身的一种属性，不同植物的抗逆性存在着较大的差异。当植物的抵抗能力远远超过某一因素的侵害能力时，病害就不能发生。

抗病性是抗逆性的一种，即寄主植物抵抗病原物的一种能力，是一切植物所普遍具有的特性。但每一种植物并不存在可以针对一切病害的抗病性，只是存在着对某些病原的抗病性，并且可以受环境条件的影响而增强或减弱，尤其是可以由病原因素的改变而发生变化，甚至消失。

与抗病性对应的是感病性，即植物对某类病原易感染发病的特性。植物之所以生病，是由于具有感病性，或者感病植物的存在是植物病害的基础。事实上，任何一种病原都只能对可能受害的一种植物有意义。一种病原可以侵害一种至多种植物。一般来说亲缘关系相近的植物感受同一病原为害的可能性较大。

因此在生产中培育对某些危害严重的病害具有高抗性的品种，是能够保证增产的重要措施。

另外，除了病原物与植物之间的斗争造成病害以外，植物本身的一些遗传因素也会造成植物病害的发生。如在田间，往往能看到一些白化苗、矮化苗和抽穗不整齐等不正常现象，可能就是因为植物本身遗传异常造成的。先天异常的植株往往零星分布于田间，而且出现频率很低。

二、病原

能够引起植物病害的病原种类很多，依据性质不同可以分为两大类，即生物因素和非生物因素。由生物因素导致的病害称为侵染性病害；由非生物因素导致的病害称为非侵染性病害，又称生理病害。

1. 非生物性病原

非生物性病原指引起园林植物病害的各种不良环境条件，包括各种物理因素与化学因素，如温度、湿度、光照的变化、营养不均衡、空气污染、化学毒害等。

各种植物都有其适宜的生长发育条件，如果超过其适宜的范围，植物就会生病。如温度过低，植物会出现冻害、冻伤；田间湿度过低，影响植物授粉；空气中的污染物、化肥、激素及其类似物和化学农药（特别是除草剂）等对植物的生长也有重要影响；另外空气中的尘埃降落至植物表面对其有间接的影响。非生物性病原对植物的影响具有发病均匀的特点，但常因为程度的不同，在症状上有一定差别；非生物因子引起的病害没有侵染性和传染性。

2. 生物性病原

生物性病原主要有真菌、原核生物、病毒、线虫和寄生性植物等，它们大都个体微小，形态各异。它和非侵染性病害最大的区别是具有传染性，病害发生后不能恢复。

三、环境条件

环境条件是指直接或间接影响植物及病原物的一切外界条件。众所周知，任何生物都是一定条件下的产物，都不可能脱离其周围的环境而独立存在。植物或病原物也是如此，都依存于它们的环境条件。环境条件包括生物条件和非生物条件。环境条件一方面直接影响病原物，促进或抑制其生长发育，另一方面影响寄主的生活状态及其抗病性。环境对于病害的影响是通过影响植物及病原物双方，改变其实力对比而起作用的。因此，只有当环境条件有利于病原物而不利于寄主植物时病害才能发生和发展；反之，若环境条件有利于寄主而不利于病原物时，病害就可能不发生，或发展受到抑制。所以，植物病害是病原、寄主植物和特定的环境条件三者配合之下发生的，三者相互依存，缺一不可。这三者之间的关系称为"病害三角"或"病害三要素"。

虽然非侵染性病害与侵染性病害的病原各不相同，但这两类病害之间存在着非常密切的关系，常常相互影响。随着现代种植方式的使用，非侵染性病害日益加重，从而造成植株生长不良，导致侵染性病害的难以控制。

非侵染性病害会降低寄主植物的抗病性，从而诱发侵染性病害的发生和加重。植物受冻后，病原菌能从冻伤处侵入引起软腐病、菌核病。反过来，侵染性病害发生后，有时也会引发非侵染性病害，很多真菌性的叶斑病引起植株落叶，暴露的果实易发生日灼。

第二节　植物病原的发生特点

一、真菌的发生特点

1. 真菌的生活史

真菌从一种孢子萌发开始，经过一定的营养生长和繁殖阶段，最后又产生同一种孢子的过程，称为真菌生活史。真菌的典型生活史包括无性和有性两个阶段。真菌的菌丝体在适宜条件下生长一定时间后，进行无性繁殖产生无性孢子，无性孢子萌发形成新的菌丝体。菌丝体在植物生长后期或病菌侵染的后期进入有性阶段，产生有性孢子，有性孢子萌发产生芽管，进而发育成为菌丝体，回到产生下一代无性孢子的无性阶段。

真菌在无性阶段产生无性孢子的过程，在一个生长季节可以连续循环多次，是病原真菌侵染寄主的主要阶段，它对病害的传播和流行起着重要作用。而有性阶段一般只产生一次有性孢子，其作用除了繁衍后代外，主要是度过不良环境，并成为翌年病害初侵染的来源。

在真菌生活史中，有的真菌不止产生一种类型的孢子，这种形成几种不同类型孢子的现象，称为真菌的多型性。典型的锈菌在其生活史中可以形成冬孢子、担孢子、性孢子、锈孢子和夏孢子5种不同类型的孢子。一般认为多型性是真菌对环境适应性的表现。也有些真菌根本不产生任何类型的孢子，其生活史中仅有菌丝体和菌核。有些真菌在一种寄主植物上就可完成生活史，称单主寄生，大多数真菌都是单主寄生。有的真菌需要在两种或两种以上不同的寄主植物上交替寄生才能完成其生活史，称为转主寄生，如锈菌。

真菌的种类很多，不可能用一个统一的模式来说明全部真菌的生活史，有些真菌的有性阶段到目前还没有发现，其生活史仅指其无性阶段。了解真菌的生活史，可根据病害在一个生长季的变化特点，有针对性地制定相应的防治措施。

2. 真菌病害的特征

（1）鞭毛菌亚门的真菌　如腐霉菌，多生活在潮湿的土壤中，是土壤习居菌，常引起植物根部和茎基部的腐烂或苗期猝倒，湿度大时往往在病部生出大量的白色棉絮状物；疫霉菌所引起的病害如百合、蝴蝶兰等园林植物的疫病，发病常常十分迅速，发病部位多在茎和茎基部，病部湿腐，病健交界处不清晰，常有稀疏的白色霉层；霜霉菌所引致的病害通称霜霉病，是月季、紫罗兰、虞美人等园林植物重要病害，引起叶斑，且在叶背形成白色、紫褐色的霜状霉层；白锈菌危害的植物也引起叶斑，有时也引起致病部畸形，但在叶背形成白色的疱状突起，将表皮挑破，有白色粉状物散出，因此这类病害又称白锈病。

（2）接合菌亚门真菌引起的病害很少　多是弱寄生菌，通常引起含水量较高的大块组织的软腐。

（3）子囊菌及半知菌亚门真菌引起的病害　在症状上有很多相似的地方，一般在叶、茎、果上形成明显的病斑，其上产生各种颜色的霉状物或小黑点。但白粉菌常在植物表面形成粉状的白色或灰白色霉层，后期霉层中夹有小黑点即闭囊壳，植物本身大多没有明显的病状变化（也有例外，如五角枫白粉病在幼叶上造成叶片畸形）。子囊菌和半知菌中有很多病原物会使寄主植物在发病部位产生菌核，如核盘菌属引起的菌核病、丝核菌和小核菌属引起的立枯病和白绢病等，都很易识别；炭疽病是一类发病寄主范围广，危害较大的病害，其主要的特点是引起病部腐烂，且有橘红色的黏状物出现，是其他真菌病害所不具有的特征。

（4）担子菌中的黑粉病和锈病　很容易识别，分别在病部形成黑色或铁锈色的粉状物。掌握了真菌病害的症状特点后，在田间病害诊断时可以利用某类病害的症状变化规律快速、准确地作出判断。

二、原核生物的发生特点

1. 细菌的繁殖和变异

细菌都是以裂殖的方式进行繁殖的。裂殖时菌体先稍微伸长，自菌体中部向内形成新的细胞壁，最后母细胞从中间分裂为两个子细胞。细菌的繁殖速度很快，在适宜的条件下，每20min就可以分裂一次。

细菌经常发生变异，这种变异可以是形态、生理上的，也可以是致病性方面的。一类变异是突变，尽管细菌自然突变率很低（为十万分之一），但细菌繁殖快，大大增加了变异的可能性；另一种变异是通过结合、转化等方式，使遗传物质部分发生改变，从而形成性状不同的后代。

2. 细菌的生理特性

大多数植物病原细菌对营养的要求不严格，可在一般人工培养基上生长。在固体培养基上形成不同形状和色泽的菌落。这是细菌分类的重要依据。菌落边缘整齐或粗糙，胶黏或坚韧，平贴或隆起；颜色有白色、灰白色或黄色等。但有一类寄生植物维管束的细菌在人工培养基上则难以培养或不能培养，称之为维管束难养细菌。

植物病原细菌最适宜的生长温度一般为26～30℃，少数在较高温（青枯细菌生长适温为37℃）和较低温（马铃薯环腐病细菌生长适温为20～23℃）下生长较好。多数细菌在33～40℃时停止生长，50℃、10min环境下多数死亡，但对低温的耐受力较强，即使在冰冻条件下仍能保持生活力。绝大多数病原细菌都是好气性的，少数为兼性厌气性的。培养基的酸碱度以中性偏碱较为适合。

3. 细菌的染色反应

细菌的个体很小，一般在光学显微镜下观察必须进行染色才能看清。染色方法中最重要的是革兰染色，它还具有重要的细菌鉴别作用。即将细菌制成涂片后，用结晶紫染色，以碘处理，再用95％酒精洗脱，如不能脱色则为革兰反应阳性，能脱色则为革兰反应阴性。植物病原细菌革兰染色反应大多是阴性，少数是阳性。

4. 植原体、螺原体的培养与繁殖

植原体较难在人工培养基上培养，它要求较复杂的营养条件，同时要求适当的温度、pH值等。极少数种类可在液体培养基中形成丝状体，在固体培养基上形成"荷包蛋"状菌落。螺原体较易在人工培养基上培养，也形成"荷包蛋"状的菌落。

植原体一般认为以下列几种方式繁殖：裂殖、出芽繁殖或缢缩断裂法繁殖。螺

原体繁殖时是球状细胞上芽生出短的螺旋丝状体,后胞质缢缩、断裂而成子细胞。

5. 细菌的传播与侵染

植物病原细菌主要通过伤口和自然孔口(如水孔、气孔、皮孔等)侵入寄主植物。通过流水(雨水、灌溉水)、介体昆虫进行传播。很多细菌还可通过农事操作、种苗、切刀、块茎进行传播。高温、高湿、多雨(暴风雨)等环境条件均有利于细菌病害的发生和流行。

6. 原核生物病害的特征

不同种类的植物原核生物所引起的病害都有各自不同的症状特点。细菌病害的症状主要有坏死、腐烂、萎蔫和瘤肿等,并形成菌脓;引起坏死症状的,受害组织初期多为半透明的水渍状或油渍状,在坏死斑周围,常可见到黄色的晕圈;潮湿条件下,植株表面或维管束中有乳白色黏性的菌脓,这是诊断细菌性病害的重要依据。引起腐烂的细菌病害,症状多为软腐,且常伴有恶臭。

植物菌原体病害的症状与病毒病相似,为变色和畸形,如黄化、矮化或矮缩、丛生、小叶、花变绿等。通过叶蝉、飞虱、木虱等介体昆虫、嫁接、菟丝子进行传播。植原体对四环素族抗菌素如四环素、多霉素和土霉素敏感,可以用这些抗菌素治疗其所引起的病害,疗效可达一年,但对青霉素抗性很强。如翠菊黄化病、枣疯病、泡桐丛枝病等。

三、植物病毒的发生特点

病毒作为活体寄生物,在其离开寄主细胞后,会逐渐丧失它的侵染力,不同种类的病毒对各种物理化学因素的反应有所差异。

(一)病毒的理化特性

1. 钝化温度(失毒温度)

钝化温度是指将含有病毒的植物汁液在不同温度下处理 10min 后,使病毒失去侵染力的最低温度,以摄氏度表示。病毒对温度的抵抗力相当稳定,同种病毒的不同株系的钝化温度可有差别。大多数植物病毒钝化温度在 55~70℃,烟草花叶病毒的钝化温度最高,为 90~93℃。

2. 稀释限点(稀释终点)

将含有病毒的植物汁液加水稀释,使病毒失去侵染力的最大稀释限度即为稀释限点。各种病毒的稀释限点差别很大,如菜豆普通花叶病毒的稀释限点为 10^{-3},烟草花叶病毒的稀释限点为 10^{-6}。

3. 体外存活期(体外保毒期)

体外存活期是指在室温(20~22℃)下,含有病毒的植物汁液保持侵染力的最长时间。大多数病毒的体外存活期为数天到数月。

4. 对化学因素的反应

病毒对一般杀菌剂如硫酸铜、甲醛的抵抗力都很强,但肥皂等除垢剂可以使病毒的核酸和蛋白质分离而钝化,因此常把除垢剂作为病毒的消毒剂。

此外，不同种类病毒的物理特性在沉降系数和光谱吸收特性上也有所不同。

（二）植物病毒的增殖

植物病毒是一种非细胞状态的分子寄生物，其增殖方式不同于一般细胞生物的繁殖。其特殊的"繁殖"方式称为"复制"。由于植物病毒的核酸主要是RNA，而且是单链的，所以病毒的RNA分子并不是直接作为模板复制新病毒的RNA，而是先形成相对应的"负模板"，再以"负模板"不断复制新的病毒RNA。新形成的病毒RNA控制蛋白质衣壳的复制，然后核酸和蛋白质进行装配形成完整的子代病毒粒体。核酸和蛋白质的合成和复制需要寄主提供场所（通常在细胞质或细胞核内）、复制所需的原材料和能量、寄主的部分酶和膜系统。

（三）植物病毒的侵染和传播

植物病毒是严格的细胞内专性寄生物，除花粉传染的病毒外，植物的病毒只能从机械的或传毒介体所造成的、不足以引起细胞死亡的微伤口侵入，因为病毒不能通过植物表面的细胞壁。

植物病毒的侵染有全株性的和局部性的。全株性侵染的病毒并不是植株的每个部分都有病毒，植物的茎和根尖的分生组织中可以没有病毒。利用病毒在植物体内分布的这个特点将茎端进行组织培养，可以得到无病毒的植株。如蝴蝶兰、草莓等植物的无毒组培苗繁育工厂化生产已经获得成功。

植物病毒的侵染来源和传播方式有以下几种。

1. 种子和其他繁殖材料

由种子传播的病毒种类很少，许多全株性侵染的病毒，病株的种子是不带毒的。只有豆科和葫芦科植物病毒病可以通过种子传播，而且种子的带毒率差别也很大。有些植物种子是外部有含病毒的植物残体而传毒。

感染病毒的各种无性繁殖材料如块茎、鳞茎、块根、插条、砧木和接穗等也是病毒病重要的侵染来源。

2. 田间病株

许多病毒的寄主范围广，如烟草花叶病毒、黄瓜花叶病毒等，都可以侵染上百种栽培和野生的植物。一种植物上的病毒可以作为另一种植物病毒病的侵染来源。

另外，栽培的和野生的植物不仅是病毒的越冬、越夏场所，同时也是许多介体昆虫的毒源寄主。值得注意的是，很多带病毒的杂草是隐症的，介体昆虫在这些带毒寄主上吸食后就可以将病毒传到栽培寄主上。所以，了解病毒的寄主范围是很必要的。

接触传染也是田间植株之间病毒病传染的一种方式。一些很容易传染的病毒如烟草花叶病毒，在田间和温室进行移苗、整枝、打杈等农事操作或因大风使健株与邻近病株接触而相互摩擦，造成微小的伤口，病毒就可随着汁液进入健株。所以，在田间进行农事操作时，应经常用肥皂水洗手，以免因手和工具沾染了病毒汁液而传播了病毒。

3. 土壤

有些病毒可以通过土壤传播。例如烟草花叶病毒（TMV）的稳定性强，能在土壤中长期保持其生物活性。但没有介体仅由土壤传染病毒病是很难的。现在发现，TMV 等病毒是由土壤中的线虫和真菌传染的。传染病毒的线虫有剑线虫属、长针线虫属，真菌有油壶菌属等，使用杀线虫剂或杀菌剂对植物灌根，对防治某些病毒病有一定的效果。

4. 介体昆虫

严格地说，介体昆虫并不是侵染来源，只是传染的介体。大部分植物病毒是通过昆虫传播的。传毒的昆虫主要是刺吸式口器的昆虫，如蚜虫、叶蝉、飞虱、粉虱、蓟马等，也有少数咀嚼式口器的昆虫如甲虫、蝗虫等也可传播病毒。除昆虫外，少数螨类也是病毒的传播媒介。

昆虫传播病毒有一定的专化性，有些病毒只由蚜虫传播，有的只由叶蝉传播，其中以叶蝉的专化性较强，而蚜虫传毒的专化性较弱。有些昆虫只能传播一种病毒，而桃蚜可以传播 100 多种病毒。

昆虫所传播病毒的持久性（昆虫在病株上获毒后，保持传毒能力时间的长短）有很大差异。

（1）根据昆虫获毒后传毒期限的长短分类

① 非持久性病毒。昆虫获毒后立刻就能传毒，但很快就会失去传毒能力。桃蚜传播的病毒病多为此种。

② 半持久性病毒。昆虫在获毒后不能马上传毒，要经过一段时间才能传毒，这段时间叫做"循回期"。昆虫的传毒能力可以保持一定期限。

③ 持久性病毒。昆虫获毒后也要经过一定的时间才能传毒，但此类昆虫可终生保持传毒能力或经卵传毒。

（2）根据传染机制分类　近年来，逐渐采用另一种分类法，根据病毒在刺吸式口器昆虫虫体上的存在部位及病毒的传染机制，也将病毒分为三种类型。

① 口针型病毒。这类病毒存在于口针的前端，其传染性状相当于非持久性病毒。

② 循回型病毒。昆虫吸食的病毒，要经过中肠到达唾液腺，再经唾液的分泌传染病毒。病毒在昆虫体内有转移的过程，需经一定时间才能传染。其传染性状相当于半持久性病毒。

③ 增殖型病毒。病毒在体内转移的过程中还可在体内增殖。其传染性状相当于持久性病毒。

（四）植物病毒病的特征

植物感染病毒后产生各种症状，这种症状表现包括外部的和内部的。

植物病毒病的外部症状类型主要有变色、坏死和畸形。变色中以花叶、明脉和黄化最为常见。所以很多病毒病称作花叶病或黄化病,但黄化症状有相当一部分是植原体引起的,而且丛枝、花变绿等症状则都是植原体所引起的;植物病毒病的坏死症状常表现为枯斑、环纹或环斑,有时环斑组织可以不坏死;畸形症状也是病毒病的常见症状类型,多表现为癌肿、矮化、皱缩、小叶等。

植物病毒病还有一个特点,就是一种病毒病可以引起多种类型的症状。如观赏椒病毒病就表现为花叶、矮化、皱缩、环斑等。

细胞感染病毒后,植物内部最为明显的变化是在表现症状的表皮细胞内形成内含体,内含体的形状很多,有风轮状、变形虫状、近圆形的,也有透明的六角形、长条状、皿状、针状、柱状等。有些在光学显微镜下就可观察到。

植物受到病毒感染后,病毒虽然在植物体内增殖,但由于环境条件不适宜而不表现显著的症状,称症状潜隐。如高温可以抑制许多花叶病型病毒病的症状表现。

一种病毒所引起的症状,可以随着寄主植物种类而有不同,如 TMV 在普通烟草上引起全株性花叶,在心叶烟草上则形成局部性枯斑;而两种或两种以上病毒的复合侵染,症状表现就更加复杂了。有时复合侵染的两种病毒会发生颉颃作用,最明显的是交互保护,即先侵染的病毒可以保护植物不受另一病毒的侵染。如经化学诱变获得的番茄花叶病毒的弱毒疫苗 N_{14} 的使用,可有效降低番茄条斑病的发病程度。

四、植物病原线虫的发生特点

(一) 线虫的生活史

植物线虫生活史比较简单。有卵、幼虫和成虫 3 个虫态。卵通常为椭圆形,半透明,产在植物体内、土壤中或留在卵囊内;幼虫有 4 个龄期,1 龄幼虫在卵内发育并完成第一次脱皮,2 龄幼虫从卵内孵出,再经过 3 次脱皮发育为成虫。植物线虫一般为两性生殖,也可以孤雌生殖。多数线虫完成一代只要 3～4 周的时间,在一个生长季中可完成若干代。

线虫在田间的分布一般是不均匀的,水平分布呈块状或中心分布;垂直分布与植物根系有关,多在 15cm 以内的耕作层内,特别是根围。

线虫在土壤中的活动性不强,而且没有方向性,所以其主动传播距离非常有限,在土壤中每年迁移的距离不会超过 1～2m;被动传播是线虫的主要传播方式,包括水、昆虫和人为传播。在田间主要以灌溉水的形式传播;人为传播形式较多,如耕作机具携带病土、种苗调运、污染线虫的产品及其包装物的贸易流通等。通常人为传播都是远距离的。有些线虫也通过昆虫传播。

植物病原线虫多以幼虫或卵的形态在土壤、田间病株、带病种子(虫瘿)和无性繁殖材料、病残体等场所越冬,在寒冷和干燥条件下还可以休眠或滞育的方式长期存活。低温干燥条件下,多数线虫的存活期可达一年以上,而卵囊或胞囊内未孵化的卵存活期则更长。

（二）植物病原线虫的寄生性和致病性

植物寄生线虫都是活体寄生物，不能人工培养。线虫的寄生方式有外寄生和内寄生。外寄生的线虫虫体大部分留在植物体外，仅以头部穿刺入植物组织内吸取食物；内寄生的线虫虫体则全部进入植物组织内。也有些线虫生活史的某一段为外寄生，而另一段为内寄生。

线虫可以寄生在植物的根、茎、叶、芽、花、穗等各个部位，但大多数线虫在土壤中生活，寄生在植物根及地下茎的最为多见。

植物寄生线虫具有寄主专化性，有一定的寄主范围。有些很专化，只寄生在少数几种植物上；有些线虫的寄主范围很广，能在许多分类上不相近的植物上寄生。线虫种内存在生理分化现象，有生理小种和专化型的区分。

（三）植物线虫病的特征

植物病原线虫对植物的致病性主要有以下几方面。

1. 机械创伤

由线虫口针穿刺植物组织细胞进行吸食直接造成伤害。

2. 营养掠夺

由于线虫吸食，夺取了寄主的营养，阻碍植物组织细胞的生长发育。

3. 化学毒害

线虫吸食时向植物组织细胞内分泌多种酶等生化物质，破坏了组织细胞的正常代谢过程。

4. 复合侵染

由线虫侵染所造成的伤口是真菌、细菌等病原微生物的二次侵染途径，或者有些线虫还是真菌、细菌和病毒的传播介体，导致更为严重的危害。

植物受线虫为害后，可以表现局部性症状和全株性症状。局部性症状多出现在地上部分，如顶芽坏死、茎叶卷曲、叶瘿、种瘿等；全株性病害则表现为营养不良、植株矮小、生长衰弱、发育迟缓、叶色变淡等，有时还有丛根、根结、根腐等症状。

五、寄生性植物的发生特点

根据寄生性植物对寄主植物的依赖程度，可将寄生性植物分为全寄生和半寄生两类。全寄生性植物如菟丝子、列当等，无叶片或叶片已经退化，无足够的叶绿素，根系蜕变为吸根，必须从寄主植物上获取包括水分、无机盐和有机物在内的所有营养物质，寄主植物体内的各种营养物质可不断供给寄生性植物；半寄生性植物如槲寄生、桑寄生等本身具有叶绿素，能够进行光合作用，但需要从寄主植物中吸取水分和无机盐。

寄生性植物在寄主植物上的寄生部位也是不相同的，有些为根寄生，如列当；有些则为茎寄生，如菟丝子和槲寄生。

第三节 植物病害的发生与发展

一、病原物的寄生性

寄生性是寄生物克服寄主植物的组织屏障和生理抵抗，从其体内夺取养分和水分等生活物质，以维持其生存和繁殖的能力。

1. 专性寄生物

也称之为活体寄生物。它们必须从生活着的寄主细胞中获得所需的营养物质。当寄主的细胞或组织死亡后，其寄生生活在这一范围内也就被动地终止了。这类寄生物要求的营养物质比较复杂，一般不能用人工培养基培养。但多年来，一些过去被认为是专性寄生的真菌，已经可以使它们在特定的人工培养基上生长。病毒、线虫和寄生性种子植物都是专性寄生物。某些真菌，如霜霉菌、白粉菌、锈菌也都属于这一类型。

2. 非专性寄生物

除专性寄生物以外的其他病原物统称为非专性寄生物。它们寄生习性与腐生习性兼而有之。

寄主范围：寄生物对寄主具有选择性。任何寄生物只能寄生在一定范围的寄主植物上。一种寄生物寄生的植物种的范围称为寄主范围。各种寄生物的寄主范围差别很大。有的只有1~2种寄主，有的则多至几百种，甚至上千种。例如畸形外囊菌只为害桃树；灰葡萄孢可以侵害从裸子植物到被子植物的几千种毫无内在联系的生长衰弱的植物；在不通风的苗床中，几乎可以侵害所有的园林植物幼苗。立枯丝核菌的寄主范围也相当广泛，在适宜条件下，可以侵染200多种植物。

一般来说，非专性寄生物的寄主范围比较广泛，而专性寄生物的寄主范围则比较狭窄。植物病毒是专性寄生的，但却有很广泛的寄主范围，可见病毒和细胞生物在新陈代谢特点上存在着巨大差异。对病原物寄主范围的研究，是采用轮作防病和铲除野生寄主的理论基础。

二、病原物的越冬和越夏的场所

病原物的越冬和越夏就是度过寄主休眠期而后引起下一次的初次侵染。病原物越冬和越夏的场所一般也就是初次侵染的来源。病原物的越冬或越夏与寄主生长的季节性有关。在我国的大多数纬度较高或纬度较低而海拔较高的地区，一年有明显的四季差异，大多数园林植物在冬前收获时进入休眠，早春园林植物在夏季收获时休眠。在热带和亚热带地区，各种园林植物在冬季正常生长，因此园林植物病害也不断发生。各种病原物的越冬、越夏的场所各不相同。一种病原物可以在几个场所越冬、越夏。园林植物病害的病原菌主要的越冬场所有以下几种。

1. 田间病株

被侵染的植物只要能够越冬或越夏，那么它本身就会成为其寄生物的越冬或越夏场所。虞美人霜霉菌是专性寄生菌,其卵孢子极少发现。在北方地区,病菌的越冬主要在保护地内,越夏则是在露地。带病菌株是该菌唯一的越冬和越夏场所。

田间杂草是多种病毒病和细菌病的越冬或越夏场所。有些细菌、螺原体和植原体也可以侵染杂草,并在杂草上越冬或越夏。

2. 种子、苗木及其他繁殖材料

种子、苗木等繁殖材料是多种病原物重要的越冬或越夏场所。病原物可以休眠体的方式混杂在种子之间,也可以休眠体附着在种子表面,病原物还可以不同的形态潜伏于种子内。在园林植物生产中,引种和种苗调运是经常发生的,危险性的病害很容易通过种子和苗木材料的调运而传播。因此,种子和苗木是植物检疫的重点检查材料。

3. 土壤和粪肥

土壤和粪肥是病原物重要的越冬和越夏场所。多种病原物的休眠体可以在土壤中较长时间地存活。如鞭毛菌的休眠孢子囊、卵菌的卵孢子、黑粉菌的冬孢子、半知菌的厚垣孢子和菌核、菟丝子和列当的种子以及线虫的胞囊或卵囊等。

除了休眠体以外,一些病原真菌和细菌还可以腐生的方式在土壤中存活,这些真菌和细菌分为土壤寄居菌和土壤习居菌两类。土壤寄居菌在土壤中的病残体上存活,病残体一旦腐烂分解,病原菌不能单独在土壤中长期存活,大多数植物病原真菌和细菌属于这种类型。土壤习居菌对土壤的适应性较强,在土壤中可以长期存活,并能够在土壤有机质中繁殖。腐霉菌、丝核菌和镰刀菌多属于这种类型。土壤习居菌一般寄生性不专化,多属于低级的寄生物,它们有广泛的寄主范围,主要为害植物幼嫩的组织,造成幼苗的死亡。虽然腐生菌的再侵染在病害流行过程中发挥的作用不是很大,但由于病原菌有较长的腐生阶段,在腐生阶段可以完成菌量的大量积累。因此,在条件适宜时,短时间内即可造成病害的大量发生。在多数情况下,随着单一作物的连年种植,病害往往出现逐年加重现象,被称为重茬病害或再植病害。

病原物经常随病残体混入粪肥中,如果粪肥未经腐熟即施入土壤,即可造成传播病害的后果。有些病原菌通过家畜的消化道仍可存活,因此用带有病菌休眠孢子的饲料喂养家畜,排出的粪便就可能带菌,如不充分腐熟,就可能传播病害。桑寄生鲜艳的浆果常招引各种鸟类啄食,其种子随粪便排出,借这种方式,桑寄生可以实现其传播。

4. 病株残体

在植物生长发育及收获过程中,染病植物组织或器官会遗留在地表,由于受到植物组织的保护,病原菌对环境的抵抗能力很强,尤其是受土壤腐生菌的颉颃作用较小,因此,病原菌往往能够在病残体中存活较长的时间。绝大部分非专性寄生的真菌和细菌都能在病株残体上存活,或者以腐生的方式生活一定的时期。专性寄生的病毒,如烟草花叶病毒,也能在植物病残体中存活一定的时期。

有些病原物的休眠体先是存活于病株残体内，当残体腐烂分解后，再散落在土壤中。因此，病株残体上的病原物往往是土壤病原物的主要来源。

存活于病株残体上的病原物在来年气候条件适宜时，可以产生分生孢子或子囊孢子，并借气流传播到寄主植物上。带有细菌的病残体主要是在有雨水和灌溉水的条件下释放出细菌，造成病害的传播。及时清理田间病株残体，可以杀灭许多病原物，减少初侵染来源，达到防治病害的目的。

5. 传病介体

昆虫是多种病毒、细菌和线虫的传播介体，有些昆虫一经携带某些种病毒便终生具有传毒能力。

6. 温室内或贮藏窖内

有些病原物可以在温室内生长的植物上或在贮藏窖内贮存的花卉块根、球根、块茎、球茎中越冬。

三、病原物的传播方式

病原物的传播主要是依赖外界的因素，其中有自然因素和人为因素。自然因素中以风、雨水、昆虫和其他动物传播的作用最大；人为因素中以种苗和种苗的调运、农事操作和园林机械的传播最为重要。

1. 气流传播

气流传播是病原物最常发生的一种传播方式。真菌的孢子数量大、体积小、重量轻，非常适合于气流传播。土壤中的细菌和线虫也可被风吹走。列当、独脚金的种子极小，成熟时蒴果开裂，种子随风飞散传播，一般可达数十米远。风能引起植物各个部分及相邻植株间的相互摩擦和接触，有助于真菌、细菌、病毒、类病毒以及线虫的株内和株间传播。

2. 雨水传播

植物病原细菌和真菌中的黑盘孢目和球壳孢目的分生孢子多半都是由雨水传播的。因为这些子实体之间含有胶质，胶质遇水膨胀和融化以后，接种体才能从子实体或植物组织上散出，随着水滴的飞溅和水流而传播。鞭毛菌亚门真菌的游动孢子只有在有水的情况下才能产生和传播。在暴风雨的条件下，由于风的介入，往往能加大雨水传播的距离。

在保护地内虽然无雨水，但是凝集在塑料薄膜上的水滴以及植物叶片上的露水滴下时，也能够帮助病原物传播。

灌溉水在地面的流动能够携带病菌的孢子、菌核、病原线虫等移动，有助于多种病害的传播。如香石竹枯萎病菌、鸢尾细菌性软腐病菌。

3. 生物介体

昆虫，特别是蚜虫、飞虱和叶蝉是病毒最重要的传播介体。植原体存在于植物韧皮部的筛管中，它的传播介体都是在筛管部位取食的昆虫。昆虫也能够传播一些细菌病害。昆虫在植物感病部位的活动能够在体表黏附一些病原物的接种体，随着昆虫的取食，这些接种体能够从一株植物传到另一株植物，这些接种体可以落在植物体表，也能够落在昆虫造成的伤口内。这些昆虫的活动能力越强，对病害的传播作用就越大，传播距离就越远。

线虫和螨类除了能够携带真菌的孢子和细菌造成病害传播外，它们还能够传播病毒。

鸟类和哺乳动物的活动也能造成病害的传播。鸟类除去传播桑寄生的种子以外，与病害传播的关系不大。

菟丝子在植物之间缠绕能够传播病毒。一些真菌也能传播病毒。根的自然嫁接是有些病害传播的方式之一。根系发达，互相交错，两条靠近的根由于本身直径生长持续产生的压力，使它们在接触处互相接合，在接合的根中，水分、养分可以互相转移，病根中的病原物也能扩展至相接的健康根中。

4．人为因素

人们在引种、施肥和农事操作中，经常造成植物病害的传播。种子、苗木和其他繁殖材料的调运以及相应产品和包装材料的流动，能够将病害从一个国家传到另一个国家，从病区传播到新区。这种传播不像自然传播那样有一定的规律性，它是经常发生的，不受季节和地理因素的限制。植物检疫的作用就是限制这种人为的传播，避免将危险性的病害带到无病的地区。

使用未腐熟的粪肥和移动带病土壤能造成病害的传播，人们在田间走动也能通过衣服和鞋将病原物接种体从一处带到另一处。在田间，人通过连续在病健植物上的手工操作而传播某些病原物。各种园林机械在使用过程中，也能够导致病原物的传播。

主要靠气流进行传播的病害被称为气传病害；主要靠流水或顺水传播的病害被称为水传病害；发生在植株基部或地下部，并且能够伴随土壤传播的病害被称为土传病害；有些能伴随种子调运进行传播的病害被称为种传病害。以上是按病害的主要传播方式对病害类型的划分，并不是十分严格。因为一种病害并不是只靠一种方式传播，但是，由于这样划分与病害防治关系密切，所以人们经常采用。

四、初侵染和再侵染

越冬或越夏的病原物接种体在生长季节中首次引起寄主发病的过程称为初侵染。初侵染接种体的作用是引起植物最初的感染。病原物完成初侵染后，在病部产生大量的繁殖体和营养体，这些有的则成为再次侵染的接种体或下一生长季节病害的初侵染源。受到初侵染而发病的植株上产生的病原物，在同一生长季节中经传播引起寄主再次发病的过程叫再侵染。再侵染的接种体来源于当年发病的植株。在同一季节中，经传播引起第一次或更多次的侵染，导致植株群体连续发病。

在同一生长季节内，病害在植株中扩展受环境因素、寄主抗性和病原物致病力三方面的影响。条件适宜时，潜育期短，病原物繁殖速度快，发病速度快，再侵染次数多。

根据病害循环和侵染过程的概念,将植物病害划分为多循环病害和单循环病害。单循环病害是指在病害循环中,只有初侵染无再侵染或虽有再侵染但为害作用很小的病害。该类病害多为土传、种传的系统性病害。多循环病害是指病原物在一个生长季节中能够连续繁殖多代,从而发生多次再侵染,该类病害多是局部侵染病害,病害的潜育期短,病原物的增值率高,寿命较短,对环境敏感。

只有初次侵染而无再次侵染的病害,只要防治初次侵染,这些病害几乎就能得到完全控制;对于可以发生再次侵染的病害,在注意初次侵染的前提下,还要加强对再次侵染各个环节的控制,防治方法和效率的差异也较大。

第三篇 园林植物病虫害的综合防治

第一章 综合治理的基本原理

园林植物病虫害防治的基本原理概括起来便是"以综合治理为核心，实现对园林植物病虫害的可持续控制"。

第一节 综合治理的概念

园林植物病虫害防治的方法很多，各种方法各有其优点和局限性，单靠其中某一种措施往往不能达到防治的目的，有时还会引起其他的一些不良反应。联合国粮农组织（FAO）有害生物综合治理专家小组，对综合治理下了如下定义：害虫综合治理是一种防治方案，它能控制害虫的发生，避免相互矛盾，尽量发挥有机的调和作用，保持经济允许水平之下的防治体系。它有如下特点。

① 从生态全局和生态总体出发，以预防为主，强调利用自然界对病虫的控制因素，达到控制病虫发生的目的。

② 合理运用各种防治方法，使其相互协调，取长补短。它不是许多防治方法的机械拼凑和综合，而是在综合考虑各种因素的基础上，确定最佳防治方案。综合治理并不排斥化学防治，但尽量避免杀伤天敌和污染环境。

③ 综合治理并非以"消灭"病虫为准则，而是把病虫控制在经济允许水平之下。

④ 综合治理并不是降低防治要求，而是把防治技术提高到安全、经济、简便、有效的水平。

第二节 综合治理遵循的原则

园林植物病虫害综合治理是一个病虫控制的系统工程，即从生态学观点出发，在整个园林植物生产过程中，都要有计划地应用、改善栽培技术，调节生态环境，预防病虫害的发生，降低病虫害发生程度，不使其形成超出为害标准要求的策略及措施。要使自然防治和人为防治手段有机地结合起来，有意识地加强自然防治能力。

在实行综合治理的过程中，主要从以下几个方面出发。

一、从生态学角度出发

园林植物、病虫、天敌三者之间有的相互依存，有的相互制约。当它们共同生活在一个环境中时，它们的发生、消长、生存又与这个环境的状态关系极为密切。

这些生物与环境共同构成一个生态系统。综合治理就是在育苗、移栽和管理过程中，通过有针对性地调节和操纵生态系统里某些组成部分，以创造一个有利于植物及病虫天敌的生存，而不利于病虫滋生和发展的环境条件，从而预防或减少病虫的发生与为害。

二、从安全角度出发

根据园艺生态系统里各组成成分的运动规律和彼此之间的相互关系，既针对不同对象，又考虑对整个生态系统当时和以后的影响，灵活、协调地选用一种或几种适合园林植物生长条件的有效技术和方法。如园林技术、病虫天敌的保护和利用、物理机械防治、化学防治等措施。对不同的病虫害，采用不同对策。几项措施取长补短，相互辅佐，并注意实施的时间和方法，达到最好的效果。同时将对生态系统内外产生的副作用降到最低限度，既控制了病虫为害，又保护了人、畜、天敌和植物的安全。

三、从保护环境，恢复和促进生态平衡，有利于自然控制角度出发

园林植物病虫害综合治理并不排除化学农药的使用，而是要求从病虫、植物、天敌、环境之间的自然关系出发，科学地选择、合理地使用农药，在园林植物的生长环境中，应特别注意选择高效、无毒或低毒、污染轻、有选择性的农药，防止对人、畜造成毒害，减少对环境的污染，充分保护和利用天敌，逐步加强自然控制的各个因素，不断增强自然控制力。

四、从经济效益角度出发

防治病虫的目的是为了控制病虫的为害，使其为害程度降低到不足以造成经济损失。因而经济允许水平（经济阈值）是综合治理的一个重要概念。人们必须研究病虫的数量发展到何种程度，才采取防治措施，以阻止病虫达到造成经济损失的程度，这就是防治指标。病虫为害程度低于防治指标，可不防治；否则，必须掌握有利时机，及时防治。

第二章 园林植物病虫害防治的基本方法

园林植物病虫害防治的基本方法归纳起来有：植物检疫、园艺技术防治、物理机械防治、生物防治和化学防治。

第一节 植物检疫

植物检疫也叫法规防治，是防治病虫害的基本措施之一，也是实施"综合治理"措施的有利保证。

一、植物检疫的必要性

1. 植物检疫的概念

植物检疫是指一个国家或地方政府颁布法令，设立专门机构，禁止或限制危险性病、虫、杂草等人为地传入或传出，或者传入后，为限制其继续扩展所采取的一系列措施。

2. 植物检疫的必要性

在自然情况下，病、虫、杂草等的分布虽然可以通过气流等自然动力和自身活动扩散，不断扩大其分布范围，但这种能力是有限的。再加上有高山、海洋、沙漠等天然屏障的阻隔，病虫杂草的分布有一定的地域局限性。但是，一旦借助人为因素，就可以附着在种子、苗木、接穗、插条及其他植物产品上跨越这些天然屏障，由一个地区传到另一个地区或由一个国家传到另一个国家。当这些病菌、害虫及杂草离开了原产地，到达一个新的地区后，原来制约病虫害发生发展的一些环境因素被打破，条件适宜时，就会迅速扩展蔓延，猖獗成灾。历史上这样的教训很多。葡萄根瘤蚜在1860年由美国传入法国后，经过25年，就有10万公顷以上的葡萄园毁灭。美国白蛾1922年在加拿大首次发现，随着运载工具由欧洲传到亚洲，1979年在我国辽宁省东部地区发现，1984年发现于陕西武功，猖獗成灾，造成大片园林及农作物被毁。又如我国的樱花细菌性根癌病、菊花白锈病均由日本传入，使许多园林风景区蒙难。最近几年传入我国的美洲斑潜蝇也带来了严重灾难。为了防止危险性病、虫、杂草的传播，各国政府都制定了检疫法令，设立了检疫机构，进行植物病虫害及杂草的检疫。

二、植物检疫的步骤和主要内容

1. 植物检疫的任务

植物检疫的任务主要有以下3个方面：

① 禁止危险性病、虫及杂草随着植物及其产品由国外输入或国内输出。

② 将国内局部地区已发生的危险性病、虫和杂草封锁在一定范围内，防止其扩散蔓延，并积极采取有效措施，逐步予以清除。

③ 当危险性病、虫和杂草传入新地区时，应采取紧急措施，及时就地消灭。

2. 植物检疫措施

我国对植物检疫采取了以下措施。

（1）对外检疫和对内检疫　对外检疫（国际检疫）是国家在对外港口、国际机场及国际交通要道设立检疫机构，对出口的植物及其产品进行检疫处理，防止国外新的或在国内还是局部发生的危险性病、虫及杂草的输入；同时也防止国内某些危险性的病、虫及杂草的输出。

对内检疫（国内检疫）是国内各级检疫机关，会同交通运输、邮电、供销及其他有关部门根据检疫条例，对所调运的植物及其产品进行检验和处理，以防止仅在国内局部地区发生的危险性病、虫及杂草传播蔓延。我国对内检疫主要以产地检疫为主，道路检疫为辅。

对内检疫是对外检疫的基础，对外检疫是对内检疫的保障，二者紧密配合，互相促进，以达到保护园林植物的目的。

（2）检疫对象的确定　病虫害及杂草的种类很多，不可能对所有的病、虫、杂草进行检疫，而是根据调查研究的结果，确定检疫对象名单。确定检疫对象的依据及原则是：①本国或本地区未发生的或分布不广，局部发生的病、虫、杂草；②危害严重，防治困难的病、虫、杂草；③可借助人为活动传播的病、虫、杂草。即可以随同种实、接穗、包装物等运往各地，适应性强的病、虫、杂草。

同时，必须根据寄主范围和传播方式确定应该接受检疫的种苗、接穗及其他植物产品的种类和部位。

检疫对象名单并不是固定不变的，应根据实际情况的变化及时修订或补充。

（3）划定疫区和保护区　有检疫对象发生的地区为疫区，对疫区要严加控制，禁止检疫对象传出，并采取积极的防治措施，逐步消灭检疫对象。未发生检疫对象，但有可能传入检疫对象的地区划定为保护区，对保护区要严防检疫对象传入，充分做好预防工作。

（4）其他措施　包括建立和健全植物检疫机构、建立无检疫对象的种苗繁育基地、加强植物检疫科研工作等。

3. 植物检疫的步骤

（1）对内检疫

① 报检：调运和邮寄种苗及其他应受检的植物产品时，向调出地有关检疫机构报检。

② 检验：检疫机构人员对所报检的植物及其产品要进行严格的检验。到达现场后凭肉眼和放大镜对产品进行外部检查，并抽取一定数量的产品进行详细检查，必要时可进行显微镜检及诱发试验等。

③ 检疫处理：经检验如发现检疫对象，应按规定在检疫机构监督下进行处理。一般方法有：禁止调运、就地销毁、消毒处理、限制使用地点等。

④ 签发证书：经检验后，如不带检疫对象，则检疫机构发给国内植物检疫证书放行；如发现检疫对象，经处理合格后，仍发证放行；无法进行消毒处理的，应停止调运。

(2) 对外检疫　我国进出口检疫包括以下几个方面：进口检疫、出口检疫、旅客携带物检疫、国际邮包检疫、过境检疫等。应严格执行《中华人民共和国进出口动植物检疫条例》及其实施细则的有关规定。

4．植物检疫的方法

植物检疫的方法有现场检验、实验室检验和栽培检验三种。具体方法多种多样，植物检疫工作一般由检疫机构进行。

第二节　园艺技术防治措施

园艺技术防治措施就是通过改进栽培技术，使环境条件不利于病虫害的发生，而有利于园林植物的生长发育，直接或间接地消灭或抑制病虫的发生与为害。这种方法不需要额外投资，而且又有预防作用，可长期控制病虫害，因而是最基本的防治方法。但这种措施也有一定的局限性，病虫害大发生时必须依靠其他防治措施。

园艺技术防治措施可分为以下几个环节。

一、清洁田园

及时收集田园中的病虫害残体，并加以深埋或烧毁。生长季节要及时摘除病、虫枝叶，清除因病虫或其他原因致死的植株。园艺操作过程中应避免人为传染，如摘心、除草时要防止工具和人手对病菌的传带。温室中带有病虫的土壤、盆钵在未处理前不可继续使用。无土栽培时，被污染的营养液要及时清除，不得继续使用。除草要及时，许多杂草是病虫害的野生寄主，增加了病虫害的侵染来源，同时杂草丛生还提高了周围环境的湿度，有利于病害的发生。

二、合理轮作间作

1．合理轮作

连作往往会加重园林植物病害的发生，实行轮作可以减轻病害，轮作时间视具体病害而定。轮作是古老而有效的防病措施，轮作植物须为非寄主植物。通过轮作，使土壤中的病原物因找不到食物"饥饿"而死，从而降低病原物的数量。

2．配置适当

建园时，应注意有些植物往往是一些病虫害的寄主或转主寄主，不能选用。例如果园防风林的选择，应考虑杨树是介壳虫喜爱的寄主，桧柏是果树锈病的转主寄主。

三、加强园林管护

1. 加强肥水管理

合理的肥水管理不仅能使植物健壮地生长,而且能增强植物的抗病虫能力。使用无机肥时要注意氮、磷、钾等营养成分的配比,防止施肥过量或出现缺素症。浇水量、浇水时间等都影响着病虫害的发生。喷灌和洒水等方式往往容易引起叶部病害的发生,最好采用沟灌、滴灌等。浇水量要适宜,浇水过多易烂根,浇水过少则易使花卉、苗木因缺水而生长不良,出现各种生理性病害或加重侵染性病害的发生。多雨季节要及时排水。浇水时间最好选择在晴天的上午,以便及时地降低叶表湿度。

2. 改善环境条件

改善环境条件主要是调节栽培地的湿度和温度,尤其是温室栽培植物,要经常通风换气、降低湿度,以减轻灰霉病、霜霉病等病害的发生。定植密度要适宜,以利通风透光。冬季温度要适宜,不要忽冷忽热。否则,各种花卉往往因生长环境欠佳,导致生理性病害及侵染性病害的发生。

3. 合理修剪

合理修剪、整枝不仅可以增强树势,使枝繁叶茂,还可以减少病虫为害。例如,对天牛、透翅蛾等钻蛀性害虫以及袋蛾、刺蛾等食叶害虫,均可以采用修剪虫枝等进行防治。对于介壳虫、粉虱、螨类等害虫,则通过修剪、整枝达到通风透光的目的,从而抑制此类害虫的为害。秋、冬季节结合修枝,剪去有病枝条,从而减少来年病虫害的初侵染源。

4. 中耕除草

中耕除草不仅可以保持地力,减少土壤水分的蒸发,促进植株健壮生长,提高抗逆能力,还可以清除许多病虫的发源地及潜伏场所。许多害虫的幼虫、蛹或卵生活在浅土层中,通过中耕,可使其暴露于土表,便于杀死。

5. 翻土培土

结合深耕施肥,可将表土或落叶层中越冬的病菌、害虫深翻入土。苗圃、花圃等场所在冬季暂无植物生长,最好深翻一次,这样便可将病虫深埋于地下,翌年不再发生为害。

6. 根茎等器官的收获及采后管理

许多园林植物以根茎、鳞茎等器官越冬,为了保障这些器官的健康贮藏,在收获前避免大量浇水,以防含水过多,造成贮藏腐烂;要在晴天收获,挖掘过程中要尽量减少伤口;挖出后要仔细检查,剔除有伤、病虫及腐烂的器官,并在阳光下暴晒数日后方可收藏。贮窖须预先清扫消毒,通气晾晒。贮藏期间要控制好温湿度,窖温一般在5℃左右,相对湿度宜在70%以下。有条件时,最好单个装入尼龙网袋,悬于窖顶贮藏。

四、选育抗病虫品种

1. 培育抗病虫品种

培育抗病虫品种是预防病虫害的重要一环，不同园林植物品种对于病虫害的受害程度并不一致。我国园林植物资源丰富，为抗病虫品种的选育提供了大量的种质，因而培育抗性品种前景广阔。培育该类品种的方法很多，有常规育种、辐射育种、化学诱变、单倍体育种等。随着转基因技术的不断发展，将抗病虫基因导入园林植物体内，获得大量理想化的抗性品种已逐步变为现实。

2. 繁育健壮种苗

园林上有许多病虫害是依靠种子、苗木及其他无性繁殖材料传播的，因而通过一定的措施，培育无病虫的健壮种苗，可有效地控制该类病虫害的发生。

（1）无病虫圃地育苗　选取土壤疏松、排水良好、通风透光、无病虫为害的场所为育苗圃地。盆播育苗时应注意盆钵、基质的消毒，同时通过适时播种，合理轮作，整地施肥以及中耕除草等加强养护管理，使之苗齐、苗全、苗壮、无病虫为害。

（2）无病株采种（芽）　园林植物的许多病害是通过种苗传播的，只有从健康母株上采种（芽），才能得到无病种苗，避免或减轻该类病害的发生。

（3）组培脱毒育苗　园林植物中病毒病发生普遍而且严重，许多种苗都带有病毒，利用组培技术进行脱毒处理，对于防治病毒病十分有效。

第三节　物理机械防治

利用各种简单的器械和各种物理因素来防治病虫害的方法称为物理机械防治。这种方法既包括古老、简单的人工捕杀，也包括近代物理新技术的应用。

一、捕杀法

利用人工或各种简单的器械捕捉或直接消灭害虫的方法称捕杀法。人工捕杀适合于具有假死性、群集性或其他目标明显易于捕捉的害虫。如金龟子的成虫具有假死性，可在清晨或傍晚温度稍低时将其振落杀死；榆蓝叶甲的老熟幼虫群集于树皮缝或枝杈下方等处集中化蛹，此时可人工捕杀；冬季修剪时，剪去黄刺蛾茧和天幕毛虫卵环、刮除舞毒蛾卵块等；生长季节人工捏杀卷叶蛾虫苞、捕捉天牛成虫等。此法的优点是不污染环境，不杀伤天敌。缺点是工效低，费工。

二、诱杀法

利用害虫的趋性，人为设置器械或诱物来诱杀害虫的方法称为诱杀法。利用此法还可以预测害虫的发生动态。

1. 灯光诱杀

利用害虫对灯光的趋性，人为设置灯光诱杀害虫。如黑光灯、高压电网灭虫灯等。

2. 食物诱杀

利用害虫的趋化性，在其所喜欢的食物中掺和适量毒剂来诱杀害虫的方法叫毒饵诱杀，如蝼蛄、地老虎等地下害虫可用麦麸、糖醋液掺和适量敌百虫、辛硫磷等药剂制成毒饵来诱杀；利用害虫对某些植物有特殊的嗜食习性，人为种植或采集此种植物诱杀害虫的方法叫植物诱杀，如苗圃周围种植蓖麻，可使金龟子误食后麻醉而集中捕杀。

3. 潜所诱杀

利用害虫在某一时期喜欢某一特殊环境的习性，人为设置类似的环境来诱杀害虫的方法称为潜所诱杀。如在树干基部绑扎草把或麻袋片，可引诱某些蛾类幼虫前来越冬或化蛹；苗圃地堆集新鲜杂草，能诱集地老虎幼虫潜伏草下，然后集中杀灭。

4. 色板诱杀

将黄色粘胶板设置于栽培区域，可诱到大量的有翅蚜、白粉虱、斑潜蝇等成虫。

三、阻隔法

人为设置各种障碍，以切断病虫害的侵害途径称为阻隔法，也叫障碍物法。

1. 涂毒环、涂胶环

对有上、下树习性的幼虫或无翅成虫可在树干上涂毒环、涂胶环，阻隔和触杀幼虫。如对杨、柳毒蛾和尺蛾成虫。

2. 挖障碍沟

对不能飞翔只能靠爬行扩散的害虫，可在未受害区周围挖沟，害虫坠落沟中后予以消灭；对紫色根腐病等借助菌索蔓延传播的根部病害，在受害植株周围挖沟能阻隔病菌菌索的蔓延。挖沟宽30cm，深40cm，两壁要光滑垂直。

3. 纱网、套袋阻隔

对于温室内栽培的植物，可采用40~60目的纱网覆罩，不仅可以隔绝蚜虫、叶蝉、粉虱、蓟马等害虫的危害，还能有效地减轻病毒病的侵染；对于树上的果实，可采取套袋阻隔，如套袋阻隔茶翅蝽为害桃果、梨果等。

4. 土壤覆盖薄膜或盖草也能达到防病的目的

许多叶部病害的病原物是在病残体上越冬的，土壤覆膜或盖草（稻草、麦秸草等）可大幅度地减轻病害的发生。膜或干草不仅对病原物的传播起到了机械阻隔作用，而且覆膜后土壤温度、湿度提高，加速了病残体的腐烂，减少了侵染来源。另外，干草腐烂后还可增加肥料。

四、汰选法

利用健全种子和被害种子大小、比重上的差异进行机械或液相、固相分离，剔除带有病虫的种子。常用的有手选、筛选、盐水选、风选等。

带有病虫的苗木，有的用肉眼便能识别，因而引进购买苗木时，要汰除有病虫害的苗木，尤其是带有检疫对象的材料，一定要彻底检查，将病虫拒之门外。特殊情况时，应进行彻底消毒，并隔离种植。在此特别需要强调的是，从国外或外地大批量引进苗木时，一定要经有关部门进行检疫，有条件时最好到产地进行实地考察。

五、温度处理

任何生物，包括植物病原物和害虫，对温度都有一定的忍耐性，超过限度生物就会死亡。害虫和病菌对高温的忍受力都较差，通过提高温度来杀死病菌或害虫的方法称温度处理法，简称热处理。主要有干热和湿热两种。

1. 种苗的热处理

有病虫的苗木可用热风处理，温度为35~40℃，处理时间为1~4周。也可用50℃左右的温水处理，浸泡时间为10min~3h。例如有根结线虫病的植物先在30~35℃的水中预热30min，然后在45~65℃的温水中处理0.5~2h可防病，处理后的植株用凉水淋洗；用80℃热水浸刺槐种子30min后捞出，可杀死种内小蜂幼虫，不影响种子发芽率。

种苗热处理的关键是温度和时间的控制，要注意对处理材料的安全。对有病虫的植物作热处理时，要事先进行试验。热处理时升温要缓慢，使之有个适应温热的锻炼过程。一般从25℃开始，每天升高2℃，6~7天后达到37℃±1℃的处理温度。

2. 土壤的热处理

现代温室土壤热处理是使用热蒸汽（90~100℃），处理时间为30min。蒸汽处理可大幅度降低镰刀菌引致的枯萎病及地下害虫的发生程度。在发达国家，蒸汽热处理已成为常规管理。

利用太阳能热处理土壤也是有效的措施。在7~8月份将土壤摊平做垄，垄为南北向。浇水并覆盖塑料薄膜（25μm厚为宜）。在覆盖期间要保证有10~15天的晴天，耕层温度可高达60~70℃，能基本上杀死土壤中的病原物。温室大棚中的土壤也可照此法处理。当夏季花木搬出温室后，将门窗全部关闭并在土壤表面覆膜，能较彻底地消灭温室中的病虫害。

六、近代物理技术的应用

近几年来，随着物理学的发展，生物物理也有了相应的发展。因此，应用新的物理学成就来防治病虫，也就具有了愈加广阔的前景。原子能、超声波、紫外线、红外线、激光、高频电流等，正普遍应用于生物物理范畴，其中很多成果正在病虫害防治中得到应用。

1. 原子能的利用

原子能在昆虫方面的应用，除用于研究昆虫的生理效应、遗传性的改变以及示踪原子对昆虫毒理和生态方面的研究外，也可用来防治病虫害。例如直接用32.2

万伦琴的^{60}Coγ射线照射仓库害虫，可使害虫立即死亡，即使用6.44万伦琴剂量，仍有杀虫效力，部分未被杀死的害虫，虽可正常生活和产卵，但生殖能力受到了损害，所产的卵粒不能孵化。

2. 高频、高压电流的应用

通常我们所使用的是50Hz的低频电流，在无线电领域中，一般将3000万赫兹的电流称为高频率电流，3000万赫兹以上的电流称为超高频电流。在高频率电场中，由于温度增高等原因，可使害虫迅速死亡。由于高频率电流产生在物质内部，而不是由外部传到内部，因此，对消灭隐蔽为害的害虫极为有效。该法主要用于防治仓储害虫、土壤害虫等。

高压放电也可用来防治害虫。如国外设计一种机器，两电极之间可以形成5cm的火花，在火花的作用下，土壤表面的害虫在很短时间内就可死亡。

3. 超声波的应用

利用振动在每秒20000次以上的声波所产生的机械动力或化学反应来杀死害虫。例如对水源的消毒灭菌、消灭植物体内部害虫等。也可利用超声波或微波引诱雄虫远离雌虫，从而阻止害虫的繁殖。

4. 光波的利用

一般黑光灯诱集的昆虫有害虫也有益虫，近年根据昆虫复眼对各种光波具有很强鉴别力的特点，采用对波长有调节作用的"激光器"，将特定虫种诱入捕虫器中加以消灭。

第四节 生物防治

利用生物及其代谢物质来控制病虫害的方法称为生物防治法。生物防治的特点是对人、畜、植物安全，害虫不产生抗性，天敌来源广，且有长期的抑制作用。但往往局限于某一虫期，作用慢，成本高，人工培养及使用技术要求比较严格。必须与其他防治措施相结合，才能充分发挥其应有的作用。

生物防治可分为以虫治虫、以菌治虫、以鸟治虫、以蛛螨类治虫、以激素治虫、以菌治病、以虫除草、以菌除草等。

一、利用有益动物治虫除草

1. 捕食性天敌昆虫

专以其他昆虫或小动物为食的昆虫，称为捕食性昆虫。这类昆虫用它们的咀嚼式口器直接蚕食虫体的一部分或全部，有些则用刺吸式口器刺入害虫体内吸食害虫体液使其死亡。捕食性昆虫并不都是害虫的天敌，但是螳螂、瓢虫、草蛉、猎蝽、食蚜蝇等多数情况下是有益的，是园林中最常见的捕食性天敌昆虫。这类天敌，一般个体较被捕食者大，在自然界中抑制害虫的作用十分明显。此外，蜘蛛和其他捕食性益螨对某些害虫的控制作用也很明显，对它们的研究和利用也受到了广泛的重视。

2. 寄生性天敌害虫

一些昆虫种类，在某个时期或终身寄生在其他昆虫的体内或体外，以其体液和组织为食来维持生存，最终导致寄主昆虫死亡。这类昆虫一般称为寄生性天敌昆虫。主要包括寄生蜂和寄生蝇。这类昆虫个体一般较寄主小，数量比寄主多，在1个寄主上可育出一个或多个个体。

寄生性天敌昆虫的常见类群有姬蜂、小茧蜂、蚜茧蜂、土蜂、肿腿蜂、黑卵蜂及小蜂类和寄蝇类。

3. 天敌昆虫利用的途径和方法

(1) 当地自然天敌昆虫的保护和利用 自然界中天敌的种类和数量很多，在田间对害虫的种群密度起着重要的控制作用，因此要善于保护和利用。具体措施有：

① 对害虫进行人工防治时，把采集到的卵、幼虫、茧蛹等放在害虫不易逃走而各种寄生性天敌昆虫能自由飞出的保护器内，待天敌昆虫羽化飞走后，再将未被寄生的害虫进行处理。

② 化学防治时，应选用选择性强或残效期短的杀虫剂，选择适当的施药时期和方法，尽量减少用药次数，喷施杀虫剂时尽量避开天敌活动盛期，以减少杀虫剂对天敌的伤害。

③ 保护天敌过冬。瓢虫、螳螂等越冬时大多在干基枯枝落叶层、树洞、石块下等处，在寒冷地区常因低温的影响而大量死亡。因此，搜集越冬成虫在室内保护，翌春天气回暖时再放回田间，这样可保护天敌安全越冬。

④ 改善天敌的营养条件。一些寄生蜂、寄生蝇成虫羽化后常需补充花蜜。如果成虫羽化后缺乏蜜源，常造成死亡，因此，园林植物栽植时要适当考虑蜜源植物的配置。

(2) 人工大量繁殖释放天敌昆虫 在自然条件下，天敌的发展总是以害虫的发展为前提，在害虫发生初期由于天敌数量少，对害虫的控制力低，再加上受化学防治的影响，田间天敌数量减少。因此，需采用人工大量繁殖的方法，繁殖一定数量的天敌，在害虫发生初期释放到野外，可取得较显著的防治效果。目前已繁殖利用成功的有赤眼蜂、异色瓢虫、黑缘红瓢虫、草蛉、蜀蜡、平腹小蜂、管氏肿腿蜂等。

(3) 移殖、引进外地天敌 天敌移殖是指天敌昆虫在本国范围内移地繁殖。天敌引进是指从一个国家移入另一个国家。我国从国外引进天敌虽有不少成功的事例，但失败的次数也很多。主要是因为对天敌及其防治对象的生物学、生态学及它们的原产地了解不足所致。1978年从英国引进的丽蚜小蜂，在北京等地试验，控制温室白粉虱的效果十分显著。1953年湖北省从浙江移殖大红瓢虫防治柑橘吹绵蚧，获得成功，后来四川、福建、广西等地也引入了这种瓢虫，均获成功。在天敌昆虫的引移过程中，要特别注意引移对象的一般生物学特性，选择好引移对象的虫态、时间及方法，应特别注意两地生态条件的差异。蜘蛛和捕食螨同属于节肢动物门、蛛形纲，它们全部以昆虫和其他小动物为食，是较重要的天敌类群。

4. 其他有益动物治虫

(1) 蜘蛛和螨类治虫　近十几年来，对蛛、螨类的研究利用已取得较快进展。蜘蛛为肉食性，主要捕食昆虫，食料缺乏时也有相互残杀现象。根据蜘蛛是否结网，通常分为游猎型和结网型两大类。游猎型蜘蛛不结网，在地面、水面及植物体表面行游猎生活。结网型蜘蛛能结各种类型的网，借网捕捉飞翔的昆虫。田间可根据网的类型识别蜘蛛。

捕食螨是指捕食叶螨和植食性害虫的螨类。重要科有植绥螨科、长须螨科。这两个科中有的种类已能人工饲养繁殖并释放于温室和田间，对防治叶螨收到良好效果。如尼氏钝绥螨、拟长毛钝绥螨。

(2) 蛙类治虫　两栖类中的青蛙、蟾蜍等，主要以昆虫及其他小动物为食。所捕食的昆虫，绝大多数为农林害虫。蛙类食量很大，如泽蛙1天可捕食叶蝉260头。为发挥蛙类治虫的作用，除严禁捕杀蛙类外，还应加强人工繁殖和放养蛙类，保护蛙卵和蝌蚪。

(3) 鸟类治虫　据调查，我国现有1100多种鸟，其中食虫鸟约占半数，很多鸟类一昼夜所吃的食物相当于他们本身的重量。广州地区1980～1986年对鸟类调查，发现食虫鸟类达130多种，对抑制园林害虫的发生起到了一定的作用。目前，在城市风景区，森林公园等保护益鸟的主要做法是严禁打鸟、人工悬挂鸟巢招引鸟类定居以及人工驯化等。1984年广州白云山管理处，曾从安徽省定远县引进灰喜鹊驯养，获得成功。山东省林科所人工招引啄木鸟防治蛀干害虫，也收到了好的防治效果。

(4) 利用有益动物除草　目前在这方面做的较多的是利用昆虫除草。最早利用昆虫防治杂草成功的例子是对马缨丹的防治。该草是原产于中美洲的一种多年生灌木，1902年作为观赏植物输入夏威夷，不幸很快蔓延全岛的牧场和椰林，成为放牧的严重障碍。人们从墨西哥引进了马缨丹籽潜蝇等昆虫，使问题得以解决。再如澳大利亚利用昆虫防治霸王树仙人掌、克拉马斯草、紫茎泽兰以及前苏联利用昆虫防治豚草、列当等都非常成功。

除此之外，螨类、鱼类、贝类以及家禽中的鹅等，也可用以防除杂草。如保加利亚的一些农场利用放鹅能有效地防治列当，平均每公顷有一只鹅，就足以能把列当全部消灭。

二、利用有益微生物杀虫、治病、除草

1. 以菌治虫

人为利用病原微生物使害虫得病而死的方法称为以菌治虫。能使昆虫得病而死的病原微生物有真菌、细菌、病毒、立克次体、原生动物及线虫等。目前生产上应用较多的是前3类。以菌治虫具有较高的推广应用价值。

(1) 细菌　昆虫病原细菌已经发现90余种，多属于芽孢杆菌科和肠杆菌科。病原细菌主要通过消化道侵入虫体内，导致败血症或由于细菌产生的毒素使昆虫死亡。被细菌感染的昆虫，食欲减退，口腔和肛门具黏性排泄物，死后虫体颜色加深，并迅速腐败变形、软化、组织溃烂，有恶臭味，通称软化病。

目前我国应用最广的细菌制剂主要有苏云金杆菌。这类制剂无公害，可与其他农药混用。并且对温度要求不严，在温度较高时发病率高，对鳞翅目幼虫防效好。

(2) 真菌　病原真菌的类群较多，约750种，但研究较多且使用价值较大的主要是接合菌中的虫霉属、半知菌中的白僵菌属、绿僵菌属等。病原菌以其孢子或菌丝自体壁侵入昆虫体内，以虫体各种组织和体液为营养，随后虫体上长出菌丝，产生孢子，随风和水流进行再侵染。感病昆虫常出现食欲减退、虫体萎缩，死后虫体僵硬，体表布满菌丝和孢子。

目前应用较为广泛的真菌制剂是白僵菌，不仅可有效地控制鳞翅目、同翅目、膜翅目、直翅目等害虫，而且对人、畜无害，不污染环境。

(3) 病毒　昆虫的病毒病在昆虫中很普遍。利用病毒来防治昆虫，其主要特点是专化性强，在自然情况下，往往只寄生1种害虫，不存在污染与公害问题。昆虫感染病毒后，虫体多卧于或悬挂在叶片及植株表面，后期流出大量液体，无臭味，体表无丝状物。

在已知的昆虫病毒中，防治应用较广的有核型多角体病毒（NPV）、颗粒体病毒（GV）和质型多角体病毒（CPV）三类。这些病毒主要感染鳞翅目、双翅目、膜翅目、鞘翅目等的幼虫。如上海使用大蓑蛾核型多角体病毒防治大蓑蛾效果很好。

(4) 线虫　有些线虫可寄生地下害虫和钻蛀害虫，导致害虫受抑制或死亡。被线虫寄生的昆虫通常表现为退色或膨胀、生长发育迟缓、繁殖能力降低，有的出现畸形。不同种类的线虫以不同的方式影响被寄生的昆虫，如索线虫以幼虫直接穿透昆虫表皮进入体内寄生一个时期，后期钻出虫体进入土壤，再发育为成虫并交尾产卵。索线虫穿出虫体时所造成的孔洞导致昆虫死亡。

目前，国外利用线虫防治害虫的研究正在形成生防"热点"。我国线虫研究工作，起步虽晚，但进度很快。可以预料利用线虫进行生物防治，不久就会取得满意的效果。

(5) 杀虫素　某些微生物在代谢过程中能够产生杀虫的活性物质，称为杀虫素。目前取得一定成效的有杀蚜素、浏阳霉素等。近几年大批量生产并取得显著成效的为阿维菌素（杀虫、杀螨剂）、浏阳霉素（杀螨剂）等。

2. 以菌治病

某些微生物在生长发育过程中能分泌一些抗菌物质，抑制其他微生物的生长，这种现象称拮抗作用。利用有拮抗作用的微生物来防治植物病害，有的已获得成功。如利用哈氏木霉菌防治茉莉花白绢病，有很好的防治效果。目前，以菌治病多用于土壤传播的病害。

3. 以菌除草

在自然界中，各种杂草和园林植物一样，在一定环境条件下都能感染一定的病害。利用病原微生物来防治杂草，虽然其工作较以虫治草为迟，但微生物的繁殖速度快，工业化大规模生产比较容易，且具有高度的专一性，因而它的出现，就显示出了在杂草生物防治中强大的生命力和广阔的前景。

利用真菌来防治杂草是整个以菌治草中最有前途的一类。如澳大利亚利用一种锈菌防治菊科杂草——粉苞菊非常成功。前苏联利用一种链格孢菌防治三叶草菟丝子也非常理想。利用"鲁保一号"菌防治菟丝子是我国早期杂草生物防治最典型、最突出的一例。

三、利用昆虫激素防治害虫

昆虫的激素分外激素和内激素两大类型。

昆虫的外激素是昆虫分泌到体外的挥发性物质，是昆虫对它的同伴发出的信号，便于寻找异性和食物。已经发现的有性外激素、结集外激素、追踪外激素及告警激素。目前研究应用最多的是雌性外激素。某些昆虫的雌性外激素已能人工合成，在害虫的预测预报和防治方面起到了非常重要的作用。目前我国人工合成的雌性外激素种类有马尾松毛虫、白杨透翅蛾、桃小食心虫、梨小食心虫、苹小卷叶蛾等。

昆虫性外激素的应用有以下几个方面。

（1）诱杀法　利用性引诱剂将雄蛾诱来，配以粘胶、毒液等方法将其杀死。如利用某些性诱剂来诱杀国槐小卷蛾、桃小食心虫、白杨透翅蛾、大袋蛾等效果很好。

（2）迷向法　成虫发生期，在田间喷洒适量的性引诱剂，使其弥漫在大气中，使雄蛾无法辨认雌蛾，从而干扰正常的交尾活动。

（3）绝育法　将性诱剂与绝育剂配合，用性引诱剂把雄蛾诱来，使其接触绝育剂后仍返回原地。这种绝育后的雄蛾与雌蛾交配后产下不正常的卵，起到灭绝后代的作用。

除此之外，昆虫性外激素还可以应用于害虫的预测预报，即通过成虫期悬挂性诱芯，掌握害虫发生始期、盛期、末期及发生量，指导施药时机和施药次数，减少环境污染和对天敌的伤害。

昆虫内激素是分泌在体内的一类激素，用以控制昆虫的生长发育和脱皮。昆虫内激素主要有保幼激素、脱皮激素及脑激素。在害虫防治方面，如果人为地改变内激素的含量，可阻碍害虫正常的生理功能，造成畸形，甚至死亡。

第五节　化学防治

化学防治是指用各种有毒的化学药剂来防治病虫害、杂草等有害生物的一种方法。

化学防治具有快速高效、使用方法简单、不受地域限制、便于大面积机械化操作等优点。但也具有容易引起人、畜中毒、环境污染、杀伤天敌、引起次要害虫再增猖獗等缺点，并且长期使用同一种农药，可使某些害虫产生不同程度的抗药性。当病虫害大发生时，化学防治可能是唯一的有效方法。今后相当长的一段时期内化学防治仍然要占重要地位。至于化学防治的缺点，可通过发展选择性强、高效、低毒、低残留的农药以及通过改变施药方式、减少用药次数等措施逐步加以解决，同时还要与其他防治方法相结合，扬长避短，充分发挥化学防治的优越性，减少其毒副作用。

一、农药的种类、剂型及使用方法

（一）农药的种类

农药的种类很多，按照不同的分类方式可有不同的分法，一般可按防治对象、化学成分、作用方式进行分类。

1. 按防治对象分类

农药可分为杀虫剂、杀菌剂、杀螨剂、杀线虫剂、杀鼠剂、除草剂等。

2. 按化学成分分类

农药可分为：①无机农药，即用矿物原料加工制成的农药，如波尔多液等；②有机农药，即有机合成的农药，如敌敌畏、乐斯本、三唑酮、代森锰锌等；③植物性农药，即用天然植物制成的农药，如烟草、鱼藤、除虫菊等；④矿物性农药，如石油乳剂；⑤微生物农药，即用微生物或其代谢产物制成的农药。如白僵菌、苏云金杆菌等。

3. 按作用方式分类

（1）杀虫剂

① 胃毒剂。通过消化系统进入虫体内，使害虫中毒死亡的药剂。如敌百虫，适合于防治咀嚼式口器的昆虫。

② 触杀剂。通过与害虫虫体接触，药剂经体壁进入虫体内使害虫中毒死亡。如大多数有机磷杀虫剂、拟除虫菊酯类杀虫剂。触杀剂对各种口器的害虫均可使用，但对体被蜡质分泌物的介壳虫、木虱、粉虱等效果差。

③ 内吸剂。药剂易被植物组织吸收，并在植物体内运输，传导到植物的各部分，或经过植物的代谢作用而产生更毒的代谢物，当害虫取食时使其中毒死亡。如氧化乐果、吡虫啉等。内吸剂对刺吸式口器的害虫防治效果好，对咀嚼式口器的害虫也有一定效果。

④ 熏蒸剂。药剂以气体分子状态充斥其作用的空间，通过害虫的呼吸系统进入虫体，使害虫中毒死亡。如磷化铝、溴甲烷等。熏蒸剂应在密闭条件下使用，效果才好。如用磷化铝片剂防治蛀杆害虫时，要用泥土封闭虫孔；用溴甲烷进行土壤消毒时，须用薄膜覆盖等。

⑤ 其他杀虫剂。忌避剂，如驱蚊油、樟脑；拒食剂，如拒食胺；黏捕剂，如松脂合剂；绝育剂，如噻替派、六磷胺等；引诱剂，如糖醋液；昆虫生长调节剂，如灭幼脲Ⅲ。这类杀虫剂本身并无多大毒性，而是以特殊的性能作用于害虫。一般将这些药剂称为特异性杀虫剂。

实际上，杀虫剂的杀虫作用并不完全是单一的，多数杀虫剂往往兼具几种杀虫作用。如敌敌畏具有触杀、胃毒、熏蒸三种作用，但以触杀作用为主。在选择使用农药时，应注意选用其主要的杀虫作用。

(2) 杀菌剂

① 保护剂。在植物感病前，把药剂喷布于植物体表面，形成一层保护膜，阻碍病原微生物的侵染，从而使植物免受其害的药剂。如波尔多液、代森锰锌等。

② 治疗剂。在植物感病后，喷布药剂，以杀死或抑制病原物，使植物病害减轻或恢复健康的药剂。如三唑酮、甲基托布津。

(二) 农药的剂型

为了方便使用，农药被加工成不同的剂型，常见的剂型有以下几种。

1. 粉剂

粉剂是用原药加入一定量的惰性粉，如黏土、高岭土、滑石粉等，经机械加工成粉末状物，粉粒直径在 $100\mu m$ 以下。粉剂不易被水湿润，不能兑水喷雾。一般高浓度的粉剂用于拌种、制作毒饵或土壤处理用，低浓度的粉剂用作喷粉。

2. 可湿性粉剂

在原药中加入一定量的湿润剂和填充剂，经机械加工成的粉末状物。可湿性粉剂中加入了一定量的湿润剂，如皂角、亚硫酸纸浆废液等。可湿性粉剂可兑水喷雾，一般不用做喷粉。因为它分散性能差，浓度高，易产生药害，价格也比粉剂高。

3. 乳油

原药加入一定量的乳化剂和溶剂制成的透明状液体，如40％乐果乳油。乳油适于兑水喷雾用，用乳油防治害虫的效果比同种药剂的其他剂型好，残效期长。因此，乳油是目前生产上应用最广的一种剂型。

4. 颗粒剂

原药加入载体（黏土、煤渣等）制成的颗粒状物。粒径一般在 $250\sim 600\mu m$ 之间，如3％呋喃丹颗粒剂，主要用于土壤处理，残效期长，用药量少。

5. 烟雾剂

原药加入燃料、氧化剂、消燃剂、引芯制成。点燃后燃烧均匀，成烟率高，无明火，原药受热气化，再遇冷凝结成微粒，飘于空间。一般用于防治温室大棚及仓库病虫害。

6. 超低容量制剂

原药加入油脂溶剂、助剂制成。专门供超低容量喷雾。使用时不用兑水而直接喷雾，单位面积用量少，工效高，适于缺水地区。

7. 可溶性粉剂（水剂）

用水溶性固体农药制成的粉末状物。可兑水使用。成本低，但不宜久存，不易附着于植物表面。

8. 片剂

原药加入填料制成的片状物。如磷化铝片剂防治蛀干害虫天牛。

9. 其他剂型

熏蒸剂、缓释剂、胶悬剂、毒笔、毒绳、毒纸环、毒签、胶囊剂等。

随着农药加工技术的不断进步，各种新的制剂被陆续开发利用。如微乳剂、固体乳油、悬浮乳剂、漂浮颗粒剂、微胶囊剂、泡腾片剂等。

（三）农药的使用方法

农药的品种繁多，加工剂型也多种多样，同时防治对象的为害部位、为害方式、环境条件等也各不相同。因此，农药的使用方法也随之多种多样。常见的有以下几种。

1. 喷雾

喷雾是借助于喷雾器械将药液均匀地喷布于防治对象及被保护的寄主植物上，是目前生产上应用最广泛的一种方法。适合于喷雾的剂型有乳油、可湿性粉剂、可溶性粉剂、胶悬剂等。在进行喷雾时，雾滴大小会影响防治效果，一般地面喷雾直径最好在 $50\sim80\mu m$ 之间。喷雾时要求均匀周到，使目标物上均匀地有一层雾滴，并且不形成水滴从叶片上滴下为宜。喷雾时最好不要在中午进行，以免发生药害和人体中毒。

2. 喷粉

喷粉是利用喷粉器械产生的风力，将粉剂均匀地喷布在目标植物上的施药方法。此法最适于干旱缺水地区使用。适于喷粉的剂型为粉剂。此法的缺点是用药量大，粉剂黏附性差，效果不如同药剂的乳油和可湿性粉剂好，而且易被风吹失和雨水冲刷，污染环境。因此，喷粉时，宜在早晚叶面有露水或雨后叶面潮湿且无风条件下进行，使粉剂易于在叶面上沉积附着，提高防治效果。

3. 土壤处理

土壤处理是将药粉用细土、细砂、炉灰等混合均匀，撒施于地面，然后进行耧耙翻耕等。主要用于防治地下害虫或某一时期在地面上活动的害虫。如用5%辛硫磷颗粒剂1份与细土50份拌匀，制成毒土。

4. 拌种、浸种或浸苗、闷种

拌种是指在播种前用一定量的药粉或药液与种子搅拌均匀，用以防治种子传染的病害和地下害虫。拌种用的药量，一般为种子重量的0.2%～0.5%。

浸种和浸苗是指将种子或幼苗浸泡在一定浓度的药液里，用以消灭种子、幼苗所带的病菌或虫体。

闷种是把种子摊在地上，把稀释好的药液均匀地喷洒在种子上，并搅拌均匀，然后堆起熏闷并用麻袋等物覆盖，经一昼夜后，晾干即可。

5. 毒谷、毒饵

利用害虫喜食的饵料与农药混合制成，引诱害虫前来取食，产生胃毒作用将害虫毒杀而死。常用的饵料有麦麸、米糠、豆饼、花生饼、玉米芯、菜叶等。饵料与敌百虫、辛硫磷等胃毒剂混合均匀，撒布在害虫活动的场所。主要用于防治蝼蛄、地老虎、蟋蟀等地下害虫。毒谷是用谷子、高粱、玉米等谷物作饵料，煮至半熟有一定香味时，取出晾干，拌上胃毒剂，然后与种子同播或撒施于地面。

6. 熏蒸

熏蒸是利用有毒气体来杀死害虫或病菌的方法。一般应在密闭条件下进行。主要用于防治温室大棚、仓库、蛀杆害虫和种苗上的病虫。例如用磷化锌毒签熏杀天牛幼虫、用溴甲烷熏蒸棚内土壤等。

7. 涂抹、毒笔、根区撒施

涂抹是指利用内吸性杀虫剂在植物幼嫩部分直接涂药，或将树干刮老皮露出韧皮部后涂药，让药液随植物体运输到各个部位。此法又称内吸涂环法。如在李树上涂40%乐果5倍液，用于防治桃蚜，效果显著。

毒笔是采用触杀性强的拟除虫菊酯类农药为主剂，与石膏、滑石粉等加工制成的粉笔状毒笔。用于防治具有上、下树习性的幼虫。毒笔的简单制法是用2.5%的溴氰菊酯乳油按1∶99与柴油混合，然后将粉笔在此油液中浸渍，晾干即可。药效可持续20天左右。

根区施药是将内吸性药剂埋于植物根系周围，通过根系吸收运输到树体全身，当害虫取食时使其中毒死亡。如用3%呋喃丹颗粒剂埋施于根部，可防治多种刺吸式口器的害虫。

8. 注射法、打孔法

用注射机或兽用注射器将内吸性药剂注入树干内部，使其在树体内传导运输而杀死害虫或用触杀剂直接接触虫体。一般将药剂稀释2～3倍。可用于防治天牛等。

打孔法是用木钻、铁钉等利器在树干基部向下打一个45°角的孔，深约5cm，然后将5～10mL的药液注入孔内，再用泥封口。药剂浓度一般稀释2～5倍。

对于一些树势衰弱的古树名木，也可用注射法给树体挂吊瓶，注入营养物质，以增强树势。

总之，农药的使用方法很多，在使用农药时可根据药剂的性能及病虫害的特点灵活运用。

二、农药的稀释计算

1. 药剂浓度表示法

目前,我国在生产上常用的药剂浓度表示法有倍数法、百分比浓度(%)法和百万分浓度法。

倍数法是指药液(药粉)中稀释剂(水或填料)的用量为原药剂用量的多少倍,或者是药剂稀释多少倍的表示法。生产上往往忽略农药和水的比重差异,即把农药的比重看作1,通常有内比法和外比法两种配法。稀释100倍(含100倍)以下时用内比法,即稀释时要扣除原药剂所占的1份。如稀释10倍液,即用原药剂1份加水9份。稀释100倍以上时用外比法,计算稀释量时不扣除原药剂所占的1份。如稀释1000倍液,即可用原药剂1份加水1000份。

百分比浓度(%)法是指100份药剂中含有多少份药剂的有效成分。百分浓度又分为质量百分浓度和容量百分浓度。固体与固体之间或固体与液体之间,常用质量百分浓度,液体与液体之间常用容量百分浓度。

2. 农药的稀释计算

(1) 按有效成分的计算通用公式:

原药剂浓度×原药剂质量=稀释药剂浓度×稀释药剂质量

① 求稀释剂质量,计算100倍以下时。

稀释剂质量=原药剂质量×(原药剂浓度-稀释药剂浓度)/稀释药剂浓度

例,用40%嘧霉胺可湿性粉剂10kg,配成2%稀释液,需加水多少?

计算,10×(40%-2%)/2%=190(kg)

计算100倍以上时:稀释剂质量=原药剂质量×原药剂浓度/稀释药剂浓度

例,用100mL 80%敌敌畏乳油稀释成0.05%浓度,需加水多少?

计算,100×80%/0.05%/1000=160(kg)

② 求用药量:原药剂质量=稀释药剂质量×稀释药剂浓度/原药剂浓度

例,要配制0.5%速扑杀药液1000mL,求40%乳油用量。

计算,1000×0.5%/40%=12.5(mL)

(2) 根据稀释倍数的计算法 此法不考虑药剂的有效成分含量。

① 计算100倍以下时:稀释药剂质量=原药剂质量×稀释倍数-原药剂质量

例,用40%速扑杀乳油10mL加水稀释成50倍药液,求稀释液质量。

计算,10×50-10=490(mL)

② 计算100倍以上时:稀释药剂质量=原药剂质量×稀释倍数

例,用80%敌敌畏乳油10mL加水稀释成1500倍药液,求稀释液质量。

计算,10×1500/1000=15(kg)

三、合理使用农药

农药的合理使用就是要求贯彻"经济、安全、有效"的原则,从综合治理的角度出发,运用生态学的观点来使用农药。在生产中应注意以下几个问题。

1. 正确选药

各种药剂都有一定的性能及防治范围，即使是广谱性药剂也不可能对所有的病害或虫害都有效。因此，在施药前应根据实际情况选择合适的药剂品种，切实做到对症下药，避免盲目用药。

2. 适时用药

在调查研究和预测预报的基础上，掌握病虫害的发生规律，抓住有利时机用药。既可节约用药，又能提高防治效果，而且不易产生药害。如一般药剂防治害虫时，应在初龄幼虫期，若防治过迟，不仅害虫已造成损失，而且虫龄越大，抗药性越强，防治效果也越差，且此时天敌数量较多，药剂也易杀伤天敌。药剂防治病害时，一定要用在寄主发病之前或发病早期，尤其需要指出保护性杀菌剂必须在病原物接触侵入寄主前使用，除此之外，还要考虑气候条件及物候期。

3. 适量用药

施用农药时，应根据用量标准来实施。如规定的浓度、单位面积用量等，不可因防治病虫心切而任意提高浓度、加大用药量或增加使用次数。否则，不仅会浪费农药，增加成本，而且还易使植物体产生药害，甚至造成人、畜中毒。另外，在用药前，还应搞清农药的规格，即有效成分的含量，然后再确定用药量。如常用的杀菌剂福星，其规格有10%乳油与40%乳油，若10%乳油稀释2000~2500倍液使用，40%乳油则需稀释8000~10000倍液。

4. 交互用药

长期使用一种农药防治某种害虫或病菌，易使害虫或病菌产生抗药性，降低防治效果，病虫越治难度越大。这是因为一种农药在同一种病虫上反复使用一段时间后，药效会明显降低。为了提高防治效果，不得不增加施药浓度、用量和次数，这样反而更加快了抗药性的发展。因此应尽可能地轮回用药，所用农药品种也应尽量选用不同作用机制的类型。

5. 混合用药

将两种或两种以上的对病虫具有不同作用机制的农药混合使用，以达到同时兼治几种病虫、提高防治效果、扩大防治范围、节省劳力的目的。如灭多威与菊酯类混用、有机磷制剂与拟除虫菊酯类混用、甲霜灵与代森锰锌混用等。农药之间能否混用，主要取决于农药本身的化学性质。农药混合后它们之间应不产生化学和物理变化，才可以混用。

四、安全使用农药

在使用农药防治植物病虫害的同时，要做到对人、畜、天敌、植物及其他有益生物的安全，要选择合适的药剂和准确的使用浓度。在人口稠密地区、居民区等处喷药时，要尽量安排在夜间进行，若必须在白天进行，应事先通知，避免发生矛盾和出现意外事故。要谨慎用药，确保对人、畜及其他有益动物和环境的安全，同时还应注意尽可能选用选择性强的农药、内吸性农药及生物制剂等，以保护天敌。防治工作的操作人员必须严格按照用药的操作规程、规范工作。

1. 防止用药中毒

为了安全使用农药，防止出现中毒事故，需注意下列事项。

① 用药人员必须身体健康。如有皮肤病、高血压、精神失常、结核病患者、药物过敏者、孕期、经期、哺乳期的妇女等，不能参加该项工作。

② 用药人员必须做好一切安全防护措施。配药、喷药时应穿戴防护服、手套、风镜、口罩、防护帽、防护鞋等标准的防护用品。

③ 喷药应选在无风的晴天进行，阴雨天或高温炎热的中午不宜用药。有微风的情况下，工作人员应站在上风口，顺风喷洒，风力超过4级时，停止用药。

④ 配药、喷药时，不能谈笑打闹、吃东西、抽烟等。如果中间休息或工作完毕时，需用肥皂洗净手脸，工作服也要洗涤干净。

⑤ 喷药过程中，如稍有不适或头晕目眩时，应立即离开现场，寻一通风阴凉处安静休息，如症状严重，必须立即送往医院，不可延误。

⑥ 用药前还应分清所用农药的毒性，是属高毒、中毒还是低毒，做到心中有数，谨慎使用。用药时尽量选择那些高效、低毒或无毒、低残留、无污染的农药品种。不使用污染严重的化学农药。

2. 安全保管农药

① 农药应设立专库贮存，专人负责。每种药剂贴上明显的标签，按药剂性能分门别类存放，注明品名、规格、数量、出厂年限、入库时间，并建立账本。

② 健全领发制度。领用药剂的品种、数量，需经主管人员批准，药库凭证发放；领药人员要根据批准内容及药剂质量进行核验。

③ 药品领出后，应专人保管，严防丢失。当天剩余药品需全部退还入库，严禁库外存放。

④ 药品应放在阴凉、通风、干燥处，与水源、食物严格隔离。油剂、乳剂、水剂要注意防冻。

⑤ 药品的包装材料（瓶、袋、箱等）用完后一律回收，集中处理，不得随意乱丢、乱放或派作他用。

3. 药害及其预防

药害是指用药不当对植物造成的伤害。有急性药害和慢性药害之分。急性药害指的是用药几小时或几天内，叶片很快出现斑点、失绿、黄化等；果实变褐，表面出现药斑；根系发育不良或形成黑根、鸡爪根等。慢性药害是指用药后，药害现象出现相对缓慢，如植株矮化、生长发育受阻、开花结果延迟等。植物由于种类多，生态习性各有不同，加之有些种类长期生活于温室、大棚，组织幼嫩，常因用药不当而出现药害。其发生原因及防止措施如下。

（1）发生原因

① 药剂种类选择不当：如波尔多液含铜离子浓度较高，多用于木本植物，草

本植物由于组织幼嫩,易产生药害。石硫合剂防治白粉病效果颇佳,但由于其具有腐蚀性及强碱性,用于草本植物时易生药害。

② 部分植物对某些农药品种过敏,即使在正常使用情况下,也易产生药害。如碧桃、樱花等对敌敌畏敏感,桃、李类对乐果及波尔多液敏感等。

③ 在植物敏感期用药:各种植物的开花期是对农药最敏感的时期之一,用药宜慎重。

④ 高温、雾重及相对湿度较高时易产生药害:温度高时,植物吸收药剂及蒸腾较快,使药剂很快在叶尖、叶缘集中过多而产生药害;雾重、湿度大时,药滴分布不均匀也易出现药害。

⑤ 浓度高、用量大:为克服病虫害的抗性等原因而随意加大浓度、用量,易产生药害。

(2) 防止措施 为防止植物出现药害,除针对上述原因采取相应措施预防发生外,对于已经出现药害的植株,可采用下列方法处理。

① 根据用药方式如根施或叶喷的不同,分别采用清水冲根或叶面淋洗的办法,去除残留毒物。

② 加强肥水管理,使之尽快恢复健康,消除或减轻药害造成的影响。

第四篇 常见园林植物虫害及防治

第一章 常见食叶害虫及防治

为害园林植物的食叶害虫种类多，数量大。食叶害虫的发生特点是：以幼虫或成、幼（若）虫取食植物叶片，常咬成缺刻或仅留叶脉，甚至全部吃光。导致植株生长衰弱，为天牛、小蠹等次期性害虫的入侵提供了适宜的条件；大多数害虫营裸露生活（少数卷叶、潜叶、钻蛀），容易受环境条件的影响；天敌种类多，虫口数量波动明显；繁殖能力强，产卵量一般比较大，易于爆发成灾，并能主动迁移扩散；某些害虫的发生表现为周期性。食叶害虫类群主要包括鳞翅目、膜翅目、鞘翅目和直翅目等。

第一节 鳞 翅 目

一、灯蛾类

灯蛾类属鳞翅目灯蛾科。中型至大型蛾类，全世界约有 4000 余种，多分布于热带和亚热带地区。虫体粗壮，色泽鲜艳，腹部多为黄色或红色。翅为白、黄、灰色，多具条纹或斑点，成虫多夜出活动，趋光性强。幼虫密被毛丛，多为杂食性。为害园林植物的灯蛾主要有美国白蛾、星白雪灯蛾、人纹污灯蛾、红缘灯蛾、八点灰灯蛾、黑条灰灯蛾、显脉污灯蛾、花布灯蛾、褐点粉灯蛾、纹散灯蛾等。其中美国白蛾是重要的植物检疫对象。

（一）美国白蛾

美国白蛾，又名美国灯蛾、秋幕毛虫、秋幕蛾，属鳞翅目，灯蛾科。分布于辽宁、河北、山东、山西、陕西等省，主要危害阔叶树。喜食臭椿、杨树等，对园林树木、经济林、农田防护林等造成严重的危害。幼虫取食植物叶片时常吐丝结网，将叶片吃光。

1. 形态特征

雌成虫体长 9～15mm，触角锯齿状，翅和腹部纯白色。雄虫体长 9～13.5mm，触角双栉齿状，纯白色，越冬代前翅有翅斑，个别腹部有 1 列或 3 列黑点，前足基节、腿节橘黄色，胫节及跗节外侧黑色，内侧白色。

雌虫成块产卵，单层排列，卵块大小约 2～3cm^2，表面附有白色毛和鳞片。卵圆球形，直径约 0.5mm，初产卵浅黄绿色或浅绿色，后变灰绿色，孵化前变灰褐色。

老熟幼虫体长 28～35mm，体黄绿色至灰黑色，背线、气门上线、气门下线浅黄色。背部有一条黑色宽纵带，毛瘤黑色，体侧毛瘤多为橙黄色，毛瘤上着生白色长毛丛。腹足外侧黑色。气门白色，椭圆形，具黑边。

蛹长约8~15mm，暗红褐色，腹部各节除节间外，布满凹陷刻点，臀棘8~17根，每根臀棘的末端呈喇叭口状，中凹陷。雄蛹瘦小，雌蛹较肥大，蛹外被有灰白色薄茧，茧上的丝混杂着由幼虫的体毛共同形成网状物。

2. 发生规律

美国白蛾一年发生2~3代，以蛹越冬。次年4月上旬至5月下旬越冬代成虫羽化产卵，幼虫4月底开始为害，延续至6月下旬，幼虫老熟时从树上向下爬行至隐蔽场所化蛹，越夏蛹则多集中在寄主树干老皮下的缝隙内，部分在树冠下的杂草枯枝落叶中、石块下或土壤表层内。7月上旬当年第一代成虫出现，成虫期至7月下旬。第2代幼虫7月中旬发生，8月中旬为为害盛期。8月份出现世代重叠现象，可以同时发现卵、初龄幼虫、老龄幼虫、蛹及成虫。

(二) 人纹污灯蛾

人纹污灯蛾又名红腹白灯蛾、人字纹灯蛾。分布北起黑龙江、内蒙古，南至台湾、广东、广西、云南、海南。寄主主要有木槿、芍药、萱草、鸢尾、菊花、月季等。幼虫食叶，吃成孔洞或缺刻。使叶面呈现枯黄斑痕，严重时将叶片吃光。

1. 形态特征

人纹污灯蛾成虫体长约20mm，翅展45~55mm。体、翅白色，腹部背面除基节与端节外皆红色，背面、侧面具黑点列。前翅外缘至后缘有一斜列黑点，两翅合拢时呈人字形，后翅略呈红色。

卵扁球形，淡绿色，直径约0.6mm。

末龄幼虫体长约50mm，头较小，黑色，体黄褐色，密被棕黄色长毛；中胸及腹部第1节背面各有横列的黑点4个；腹部第7~9节背线两侧各有1对黑色毛瘤，腹面黑褐色，气门、胸足、腹足黑色。

蛹体长约18mm，深褐色，末端具12根短刚毛。

2. 发生规律

我国东部地区一年发生2代，老熟幼虫在地表落叶或浅土中吐丝黏合体毛做茧，以蛹越冬。翌春5月份开始羽化，第一代幼虫出现在6月下旬至7月下旬，发生量不大，成虫于7~8月份羽化；第二代幼虫期为8~9月份，发生量较大，为害严重。成虫有趋光性，卵成块产于叶背，单层排列成行，每块数十粒至上百粒。初孵幼虫群集叶背取食，3龄后分散为害，受惊后落地假死，卷缩成环。幼虫爬行速度快，9月份即开始寻找适宜场所结茧化蛹越冬。

(三) 灯蛾类的防治

1. 加强植物检疫

严禁带虫苗传播，尤其美国白蛾是检疫对象，严禁从疫区调运苗木，防止其扩散蔓延。

2. 农业防治

清除田间残枝落叶,同时对树体的老翘皮进行处理;及时深翻土地,消灭越冬蛹,必要时进行挖蛹;人工摘除卵块,及时剪除网幕,4龄前幼虫期结成网幕为害,可用高枝剪剪下枝条及网幕,集中烧毁;在老熟幼虫开始下树时期,在树干离地面1~1.5m处,用谷草、稻草、麦秸、杂草等在树干上绑缚一周,诱集下树老熟幼虫在围草中化蛹,然后在蛹羽化前解下围草烧掉;利用成虫蛰伏在树干下部,飞翔能力不强,可采取人工捕杀的方法扑杀成虫。

3. 灯光诱杀

利用成虫趋光的特点,设置诱虫灯诱杀成虫,诱虫灯应设在上一年美国白蛾发生比较严重、四周空旷的地块。

4. 生物防治

对4~6龄幼虫喷施用Bt乳剂2000~3500倍液,或青虫菌500g加水750kg喷雾,加入0.1%洗衣粉或少量杀虫剂,效果更好。在美国白蛾老熟幼虫期,按1头美国白蛾幼虫释放周氏啮小蜂3~5头的比例,选择无风或微风上午10:00至下午5:00以前进行放蜂,将蛹悬挂在离地面2m处的枝干上。

5. 药剂防治

化防时用以下药剂均可:2.5%敌杀死乳油2000~3000倍液、2.5%功夫乳油2500倍液、25%杀虫双乳油500倍液、5%抑太保乳油2000倍液、24%万灵水剂1000倍液、10%除尽乳油2000~4500倍液、90%晶体敌百虫、50%辛硫磷乳油、50%杀螟松乳油1000倍液、95%巴丹可溶性粉剂1500~2000倍液、20%速灭菊酯乳油3000倍液。防治时注意交替使用不同类型的药剂。也可以用溴甲烷对原木进行熏蒸。

二、卷叶蛾类

鳞翅目卷叶蛾科,主要为害幼叶、花或果,幼虫吐丝将嫩叶、花器结缀成团,稍大卷叶、平叠叶片或将叶贴缀果面,匿居其中取食为害。植物被害严重时,幼叶残缺破碎,花器残缺,枯死脱落。

棉褐带卷蛾:棉褐带卷蛾又名苹小卷叶蛾、网纹褐卷叶蛾、茶小卷蛾、橘小卷叶蛾。国内分布广泛。为害蔷薇、梅花、海棠、山茶、茶花、扶桑、菊花、泡桐、紫薇、忍冬、苜蓿、榆叶梅和银杏等。初孵幼虫群栖在叶片上为害,以后分散为害,常吐丝缀连叶片成苞,在其中啃食叶肉,造成叶片网状或孔洞,有的还啃食果皮,影响园林植物绿化美化效果。

1. 形态特征

成虫体长约8mm,翅展18mm左右。体棕黄色,前翅基部狭窄,前缘呈弧形,翅面斑纹褐斑,缘毛灰黄色。

卵椭圆形,浅黄色。

幼虫体长15mm左右,体绿色。前胸背板及胸足黄色。

2. 发生规律

东北、华北、西北地区1年发生2～3代，以低龄幼虫在植物树皮缝、伤口处越冬。翌年春天花木发芽时，越冬幼虫顺枝条爬到新枝嫩芽、幼叶上为害。5月份幼虫老熟化蛹，蛹期约7天。成虫对黑光灯、果汁和糖醋液有强烈趋性。成虫产卵于叶上和果皮上，卵块扁平，呈鱼鳞状排列，卵期10天左右。有世代重叠现象。第三代卵期约7天，幼虫孵化为害一段时间后，于10月中下旬幼虫寻找适合的缝隙，以幼虫结薄茧越冬。

3. 卷叶蛾类的防治

（1）诱杀成虫　用黑光灯或糖醋液（加少许杀虫剂）诱杀成虫。

（2）人工防治　冬前或花木萌发前刮除老皮、翘皮。及时剪除卷曲成苞的叶片，捕抓群集为害的低龄幼虫。

（3）保护和利用天敌　卷叶蛾类的天敌主要有赤眼蜂、姬蜂、肿腿蜂、茧蜂、绒茧蜂等，可利用当地天敌资源或引进其他地区的天敌。

（4）药剂防治　在早春花木发芽前，喷施晶体石硫合剂50～100倍液，杀灭越冬幼虫，兼治越冬蚜虫和叶螨。在越冬代幼虫和第一代初孵幼虫期喷施50％敌·马合剂2000倍液，或用10％虫光光可湿性粉剂防治。

三、舟蛾类

舟蛾类属于鳞翅目舟蛾科，亦称天社蛾科。雄成虫触角多为栉齿状或锯齿状，雌虫触角多为丝状。前翅后缘中央常有齿形毛簇，休止时双翅作屋脊状覆于背部，毛簇竖起如角。幼虫大多颜色鲜艳，背部常有显著峰突；臀足不发达或变形为细长枝突，栖息时，一般靠腹足攀附，头尾翘起，似舟形。为害园林植物的舟蛾主要有苹掌舟蛾、杨扇舟蛾、杨二尾舟蛾、槐羽舟蛾等。

（一）杨扇舟蛾

杨扇舟蛾，又名杨天社蛾，是杨树的主要害虫，以幼虫危害杨柳树叶片，严重时在短期内将叶吃光，影响树木生长，我国南方地区整年都为害，无越冬现象，传播途径主要靠成虫飞翔，沿公路林扩散较快。幼虫吐丝下垂，可随风作近距离传播。由于幼虫繁殖快、数量多、分布广，大发生时极易成灾，为中国园林重要害虫之一。国内分布广泛。欧洲、日本、朝鲜、印度和印度尼西亚等地也有分布。

1. 形态特征

成虫体长13～20mm，翅展28～42mm。虫体灰褐色。头顶有一个椭圆形黑斑。臀毛簇末端暗褐色。前翅灰褐色，扇形，有灰白色横带4条，前翅顶角处有一个暗褐色三角形大斑，顶角斑下方有一个黑色圆点。外线前半段横过顶角斑，呈斜伸的双齿形，外衬2～3个黄褐带锈红色斑点，后翅灰白色，中间有一横线。

卵呈馒头形，初产时橙红色，孵化前暗灰色。

老熟幼虫体长35～40mm。头黑褐色。全身密被灰黄色长毛，身体灰赭褐色，背面带淡黄绿色，每个体节两侧各有4个赭色小毛瘤，环形排列，其上有长毛，两侧各有一个较大的黑瘤，上面生有白色细毛一束。第1、第8腹节背面中央有一大枣红色瘤，两侧各伴有一个白点。

蛹褐色，尾部有分叉的臀棘。茧椭圆形，灰白色。

2. 发生规律

在我国，从北至南年发生 2～3 代至 8～9 代不等：在辽宁一年 2～3 代，华北 1 年 3～4 代，以蛹越冬。海南 1 年 8～9 代，整年都危害，无越冬现象。

成虫昼伏夜出，趋光性强，白天多栖息于叶背面。夜间一般上半夜交尾，下半夜产卵直至次日晨，产卵于叶背面和嫩枝上，其中，越冬代成虫，卵多产于枝干上，以后各代主要产于叶背面。卵粒平铺整齐呈块状，每个卵块有卵粒 9～600 粒左右，平均每一雌蛾产卵 100～600 余粒。卵期 7～11 天。幼虫共 5 龄，幼虫期 1 个月左右。初孵幼虫群集，1～2 龄时常在一叶上剥食叶肉和下表皮，残留上表皮和叶脉；2 龄后吐丝缀叶成苞，藏匿其间，在苞内啃食叶肉，遇惊后能吐丝下垂随风飘移；3 龄后分散取食，逐渐向外扩散为害，可将全叶食尽，仅剩叶柄。严重时可将整株叶片食光。老熟时吐丝缀叶作薄茧化蛹。除越冬蛹外，一般蛹期 5～8 天。最后 1 代幼虫老熟后，以薄茧中的蛹在枯叶中、土块下、树皮裂缝、树洞及墙缝等处越冬。入土化蛹越冬的，多在土表 3～5mm 深处。翌年 3～4 月份间成虫羽化，在傍晚前后羽化最多。成虫每年除第 1 代幼虫较为整齐外，其余各代世代重叠。

(二) 杨二尾舟蛾

杨二尾舟蛾，又名杨双尾天社蛾、杨双尾舟蛾。属鳞翅目，舟蛾科。分布于东北、华北、西北和华东等地。幼虫主要为害多种杨、柳树，造成光枝，影响树木正常生长和绿化、美化效果。

1. 形态特征

成虫体长约 28mm，翅展约 78mm，体灰白色。胸背部有成对的 8 个或 10 个黑点。前后翅脉纹黑色或褐色，上有整齐的黑点和黑褐色波纹。前翅基部有黑点 2 个，中室有个新月形黑环纹，外有数排齿状黑点波纹，外缘排列有 8 个黑点。后翅白色，外缘排列有 7 个黑点。

卵半球形，黄绿色。

幼虫老熟时体长为 50mm 左右，体灰褐到灰绿色，略带有紫色光泽。前胸背板大而硬。体背部有紫红色三角形斑纹，体侧各有 1 条黄色纹带，臀足退化成 1 对尾须状，故名双尾舟蛾。

2. 发生规律

在辽宁、山西 1 年发生 2 代，在山东、陕西南部 1 年发生 3 代，以蛹越冬。2 代区，成虫分别在 5 月份和 7 月份出现。3 代区，成虫分别在 4 月中旬至 5 月、6 月中旬至 7 月上旬、8 月中旬至 9 月上旬出现。

成虫羽化后 5～8h 就可交尾，卵产在叶片上，一般每叶 1～2 粒，少数 3 粒。成虫白天隐蔽，夜间活动，有趋光性。幼虫孵化后 3h 开始取食，3 龄前食量较小，3 龄以后食量增大，一夜便能吃掉几个叶片。老熟幼虫在树杈处或树干基部把树皮咬碎并分泌黏液，做成坚硬的茧壳在内化蛹。幼虫期天敌有绒茧蜂，预蛹期天敌有啄木鸟，蛹期天敌有金小蜂。

（三）舟蛾类的防治

1. 物理防治

人工收集地下落叶或翻耕土壤，以减少越冬蛹的基数，越冬是应用人工措施防治的有利时机；成虫羽化盛期应用黑光灯诱杀，有利于降低下一代的虫口密度。

2. 生物防治

舟蛾天敌有舟蛾赤眼蜂、松毛虫赤眼蜂、黑卵蜂、毛虫追寄蝇、小茧蜂、大腿蜂、颗粒体病毒G.V等。成虫产卵初期释放赤眼蜂防治，50个/hm^2放蜂点，放蜂量25～150万头/hm^2。高大的成林可利用灰椋鸟和啄木鸟等天敌。

3. 喷药防治

在舟蛾幼虫2～3龄期间，喷25％灭幼脲800～1000倍液，或1.2％苦参碱乳油1000～2000倍液，或喷80％敌敌畏800～1200倍液，或2.5％敌杀死6000～8000倍液。或在幼虫3龄期前喷施生物农药Bt制剂和病毒制剂防治，如对树高在12m以下中幼龄林，Bt用药量为每亩200亿国际单位、青虫菌乳剂1～2亿孢子/mL、阿维菌素6000～8000倍液。发生不严重时，尽量不喷化学农药，以保护舟蛾赤眼蜂、追寄蝇、寄小蜂、绒茧蜂、黑卵蜂和益鸟等天敌。

四、尺蛾类

尺蛾类属鳞翅目尺蛾科。翅大而薄，休止时4翅平铺，前后翅翅斑相似，常有波状花纹相连。有些种类的雌虫无翅或翅退化。其幼虫仅在第6腹节和末节上各具1对腹足，行动时，弓背而行，如同以手量物，故称尺蠖。幼虫模拟枝条，裸栖，食叶为害。为害园林植物的尺蛾主要有槐尺蛾、丝棉木金星尺蛾、棉大造桥虫、木橑尺蛾等。

槐尺蛾属鳞翅目尺蛾科，又叫吊死鬼。分布于我国河北、山东、江苏、江西、浙江、陕西、甘肃等地。主要为害国槐、龙爪槐，有时也危害刺槐。以幼虫取食叶片，严重时可使植株死亡，是绿化、行道树种主要食叶害虫之一。

1. 形态特征

雄虫体长14～17mm，翅展30～43mm。雌虫体长12～15mm，翅展30～45mm。雌雄相似，体灰黄褐色，触角丝状，长度约为前翅的2/3。口器发达，下唇须突出于头部两侧。顶角浅黄褐色，其下方有1个深色的三角形斑块。

卵呈椭圆形，长0.5～0.7mm，宽0.4～0.48mm，一端较平截。初产时绿色，后渐变为暗红色直至灰黑色，密布蜂窝状小凹陷。

初孵幼虫黄褐色，取食后变为绿色。幼虫两型；一型2～5龄直至老熟前均为绿色，另一型则2～5龄各节体侧有黑褐色条状或圆形斑块。末龄幼虫老熟时体长20～40mm，体背变为紫红色。

雄蛹长约16mm，宽约6mm，雌蛹稍大。初时为粉绿色，渐变为紫色至褐色。

臀棘具钩刺两枚，其长度约为臀棘全长的1/2弱，雄蛹两钩刺平行，雌蛹两钩刺向外呈分叉状。

2. 发生规律

槐尺蛾1年发生3～4代，以蛹越冬。北方4～5月份间成虫陆续羽化。第一代幼虫始见于5月上旬。各代幼虫危害盛期分别为5月下旬、7月中旬、8月下旬至9月上旬；化蛹盛期分别为5月下旬至6月上旬、7月中、下旬及8月下旬至9月上旬，10月上旬仍有少量幼虫入土化蛹越冬。卵散产于叶片、叶柄和小枝上，以树冠南面最多，幼虫孵化以19～21时最多，同一雌蛾所产的卵孵化整齐。孵化孔大多位于卵较平截一端，孔口不整齐。幼虫孵化后即开始取食，幼龄时食叶呈网状，3龄后取食叶肉，仅留中脉。幼虫能吐丝下垂，随风扩散，或借助胸足和2对腹足做弓形运动。老熟幼虫期完全丧失吐丝能力，能沿树干向下爬行，或直接掉落地面。幼虫体背出现紫红色，大多于白天离树入土化蛹。化蛹场所通常都在树冠投影范围内，以树冠东南向最多。在土质松软的条件下，离树干最远不超过12m。幼虫入土深度一般为3～6cm，少数可深达12cm。有时在裸露地面上也能化蛹，但成活率极低。成虫多于傍晚羽化，羽化后即可交尾，成虫产卵量与补充营养显著呈正相关：成虫羽化后即有35%左右的卵粒已发育成熟，即使不给任何食物，这些卵都可以顺利产出。在自然界，成虫取食珍珠梅等的花蜜。槐尺蛾的天敌常见的有胡蜂，幼虫期尚有1种小茧蜂寄生，但数量很少。蛹期有白僵菌寄生。在庭院中，家禽是槐尺蛾的重要天敌，可大量啄食下地化蛹期的老熟幼虫和蛹。

3. 尺蛾的防治方法

(1) 进行苗木检疫　移栽时要对苗木进行认真严格的检查，防止带虫苗木扩散。

(2) 人工防治　对发生虫害较重的林内，可于秋末、早春中耕消灭越冬虫蛹或人工将土中的蛹挖出；也可在树干上捕蛾、刮卵或捕杀群集的初龄幼虫和卵；或在树干基部绑缚5～7cm宽塑料薄膜带，以阻止无翅雌蛾上树；清除寄主附近杂草，并加以烧毁，以消灭其上幼虫或卵等。幼虫一般有假死性，可在树干周围铺薄膜，摇动树干，将落下的幼虫消灭。秋季在寄主树干捆一圈干草或一薄膜环，加药制成毒环，引诱越冬虫到此越冬，并于早春将干草或膜环烧毁。或在树干靠基部刮两个5～10cm宽、相互交错的半环，涂上久效磷或涂胶环杀虫。

(3) 保护和利用天敌　应尽力保护利用捕食性和寄生性天敌。如苏云金杆菌、青虫菌、白僵菌和核多角体病毒。

(4) 诱杀　成虫发生期可用黑光灯诱杀。

(5) 化学药剂防治　可选用20%灭幼脲1号胶悬剂，每亩用有效成分量8～10g、50%杀螟松乳油1000～1500倍液、2.5%溴氰菊酯乳油2000～3000倍液、90%敌百虫晶体800～2000倍液、30%增效氰戊菊酯6000～8000倍液、25%西维因可湿性粉剂300～500倍液等。

五、刺蛾类

刺蛾类害虫属鳞翅目刺蛾科。成虫体多呈黄、褐或绿色，有红色或暗色斑纹。幼虫体上常具瘤和刺。多数人被刺后，皮肤痛痒。因此，该科幼虫又称"洋辣子"。蛹外有光滑坚硬的茧。以幼虫取食叶片和嫩梢。园林中常见的种类主要有黄刺蛾、褐边绿刺蛾、扁刺蛾、褐刺蛾、双齿绿刺蛾等。

（一）黄刺蛾

黄刺蛾科又名刺毛虫、洋辣子。国内分布除宁夏、新疆、贵州、西藏外，东北、华东、中南、西南及陕西等地均有发生。为害悬铃木、桃、月季、蔷薇、黄刺梅、腊梅、山楂、芍药、贴梗海棠、石榴、梅花、牡丹、白兰、栀子、荷花、桂花、石榴、紫荆、紫薇、大叶黄杨、红叶李、杨、榆树等林木，食性杂，初龄幼虫只食叶肉，4龄后蚕食整叶，常将叶片吃光，严重影响植物生长和观赏效果，是最常见的一种刺蛾。

1. 形态特征

雄成虫体长11～15mm，翅展28～32mm。雌虫体长13～17mm，翅展31～40mm。体肥大，黄褐色，头胸及腹前后端背面黄色。触角丝状，棕褐色。前翅黄色，自顶角至后缘基部1/3处和臀角附近各有1条棕褐色细线，内侧线的外侧为黄褐色，内侧为黄色，翅中有深褐色斑点三个，后翅及腹节棕褐色。

卵扁平椭圆、淡黄色，长1.5mm，宽约1mm，表面有线纹，初产时黄白，后变黑褐。

幼虫体长16～25mm，黄绿色，背面有紫褐色哑铃状大斑，边缘发蓝。各体节有4个横列的肉质突起，上生刺毛与毒毛，刺毒毛接触人体引起痛痒。腹足退化，但有吸盘。

蛹黄褐色，长约12mm，茧长约13mm，石灰质坚硬，椭圆形，具白色花纹。

2. 发生规律

一年发生1～2代，以幼虫在枝干上作茧越冬。翌年5月化蛹，6月上旬羽化，卵散产于叶背。6月下旬～7月上旬第一代幼虫孵化，先群集叶背取食而后分散。严重时可将叶片吃光，仅留叶脉。8月下旬～9月上旬第二代幼虫孵化为害，9月下旬～10月上旬结茧越冬。成虫趋光性强。

（二）褐边绿刺蛾

褐边绿刺蛾别名青刺蛾、褐缘绿刺蛾、四点刺蛾、曲纹绿刺蛾、洋辣子等。国内分布于东北、内蒙古、甘肃、四川、海南、广东、广西、云南等地。主要寄主有海棠、月季、樱花、茶、冬青、白蜡树、梅花等。以低龄幼虫取食下表皮和叶肉，残留上表皮，致叶片呈不规则黄色斑块，大龄幼虫食叶成平直的缺刻。

1. 形态特征

褐边绿刺蛾成虫体长约16mm，翅展38～40mm。触角棕色，雄栉齿状，雌丝状。头、胸、背绿色，胸背中央有1棕色纵线，腹部灰黄色。前翅绿色，基部有暗褐色大斑，外缘为灰黄色宽带，带上散生有暗褐色小点和细横线，带内缘内侧有暗褐色波状细线。后翅灰黄色。

卵呈扁椭圆形，长约 1.5mm，黄白色。

老熟幼虫体长约 26mm，头小，体短粗，初龄黄色，稍大黄绿至绿色，前胸盾上有 1 对黑斑，中胸至第 8 腹节各有 4 个瘤状突起，上生黄色刺毛束，第 1 腹节背面的毛瘤各有 3~6 根红色刺毛；腹末有 4 个毛瘤丛生蓝黑刺毛，呈球状；背线绿色，两侧有深蓝色点。

蛹长约 13mm，椭圆形，黄褐色。茧长 16mm，椭圆形，暗褐色，酷似树皮颜色。

2. 发生规律

褐边绿刺蛾在河南和长江下游 2 代，江西 3 代，以老熟幼虫在茧内越冬，结茧场所在寄主基部浅土层或枝干上。一年发生 2 代的地区，4 月下旬开始化蛹，越冬代成虫 5 月中旬始见，第 1 代幼虫 6~7 月份发生，第 1 代成虫 8 月中下旬出现；第 2 代幼虫 8 月下旬至 10 月中旬发生。10 月上旬陆续老熟于枝干上或入土结茧越冬。成虫昼伏夜出，有趋光性，卵数十粒呈块作鱼鳞状排列，多产于叶背主脉附近，每雌产卵 150 余粒。幼虫共 8 龄，少数 9 龄，1~3 龄群集，4 龄后分散为害。天敌有紫姬蜂和寄生蝇。

（三）刺蛾类的防治

1. 人工防治

秋冬季、早春消灭越冬虫茧中幼虫，减少虫源。幼虫群集为害时，及时摘除虫叶，杀死刚孵化尚未分散的幼虫。人工捕杀幼虫，捕杀时注意幼虫毒毛。

2. 生物防治

秋冬季摘虫茧，放入纱笼，网孔以刺蛾成虫不能逃出为准。保护和引放寄生蜂。于低龄幼虫期喷洒 10000 倍的 20% 除虫脲（灭幼脲 1 号）悬浮剂，或于较高龄幼虫期喷 500~1000 倍的每毫升含孢子 100 亿以上的 Bt 乳剂等。

3. 化学防治

低龄幼虫可采用 25% 灭幼脲悬浮剂 1500~2000 倍液、25% 除虫脲悬浮剂 2000~3000 倍液、20% 米满悬浮剂 1500~2000 倍液等仿生农药。幼虫大面积发生时，可喷施 20% 速灭杀丁 2000~3000 倍液、80% 敌敌畏乳油 1000~1200 倍液、2.5% 敌杀死 1500~2000 倍液、50% 辛硫磷乳油 1000~1500 倍液、20% 菊杀乳油 1000~1500 倍液和 5% 来福灵乳油 3000 倍液等药剂进行防治。也可用植物源农药防治，可喷施 1.2% 苦·烟乳油 800~1000 倍液。

4. 保护天敌利用天敌

如刺蛾紫姬蜂、螳螂、捕食蜡等。

六、毒蛾类

毒蛾类害虫属鳞翅目毒蛾科，是夏季园林植物上的重要害虫。毒毛是毒蛾幼虫的一个重要特征。毒蛾的幼虫常常色彩鲜艳，胸腹部被有长毛，具毒性，人接触后可引发皮炎，能引起皮肤瘙痒、红肿等症状。卵多成块状。初孵幼虫群集叶背取食叶肉，残留上表皮；高龄后开始分散活动为害，将叶食成缺刻和孔洞，严重时仅留粗脉或食光整个叶片，从而削弱树势，致使树木死亡。毒蛾种类较多，为害园林植物的毒蛾主要有杨、柳毒蛾、黄尾毒蛾、侧柏毒蛾、榆毒蛾、舞毒蛾、角斑古毒蛾、灰斑古毒蛾等。

柳毒蛾属鳞翅目毒蛾科，俗称毛毛虫。以幼虫为害杨、柳等，严重时可食尽树叶。分布于辽宁、河北、北京、河南、山东、湖北、江苏和新疆等地。

1. 形态特征

成虫体长15～23mm，翅展40～50mm，体及翅均为白色，有绢丝光泽。雄虫触角黑褐色羽状，雌虫触角栉齿状。足的胫节和跗节具黑白相间的环状斑纹。

卵扁圆形，形似鹅卵石，初为绿色，后变灰白色或褐色。卵块表面被有白色泡沫状胶质物。

幼虫体长40～50mm。头呈杏黄色，体背深灰色或混杂黄色。背线褐色，两侧具黑褐色纵行带条，体各节具瘤状突起，簇生黄白色的长毛，第6、第7腹节背面具两个扁圆形的翻缩腺体。

蛹黑褐色，被有淡黄色细毛，长约20mm。

2. 发生规律

北京地区一年发生2代，以2龄幼虫在树干周围土下、树皮缝隙、树洞或建筑物缝隙处结白色的薄茧越冬。翌年4月中旬，杨、柳树展叶时出蛰，取食叶肉。白天躲藏在树皮缝隙中，夜间上树为害。5月下旬～6月中旬幼虫老熟至隐蔽场所化蛹，6月底羽化，飞翔力不强，有趋光性，产卵于树冠上部叶背、枝干或缝隙处。7月初第一代幼虫孵化，9月中旬第二代幼虫孵化，9月底越冬。

3. 毒蛾类的防治

（1）人工防治　人工采卵摘除；将枝干上的低龄幼虫摇晃、振落并杀死；及时清除枯叶杂物中的蛹或越冬幼虫。

（2）物理防治　利用雄成虫的趋光性，在成虫发生期安装频振式杀虫灯诱杀成虫。

（3）化学防治　幼虫3龄前，可施用含量为16000IU/mg的生物农药Bt可湿性粉剂1000倍液；以及20％除虫脲悬浮剂3000～3500倍液，或25％灭幼脲悬浮剂2000～2500倍液，或20％米满悬浮剂1500～2000倍液等仿生农药。也可喷施植物源农药1.2％苦·烟乳油1000倍液和1.8％阿维菌素类4000倍液。虫口密度大时，可喷施50％辛硫磷2500倍液，或2.5％功夫乳油2500～3000倍液，或2.5％溴氰菊酯2000～3000倍液等化学农药，均有较好的防治效果。

（4）保护和利用天敌　注意保护或引进追寄蝇、小蜂、螳螂、胡蜂、茧蜂、姬蜂、益鸟等毒蛾类的天敌。

七、天蛾类

天蛾类害虫属鳞翅目天蛾科,为大型蛾类。天蛾种类较多,低龄幼虫取食植物叶表皮,多将叶片咬成孔洞或缺刻。高龄后的大幼虫食量大增,可将叶片吃光仅残留部分叶脉和叶柄,严重时常常食成光秆,削弱树势。树下常有大粒虫粪落下,较易发现。为害园林植物的天蛾害虫主要有霜天蛾、蓝目天蛾、豆天蛾、葡萄天蛾、榆绿天蛾等。

霜天蛾分布于我国华北、华南、华东、华中、西南、辽南、河北等地。主要危害白蜡、金叶女贞、泡桐、丁香、梧桐、柳、悬铃木等多种园林植物。以幼虫取食植物叶片,使受害叶片出现缺刻、孔洞,甚至将全叶吃光。

1. 形态特征

成虫头灰褐色,体长45～50mm,体翅暗灰色,混杂霜状白粉。翅展90～130mm。胸部背板有棕黑色似半圆形条纹,腹部背面中央及两侧各有一条灰黑色纵纹。前翅中部有2条棕黑色波状横线,中室下方有两条黑色纵纹。翅顶有1条黑色曲线。后翅棕黑色,前后翅外缘由黑白相间的小方块斑连成。

卵球形,初产时绿色,渐变黄色。

幼虫绿色,体长75～96mm,头部淡绿,胸部绿色,背有横排列的白色颗粒8至9排,腹部黄绿色,体侧有白色斜带7条;尾角褐绿,上面有紫褐色颗粒,长12～13mm,气门黑色,胸足黄褐色,腹足绿色。

蛹红褐色,体长50～60mm。

2. 发生规律

一年发生1代,成虫6、7月份间出现,白天隐藏于树丛、枝叶、杂草、房屋等暗处,黄昏飞出活动,交尾、产卵在夜间进行。成虫的飞翔能力强,并具有较强的趋光性。卵多散产于叶背面,卵期10天。幼虫孵出后,多在清晨取食,白天潜伏在阴处,先啃食叶表皮,随后蚕食叶片,咬成大的缺刻和孔洞,甚至将全叶吃光,以6～7月份间为害严重,地面和残叶上可见大量虫粪。10月份后,老熟幼虫入土化蛹越冬。

3. 天蛾类的防治方法

(1) 人工防治 深秋季节可在树木周围耙土、锄草或翻地,杀死越冬虫蛹。根据地面和叶片上的虫粪,人工捕杀树上的幼虫。

(2) 诱杀成虫 利用天蛾成虫的趋光性,在成虫发生期用黑光灯诱杀成虫。

(3) 利用生物制剂 幼虫3龄前,可施用含量为16000IU/mg的Bt可湿性粉剂1000～1200倍液,既保护各种天敌,又防止污染环境卫生。

(4) 化学防治 幼虫入土后或成虫羽化前,在寄主周围地面喷施50%辛硫磷,以毒杀土中蛹。翌年针对3～4龄前的幼虫可喷施20%除虫脲悬浮剂3000～3500倍液,或25%灭幼脲悬浮剂2000倍液,或20%米满悬浮剂1500～2000倍液等仿生农药。虫口密度大时,可喷施50%辛硫磷2500倍液,或2.5%功夫菊酯乳油

2500~3000倍液，或2.5％溴氰菊酯2000~3000倍液等药物，均有较好的防治效果。

(5) 保护和利用天敌　可利用的天敌有螳螂、胡蜂、茧蜂、益鸟等天敌。

八、螟蛾类

螟蛾类属于鳞翅目螟蛾科，体小型至中型。成虫体细长，前翅狭长，后翅稍宽。下唇须前伸。幼虫体上刚毛稀少。多数螟蛾有卷叶、钻蛀茎、干、果实、种子等习性。

黄杨绢野螟属于鳞翅目螟蛾科，分布广泛。主要为害黄杨科植物，如瓜子黄杨、雀舌黄杨、大叶黄杨、小叶黄杨、朝鲜黄杨以及冬青、卫矛等植物。以幼虫食害嫩芽和叶片，常吐丝缀合叶片，于其内取食，受害叶片枯焦，大量暴发时可将叶片吃光，造成黄杨成株枯死。

1. 形态特征

成虫体长约16mm，翅展33~45mm；头部暗褐色，触角褐色，触角间的鳞毛白色，下唇须第1节白色，第2节下部白色，上部暗褐色，第3节暗褐色；胸、腹部浅褐色，胸部有棕色鳞片，腹部末端深褐色。翅白色半透明，有紫色闪光，前翅前缘褐色，中室内有两个白点，一个细小，另一个弯曲成新月形，外缘与后缘均有一褐色带，后翅外缘边缘黑褐色。

卵椭圆形，长约1mm，初产时白色至乳白色，孵化前为淡褐色。

幼虫老熟时体长约6mm，初孵时乳白色，化蛹前头部黑褐色，胴部黄绿色，表面有具光泽的毛瘤及稀疏毛刺，前胸背面有2块较大黑斑，三角形，背线绿色，亚背线及气门上线黑褐色，气门线淡黄绿色，基线及腹线淡青灰色；胸足深黄色，腹足淡黄绿色。

蛹呈纺锤形，棕褐色，长24~26mm，宽6~8mm；腹部尾端有臀刺6枚，以丝缀叶成茧，茧长25~27mm。

2. 发生规律

一年发生1~4代，从北向南逐渐递增，以第3代的低龄幼虫在叶苞内做茧越冬，次年温度适宜时开始活动危害，然后开始化蛹、羽化，5月上中旬始见成虫。越冬代整齐，以后存在世代重叠现象。成虫多在傍晚羽化，次日交配，交尾后第2日产卵，卵多产于叶背或枝条上，多块产，少数散产，每块3~13粒卵，成虫昼伏夜出，白天常栖息于荫蔽处，受惊扰迅速做短距离飞翔，夜间出来交尾、产卵，具弱趋光性。幼虫孵化后，分散寻找嫩叶取食，初孵幼虫于叶背食害叶肉；2~3龄幼虫吐丝将叶片、嫩枝缀连成巢，于其内食害叶片，呈缺刻状，致使叶不能伸展，被害叶初期呈黄色枯斑，后至整叶脱落，植株生长发育受到严重影响。3龄后取食范围扩大，食量增加，为害加重，受害严重的植株仅残存丝网、脱皮、虫粪，少量残存叶边、叶缘等；幼虫昼夜取食为害，4龄后转移为害；性机警，遇到惊动立即隐匿于巢中，老熟后吐丝缀合叶片作茧化蛹。

黄杨绢野螟是一种为害逐步加重的危险性园林害虫，是黄杨类植物上的恶性害虫，应注重尽早防治。

3. 螟蛾类的防治

（1）加强检疫　做好检疫，杜绝害虫随苗木调运而扩散，可有效控制害虫的蔓延危害。

（2）物理机械防治　冬季清除枯枝卷叶，将越冬虫茧集中销毁，可有效减少第二年虫源；利用其结巢习性在第一代低龄阶段及时摘除虫巢，化蛹期摘除蛹茧，集中销毁，可大大减轻当年的发生危害；利用成虫的趋光性诱杀：在成虫发生期于寄主植物周围的路灯下利用灯光捕杀其成虫，或设置黑光灯等进行诱杀。

（3）化学药剂防治　利用药剂防治时，要注意药剂的科学使用。用药防治的关键期为越冬幼虫出蛰期和第1代幼虫低龄阶段，可用20%灭幼脲800～1000倍液、50%辛硫磷乳油1000～3000倍液、20%绿安1500倍液、4.5%高效氯氰菊酯1500倍液，也可用20%灭扫利乳油2000倍液、2.5%敌杀死乳油2000倍液等。还可推广使用一些低毒、无污染农药及生物农药，如阿维菌素、Bt乳剂、阿维·灭幼悬浮剂1000倍液等。

（4）保护利用天敌　对寄生性凹眼姬蜂、跳小蜂、白僵菌以及寄生蝇等自然天敌进行保护利用，或进行人工饲养，在集中发生区域进行释放，可有效地控制其发生危害。

九、枯叶蛾类

枯叶蛾类属鳞翅目枯叶蛾科。幼虫粗壮多毛，毛的长短不一，不成簇也无毛瘤。以幼虫取食叶片，为害重时常将叶片吃光。成虫体粗壮多毛，多为灰褐色，触角双栉齿状。后翅肩区扩大，无翅缰。成虫休止时形似枯叶。

为害园林植物的枯叶蛾主要有天幕毛虫、各种松毛虫、杨枯叶蛾等。

天幕毛虫又称黄褐天幕毛虫、天幕枯叶蛾、带枯叶蛾、梅毛虫，俗称顶针虫、春黏虫、春幕毛虫，属鳞翅目枯叶蛾科。寄主有杨、柳、榆、梅、栎、海棠、沙果、杏、樱桃等。分布于黑龙江、吉林、辽宁、内蒙古、北京、宁夏、甘肃、青海、新疆、河北、河南、山东、山西、陕西、湖北、湖南、江苏、浙江、广东、贵州、云南等地。

初孵化的幼虫群集，吐丝结成网幕，食害嫩芽、叶片，随着龄期增加，虫体逐渐下移至粗枝上结网巢，白天群栖巢上，夜出取食，5龄后期分散为害，严重时可吃光全树叶片。

1. 形态特征

成虫雌雄外形差异很大。雌虫体长约20mm，黄褐色，触角锯齿状。翅展约40mm，前翅中央有1条赤褐色宽斜带，两边各有1条米黄色细线；雄虫体长约17mm，黄白色，触角双栉齿状。翅展约32mm，前翅有2条紫褐色斜线，线间色泽较淡。

卵圆柱形，灰白色，高约 1mm，每 200～300 粒紧密黏结在一起环绕在小枝上，似顶针状。

低龄幼虫身体和头部均为黑色，4 龄以后头部呈蓝黑色。老熟幼虫体长 50～60mm，背线黄白色，两侧有橙黄色和黑色相间的条纹，各节背面有黑色瘤数个，其上生许多黄白色长毛。腹面暗褐色。

蛹长约 20mm，初为黄褐色，后变黑褐色，蛹体有淡褐色短毛。化蛹于黄白色丝质茧中。茧棱形，双层灰白至黄白色，常附有淡灰色粉。

2. 发生规律

一年发生 1 代，以卵越冬。春季花木发芽时，幼虫孵化，为害嫩叶，以后转移到枝杈处吐丝结网，1～4 龄幼虫白天群集在网幕中，晚间出来取食叶片，5 龄幼虫离开网幕分散到全树暴食叶片，幼虫经 4 次脱皮，5 月中、下旬陆续老熟，在叶背、杂草丛、树皮缝隙、墙角、屋檐下结茧化蛹。6～7 月份为成虫盛发期，羽化成虫晚间活动，产卵于当年生小枝上，幼虫胚胎发育完成后不出卵壳即越冬。幼虫受到突然振动有假死落地的习性，成虫有趋光性。

天幕毛虫的天敌有核型多角体病毒、天幕毛虫抱寄蝇、枯叶蛾绒茧蜂、稻苞虫黑瘤姬蜂等。

3. 枯叶蛾类的防治

（1）人工防治 园林植物修剪时，注意剪掉小枝上的卵块，集中烧毁。春季幼虫在树上结的网幕显而易见，在幼虫分散以前，及时捕杀。分散后的幼虫，可振树捕杀。

（2）物理防治 利用成虫的趋光性，地里放置黑光灯或高压汞灯进行诱杀。

（3）生物防治 保护和利用卵寄生蜂等各种天敌，如天幕毛虫抱寄蝇、枯叶蛾绒茧蜂、柞蚕饰腹寄蝇、脊腿匙鬃瘤姬蜂、舞毒蛾黑卵蜂、稻苞虫黑瘤姬蜂，核型多角体病毒等。

（4）药剂防治 常用药剂为 80％敌敌畏乳油 1500 倍液、90％敌百虫晶体 1000 倍液、25％喹硫磷乳油 1000 倍液、50％辛硫磷乳油 1000 倍液、50％马拉硫磷乳油 1000 倍液、2.5％氯氟氰菊酯乳油 3000 倍液、2.5％溴氰菊酯乳油 4000 倍液和 20％菊·马乳油 2000 倍液等。

十、袋蛾类

袋蛾类又称蓑蛾，俗名避债虫。属鳞翅目袋蛾科。袋蛾成虫性二型，雌虫无翅，触角、口器、足均退化，几乎一生都生活在护囊中；雄虫具有两对翅。幼虫能吐丝营造护囊，丝上大多粘有叶片、小枝或其他碎片。幼虫能负囊而行，探出头部蚕食叶片，化蛹于袋囊中。

园林植物上常见的种类有大袋蛾、茶袋蛾、桉袋蛾、白囊袋蛾等。分布于我国长江以南，随着南树北移，袋蛾类在我国北方地区也多有发生。寄主有悬铃木、枫杨、杨、柳、榆、桑、槐、栎、乌桕、木麻黄、茶、樟、扁柏等。幼虫取食树叶、嫩枝皮。大发生时，几天能将全树叶片食尽，残存秃枝光秆，严重影响树木生长，使枝条枯萎或整株枯死。

大袋蛾又名大蓑蛾、避债蛾，俗称布袋虫、吊死鬼、背包虫等，属鳞翅目、袋蛾科，是一种分布广泛、食性多样的害虫。为害法桐、泡桐、榆、垂柳、月季、红叶李、雪松、刺槐、核桃、桃、苹果、梨等，以悬铃木科、杨柳科、蔷薇科、豆科及胡桃科植物受害最重，是城市园林植物的常见害虫之一。国内分布于华北、华东、华中、西南、西北等地区，河南、山东、江苏、湖南、湖北、云南、四川、福建、广东、台湾等省。

主要以幼虫取食为害，幼虫体外有用丝和植物残屑织成的护囊，雌虫终生负囊生活，蚕食叶片，造成孔洞和缺刻，严重时把叶食光。

1. 形态特征

雄成虫体长约16mm，前翅外缘处有4~5个长形透明斑；雌成虫体长25mm左右，翅、足均退化，头小呈黄褐色，腹大乳白色。

卵呈椭圆形，淡黄色，长约0.9mm。

初龄幼虫黄色，少斑纹，3龄时能区分雌雄。雌性老熟幼虫体长25~40mm，粗肥，头部赤褐色，头顶有环状斑，胸部背板骨化，亚背线、气门上线附近有大型赤褐色斑，呈深褐淡黄相间的斑纹，腹部黑褐色，各节有皱纹，腹足趾钩缺环状。雄幼虫老熟时体长18~25mm，头黄褐色，中央有一白色"八"字形纹，胸部黄褐色，背侧有2条褐色纵斑，腹部黄褐色，背面较暗，有横纹。老熟幼虫袋囊长40~70mm，丝质坚实，囊外附有较大的碎叶片，也有少数排列零散的枝梗。

雌蛹体长约30mm，赤褐色，似蝇蛹状，头胸附器均消失，枣红色。雄蛹长18~24mm，暗褐色，翅芽伸达第三腹节后缘，第三至第五腹节背面前缘各有1横列小齿，尾部具2枚小臀刺。

2. 发生规律

我国大部分地区一年1代，以老熟幼虫在袋囊中过冬。越冬幼虫至翌年春季一般不再活动或稍微活动取食。在豫西大袋蛾幼虫于4月下旬至6月下旬化蛹，5月上旬为化蛹盛期。5月中旬至7月上旬为成虫羽化期，并很快交尾产卵。5月下旬到7月下旬为幼虫孵化期，6月上中旬为盛孵化期，11月份以老熟幼虫在枝上封囊过冬。有些年份，较多的幼虫9月份化蛹并出现成虫，10月份第2代幼虫出现，这些低龄幼虫在越冬期全被冻死。

4~6月份，雄蛾羽化前蛹体向袋囊排粪孔蠕动，以利成虫羽化爬出袋囊。当头胸露出袋囊后，雄蛾脱出蛹壳，稍事停息，待翅硬后至黄昏飞去。雌成虫羽化时，蛹体从头部至胸、腹部等五节背面纵裂，头胸部伸出蛹壳外，同时后胸脱下绒毛充塞于袋囊排粪孔外，这是识别雌成虫羽化的标志。成虫羽化多在下午和晚上。雄蛾羽化当晚即可交尾，于黄昏后开始飞翔，寻觅雌蛾交尾。雌成虫则多在羽化后

1~2天后进行交尾。交尾前雌成虫将头胸伸出袋囊外释放性信息素，雄蛾受到招引后迅速飞去，绕袋婚飞数圈后停留在雌虫袋囊上，急剧地煽动双翅。此时雌成虫头胸缩回袋中，雄蛾将腹末伸长塞入雌虫袋囊排粪孔，从雌成虫腹面与蛹壳间插入进行交尾。雌成虫产卵于蛹壳内聚集成堆，卵堆有虫体黄绒毛覆盖，虫体萎缩而死。雌成虫产卵量在数百粒至3000多粒不等。

孵化多在白天。小幼虫孵化后，先将卵壳吃掉，滞留在蛹壳内2天左右。多在晴天中午爬出母袋，吐丝下垂，以头胸伏于枝干上，腹部竖起靠胸足爬行。在枝叶上活动十几分钟后，吐丝围绕中后胸缀成丝环，继之不停地咬取叶屑粘于丝上形成圆圈并不断扩大，遮蔽虫体，幼虫再在袋内转身于袋壁上吐丝加固，形成圆锥形袋囊。随着虫体增长，袋囊亦不断增大，并以大型碎叶片或短枝梗零乱地缀贴于袋囊外。扩建时幼虫常将袋壁丝质咬开撕松增大体积，然后吐丝缀叶将袋囊增大加厚。10月中、下旬，幼虫逐渐沿枝梢转移，将袋囊用丝牢牢固定在枝上，袋口用丝封闭越冬。

袋蛾类的天敌有横带截尾寄蝇、家蚕追寄蝇、简须追寄蝇、伞裙追寄蝇、红尾追寄蝇、蓑蛾瘤姬蜂、核型多角体病毒、大袋蛾杆状病毒、白僵菌、灰喜鹊、白脸山雀。重寄生蜂有黑青小蜂，寄生在寄蝇幼虫和蛹中。

3. 袋蛾类的防治

（1）人工防治　冬季阔叶树落叶后可见到树冠上大袋蛾的袋囊，十分明显，结合整枝、修剪，可采用人工摘除、用袋蛾幼虫饲养家禽或烧掉。

（2）诱杀成虫　利用大袋蛾雄性成虫的趋光性，用黑光灯诱杀。此外，也可用大袋蛾性外激素诱杀雄成虫。

（3）化学防治　7月上旬喷施90%敌百虫晶体水溶液或80%敌敌畏乳油1200倍液、2.5%溴氰菊酯乳油8000倍液、40%乐斯本乳油1000倍液、20%抑食肼胶悬剂1000~1500倍液或25%灭幼脲胶悬剂、5%抑太保乳油1000~2000倍液，防治大袋蛾低龄幼虫。幼虫多在傍晚活动，一般选择在傍晚喷药，喷雾时要注意喷到树冠的顶部，并喷湿护囊。

（4）生物防治　袋蛾的幼虫和蛹期有多种寄生性和捕食性天敌，如鸟类、姬蜂、寄生蝇及致病微生物等，应注意保护利用。喷洒苏云金杆菌1~2亿孢子/mL。

十一、夜蛾类

夜蛾类属鳞翅目夜蛾科。成虫体大小变化较大，体多为褐色。触角丝状，有的雄虫为羽状。前翅狭，常有横带和环状纹、肾状纹。后翅较宽，多为浅色。成虫具较强的趋光性，有许多种类能长距离迁飞。多数幼虫少毛，有的种类体被密毛或瘤。腹足一般5对，少数种类除臀足外，只有3对或2对腹足，第3腹节或第3~第4腹节上的腹足退化。幼虫为害方式多样，有的生活在土内，咬断植物根茎，为重要的地下害虫，有的为钻蛀性害虫，有的种类裸露取食为害。

食叶为害园林植物的夜蛾类害虫主要有黏虫、斜纹夜蛾、银纹夜蛾、臭椿皮蛾、葱兰夜蛾、玫瑰巾夜蛾、淡剑袭夜蛾等。

(一) 黏虫

黏虫别名粟夜盗虫、剃枝虫。俗名五彩虫、麦蚕等。属鳞翅目夜蛾科。除新疆外，分布遍及全国各地。寄主有冷季型草、羊胡子草、野牛草等。

以幼虫食叶，大发生时可将植物叶片全部食光，造成严重损失。有群聚性，成虫有迁飞性，食性复杂。

1. 形态特征

成虫体长15～20mm，翅展36～40mm。头部与胸部灰褐色，腹部暗褐色。前翅黄褐色、黄色或橙色，变化很多；内横线往往只出现几个黑点；环纹与肾纹黄褐色，界限不显著，肾纹后端有一个白点，其两侧各有一个黑点；外横线为一列黑点。后翅暗褐色，向基部色渐淡。

卵长约0.5mm，半球形，初产白色，有光泽，后变黄色，卵粒单层排列成块。

老熟幼虫体长约38mm，头红褐色，头盖有网纹，额扁，两侧有褐色粗纵纹，略呈"八"字形，外侧有褐色网纹，体色变化大，因取食对象和环境的变化由淡绿至浓黑。在大发生时背面常呈黑色，腹面淡污色，背中线白色，亚背线与气门上线之间稍带蓝色，气门线与气门下线之间粉红色至灰白色。腹足外侧有黑褐色宽纵带，足的趾钩半环式。

蛹长约19mm，红褐色，腹部5～7节背面前缘各有一列齿状点刻；臀棘上有刺4根，中央2根粗大，两侧的细短刺略弯。

2. 发生规律

我国从北到南一年可发生2～8代。东北、内蒙古一年生2～3代，华北中南部3～4代，江苏淮河流域4～5代，长江流域5～6代，华南6～8代。成虫有迁飞特性，在北纬33°以北地区任何虫态均不能越冬；在湖南、江西、浙江一带，以幼虫和蛹在田间表土下越冬；在广东、福建南部终年繁殖，无越冬现象。3、4月份间由长江以南向北迁飞，7月中下旬至8月上旬化蛹、羽化，成虫向南迁飞。成虫产卵于叶尖或嫩叶、心叶皱缝间，常使叶片成纵卷，卵粒粘连成行或重叠排列成卵块，每个卵块一般20～40粒。初孵幼虫腹足未发育完全，行走如尺蠖；初龄幼虫仅能啃食叶肉，使叶片呈现白色斑点；3龄后可蚕食叶片成缺刻，5～6龄幼虫进入暴食期。幼虫共6龄，3龄后的幼虫有假死性，受惊动迅速卷缩坠地。畏光，晴天白昼潜伏在草根处土缝中，傍晚后或阴天爬到植株上为害，幼虫发生量大食料缺乏时，常成群迁移到附近地块继续为害。成虫昼伏夜出，傍晚开始活动。黄昏时觅食，半夜交尾产卵，黎明时寻找隐蔽场所。成虫对糖醋液和黑光灯趋性强，产卵趋向黄枯叶片。成虫需取食花蜜补充营养，遇有蜜源丰富，产卵量高。天敌主要有步行甲、蛙类、鸟类、寄生蜂、寄生蝇等。

(二) 臭椿皮蛾

臭椿臭椿皮蛾又名臭椿皮夜蛾、旋皮夜蛾。主要为害臭椿、香椿、红椿、桃和李等园林观赏树木。全国各地均有分布。

以幼龄幼虫取食叶肉,残留表皮,叶片呈纱网状,大龄幼虫造成叶片缺刻和孔洞,严重时只留粗叶脉和叶柄。

1. 形态特征

成虫体长 28mm 左右,翅展为 76mm 左右。头部和胸部灰褐色,腹部橘黄色,各节背部中央有黑斑。前翅狭长,前缘区黑色,其后缘呈弧形,并附以白色,翅其余部分为赭灰色,翅面上有黑点。后翅大部分为橘黄色,外缘有条蓝黑色宽带。足黄色。

卵近圆形,乳白色。

幼虫老熟时体长约 48mm,头深褐至黑色,前胸背板与臀板褐色,体橙黄色,体背各节有个褐色大斑,各毛瘤上长有白色长毛。

蛹扁平,椭圆形,红褐色。

2. 发生规律

一年发生 2～4 代,以老熟幼虫在树枝、树干、皮缝、伤疤等处结薄茧化蛹越冬。翌年臭椿树刚发芽时,成虫开始羽化。成虫有趋光性,将卵散产在叶片背面。幼虫为害期分别为 5～6 月份、8～9 月份,以第一代幼虫为害严重。幼虫喜食幼芽、嫩叶,受惊后身体扭曲或弹跳蹦起。老熟幼虫爬到树干上咬树皮,用丝相连做薄茧化蛹,茧紧贴于表皮。

(三) 斜纹夜蛾

斜纹夜蛾又名连纹夜蛾。分布于全国各地,以长江、黄河流域各省为害最重。为害香石竹、月季、百合、菊花、大丽花、木槿、仙客来、细叶结缕草、荷花、山茶等多种植物。

初孵幼虫取食叶肉,2 龄后分散为害,4 龄后进入暴食期,将整株叶片吃光,影响观赏。

1. 形态特征

成虫体长 14～20mm,头、胸、腹均深褐色,胸部背面有白色毛丛,腹部前数节背面中央具暗褐色丛毛。前翅灰褐色,内横线及外横线灰白色,波浪形,中间有白色条纹,在环状纹与肾状纹间,自前缘向后缘外方有 3 条白色斜线,故名斜纹夜蛾。后翅白色,无斑纹。前后翅常有水红色至紫红色闪光。

卵呈扁球形,直径约 0.5mm,初产黄白色,后转淡绿,孵化前紫黑色。卵粒集结成 3～4 层的卵块,外覆灰黄色疏松的绒毛。

老熟幼虫体长 35～50mm,头部黑褐色,腹部体色因寄主和虫口密度不同而异,有土黄色、青黄色、灰褐色或暗绿色。背线、亚背线及气门下线均为灰黄色及橙黄色。从中胸至第 9 腹节在亚背线内侧有三角形黑斑 1 对,其中以第 1、第 7、第 8 腹节的最大。胸足近黑色,腹足暗褐色。

蛹长约 15～20mm,赭红色,腹部背面第 4 至第 7 节近前缘处各有一个小刻点。腹末具发达的臀棘一对。

2. 发生规律

中国从北至南一年发生 4~9 代。以蛹在土中蛹室内越冬，少数以老熟幼虫在土缝、枯叶、杂草中越冬。在两广、福建、台湾等南方地区冬季无休眠现象，长江以北地区露地大都不能越冬。各地发生期的迹象表明此虫有长距离迁飞的可能。成虫具趋光和趋化性，对糖醋酒液及发酵的胡萝卜、麦芽、豆饼、牛粪等有趋性。成虫需补充营养，未能取食者只能产数粒卵。卵多产于植株中部叶片背面，叶脉分叉处最多。幼虫共 6 龄，有假死性，初孵幼虫群集取食，3 龄前仅食叶肉，残留上表皮及叶脉，呈白纱状后转黄，易于识别。4 龄后进入暴食期，猖獗时可吃尽大面积寄主植物叶片，并迁徙它处为害。各地严重为害时期皆在 7~10 月份。

天敌有小茧蜂、广大腿蜂、寄生蝇、步行虫，以及多角体病毒、鸟类等。

（四）银纹夜蛾

银纹夜蛾别名黑点银纹夜蛾、豆银纹夜蛾、菜步曲、豆尺蠖、大豆造桥虫、豆青虫等。属鳞翅目夜蛾科。分布于全国各地，为害菊花、大丽菊、香石竹、美人蕉、一串红、海棠、槐树等。初孵幼虫多在叶背取食叶肉，3 龄后分散取食嫩叶成孔洞，降低观赏价值。

1. 形态特征

成虫体长 13~17mm，翅展 33mm，体灰褐色。前翅灰褐色，具 2 条银色横纹，中央有 1 个银白色三角形斑块和一个似马蹄形的银边白斑。后翅暗褐色，有金属光泽。胸部背面有两丛竖起较长的棕褐色鳞毛。

卵半球形，直径 0.5mm，淡黄绿色，卵壳表面有格子形条纹。

老熟幼虫体长 25~32mm，体淡黄绿色，前细后粗，体背有纵向的白色细线 6 条，气门线黑色。第 1、第 2 对腹足退化，行走时呈曲伸状。

蛹长约 20mm，前期腹面绿色，后期全体黑褐色，腹部末端延伸为方形臀棘，上生钩状刺 6 根。具薄茧。

2. 发生规律

由北向南代数逐渐增加。一年发生 2~8 代，东北地区每年发生 2 代，杭州每年发生 4 代，闽北地区 6~8 代。各地均以蛹在枯叶上、土表等处越冬。4~5 月份出现成虫，成虫昼伏夜出，有趋光性和趋化性。卵多散产于叶背。幼虫共 5 龄，初孵幼虫多在叶背取食叶肉，留下表皮，3 龄后食量大增，取食嫩叶成孔洞。幼虫有假死性，受惊后会卷缩落地。老熟幼虫在寄主叶背吐白丝做茧化蛹。

单纯种植一种植物发生重，而间作发生轻。增施微肥发生轻。磷、钾素多发生轻，氮素多发生重。晚播发生重。

天敌有白僵菌、绿僵菌、稻苞虫黑瘤姬蜂以及捕食性的瓢虫、蜘蛛、蜻蜓、青蛙等。

（五）淡剑夜蛾

淡剑夜蛾又称淡剑袭夜蛾、淡剑贪夜蛾、淡剑蛾、小灰夜蛾。属鳞翅目夜蛾科。主要为害早熟禾、黑麦草、高羊茅等禾本科冷季型草坪。以幼虫食害叶片和茎，造成叶片缺刻或枯黄，严重时成丛枯死，致使草坪斑秃，严重影响草坪的观赏性。

幼虫取食草坪草叶片，为暴食性害虫，孵化后即在附近取食。幼虫1～2龄时，只取食嫩叶叶肉，留下透明的叶表皮。2龄后分散，3龄以后取食叶片成缺刻，并在草坪的茎部啃食嫩茎。3～4龄食量仍不大，5～6龄后处于为暴食期，取食量大增，能把叶脉及嫩茎吃光，阴雨天昼夜取食危害。受害轻的草坪成片发黄，严重时草坪成片死亡，直接影响草坪草的正常生长和观赏。

1. 形态特征

成虫体长11mm左右，翅展26mm左右，全身淡灰褐色。雄蛾触角双栉齿状，雌蛾丝状。前翅基线、内线及外线不完整，亚端线显著、波浪形。环纹扁圆，灰褐色，外围暗褐色，肾纹明显，暗褐色。后翅灰白色略带淡褐色，前缘及外缘处颜色加深。

卵馒头形，高约0.5mm，宽约0.6mm，纵棱明显，有光泽。初产时淡绿色，后浅褐色，近孵化时一端出现黑色点状孵化孔。卵块长条形，外覆灰绒毛，每块粒数不等，少则70多粒，多则上百粒。

初孵幼虫为灰褐色，头部红褐色，取食后3～4h虫体变绿，1～3龄幼虫呈绿色，4龄黄绿色相间，5～6龄呈棕色圆筒形，体长13～20mm，沿蜕裂线有两条黑褐色纵纹，呈"八"字形，头、胸部较细，胴部较粗，背部五条纵线明显，气门线深褐色，亚背线白色。从中胸至第十腹节沿亚背线内侧各具近三角形黑斑一对。

蛹长13mm左右，赤褐色，具有光泽。第2～第7腹节背面前缘具密而小的刻点。第3～第6腹节背面后缘色较深。臀刺两根，较短，略向腹面弯曲。

2. 发生规律

淡剑夜蛾发生代数由北向南逐渐增加，辽宁地区1年发生2～3代，华北1年发生3～4代，山东、天津、上海地区1年发生4～5代，湖北一年发生5～6代。整个生长季，世代重叠。

淡剑夜蛾以老熟幼虫在草坪、杂草等处越冬。第二年4月下旬越冬幼虫化蛹陆续羽化、产卵，5～10月份均有此虫危害。第1代成虫5月下旬羽化，第2代成虫6月下旬羽化，第3代成虫7月中旬羽化，第4代成虫8月上旬羽化。幼虫昼夜均取食，以夜间取食为主，白天栖息于草坪草的叶背、根茎部或贴近土壤潮湿处。高龄幼虫多数在草坪根际活动，虫粪较明显，多在早晚和夜间取食。幼虫有假死性，受惊动卷曲呈"C"形。成虫白天潜伏在草丛中，静伏时两翅成屋脊状，受惊时作短距离飞翔。成虫具有很强的趋光性，喜欢夜出活动，进行交配。次日下午至傍晚产卵，将卵产于草坪叶尖背面或中上部，成块或数粒，成虫一生平均可产卵350粒左右。

淡剑夜蛾的生长与繁殖受温度、湿度、草量影响较大。特别是土壤湿度对蛹羽化率的影响很大，土壤含水量较高时不利羽化；高温、干燥、草量足有利其生长繁殖。淡剑夜蛾的发生在同一年份不同草坪地段有较大差异，局域性发生明显。

（六）夜蛾类的防治

1. 人工防治

及时清除枯枝落叶，铲除杂草，翻耕土壤，降低虫口基数；人工摘卵和蛹，利用幼虫的假死习性捕捉幼虫。

2. 诱杀成虫

利用成虫的趋光性用黑光灯诱杀；利用成虫对酸甜物质的趋性，用糖醋液（糖∶酒∶醋∶水＝6∶1∶3∶10）、甘薯或豆饼发酵液诱杀成虫，糖醋液中可加少许敌百虫。

3. 生物防治

利用夜蛾类的天敌防治。在夜蛾产卵盛期释放松毛虫赤眼蜂，每次 30 万～45 万头/hm^2。也可在初龄幼虫期用 3.2% 的 Bt 乳剂 1.5～2.5L/hm^2，加水 1200～2000kg，喷雾。

4. 化学防治

1～3 龄幼虫盛发期喷药，幼虫喜夜出活动，故喷药宜在傍晚进行，尤其要注意植株的叶背及下部叶片。可用 48% 乐斯本乳油 600～800 倍液、5% 锐劲特 2000 倍液、10% 除尽悬浮液 1500 倍液、15% 安打悬浮液 5000 倍液等喷雾防治，也可用昆虫生长调节剂防治，如 5% 抑太保和 5% 卡死克 1000～1500 倍液喷雾防治。

十二、大蚕蛾类

大蚕蛾类又称月神蛾、水青蛾、燕尾蛾、长尾蛾。属鳞翅目大蚕蛾科。为大型蛾类，色彩鲜艳，许多种类的翅上有透明斑。幼虫粗壮，有棘状突起。

为害园林植物的大蚕蛾主要有绿尾大蚕蛾、樗蚕、银杏大蚕蛾、樟蚕等。

绿尾大蚕蛾又称水青蛾。分布北起辽宁，南至海南，西至四川，东达沿海各省。为害海棠、榆、柳、樟、枫香、乌桕、核桃等。

以幼虫群集啃食叶片，3 龄后分散为害，常将树叶吃光，影响树木生长和观赏效果。

1. 形态特征

成虫体长 32～40mm，翅展 100～130mm。体粗大，体被白色絮状鳞毛而呈白色。头部两触角间具紫色横带 1 条，触角黄褐色羽状；复眼大，球形，黑色。胸背肩板基部前缘具暗紫色横带 1 条。翅淡青绿色，基部具白色絮状鳞毛，翅脉灰黄色较明显，缘毛浅黄色；前翅前缘具白、紫、棕黑三色组成的纵带 1 条，与胸部紫色横带相接。后翅臀角长尾状，长约 40mm，后翅尾角边缘具浅黄色鳞毛，有些个体略带紫色。前、后翅中部中室端各具椭圆形眼状斑 1 个，斑中部有一透明横带，从斑内侧向透明带依次由黑、白、红、黄四色构成，黄褐色外缘线不明显。腹面色浅，近褐色。足紫红色。

卵扁圆形，直径约 2mm，初绿色，近孵化时褐色。

幼虫体长 80～100mm，体黄绿色粗壮，被污白细毛。体节近 6 角形，着生肉突状毛瘤，前胸 5 个，中、后胸各 8 个，腹部每节 6 个，毛瘤上具白色刚毛和褐色短刺；中、后胸及第 8 腹节背上毛瘤大，顶端黄，基部黑，其他毛瘤端部蓝色，基部棕黑色。第 1～8 腹节气门线上边赤褐色，下边黄色。体腹面黑色，臀板中央及臀足后缘具紫褐色斑。胸足褐色，腹足棕褐色，上部具黑横带。

蛹长 40～45mm，椭圆形，紫黑色，额区具一浅斑。茧长 45～50mm，椭圆形，丝质粗糙，灰褐至黄褐色。

2. 发生规律

一年发生 2 代，以茧蛹附在树枝或地被物下越冬。翌年 4～5 月中旬羽化、交尾、产卵。卵期 10 余天。第 1 代幼虫于 5 月上旬至 6 月上旬发生，7 月中旬化蛹，蛹期约 15 天。第 2 代幼虫 8 月上旬至中旬出现，为害至 10 月中、下旬，陆续结茧化蛹越冬。成虫昼伏夜出，有趋光性，飞翔力强，日落后开始活动。喜产卵在叶背或枝干上，有时雌蛾跌落树下，把卵产在土块或草上，常数粒或偶见数十粒产在一起，成堆或排开，每雌可产卵 200～300 粒。成虫寿命 7～12 天。初孵幼虫群集取食，2 龄、3 龄后分散，取食时先把 1 叶吃完再为害邻叶，残留叶柄，幼虫行动迟缓，食量大，每头幼虫可食上百片叶子。幼虫老熟后于枝上贴叶吐丝结茧化蛹。第 2 代幼虫老熟后下树，附在树干或其他植物上吐丝结茧化蛹越冬。

3. 大蚕蛾类的防治

(1) 人工防治　秋后至发芽前清除落叶、杂草，并摘除树上虫茧，集中处理；发现树下有大粒虫粪，结合为害状捕杀幼虫。利用幼虫上下树习性，在树干绑缚草绳诱集老熟幼虫化蛹，翌年解下草绳烧毁。

(2) 诱杀　利用黑光灯诱杀成虫。

(3) 化学防治　虫口密度大时，喷施 90% 晶体敌百虫或 50% 杀螟松乳油 1000 倍液，或 20% 杀灭菊酯乳油 2000 倍液。

十三、蝶类

蝶类属鳞翅目锤角亚目，为完全变态类昆虫。蝶类的成虫身体纤细，触角呈棒状或球杆状。均在白天活动，静止时翅直立于体背，体和翅面颜色变化大。幼虫形态和体色多样。

为害园林植物的主要蝶类害虫有凤蝶科的茴香凤蝶、柑橘凤蝶、玉带凤蝶、木兰青凤蝶、樟青凤蝶，蛱蝶科的茶褐樟蛱蝶、黄钩蛱蝶、黑脉蛱蝶，粉蝶科的菜粉蝶，弄蝶科的香蕉弄蝶，灰蝶科的曲纹紫灰蝶、点玄灰蝶等。

(一) 柑橘凤蝶

柑橘凤蝶又称花椒凤蝶、橘黑黄凤蝶、橘凤蝶、黄菠萝凤蝶、黄檗凤蝶等，属鳞翅目凤蝶科。我国东北、华北、华东、中南、西南、西北各地均有分布，寄主有金橘、柚子、柠檬、佛手、玳玳、花椒、吴茱萸等。以幼虫取食叶片，苗木和幼树的新梢、叶片常被吃光，严重影响寄主的生长和观赏效果。

幼虫取食芽和叶，初龄幼虫食成缺刻与孔洞，稍大幼虫常将叶片吃光，只残留叶柄。成虫喜访花，取食花蜜。

1. 形态特征

成虫体长 28mm 左右，翅展 90mm 左右，体黄绿色，且有黑色的直条纹。翅黄绿色，沿脉纹两侧黑色，外缘有黑色宽带，前后翅带的中间均有黄色月形斑，前翅 8 个，后翅 6 个，前翅中室端部有 2 个黑斑，基部有几条黑色纵线；后翅黑带中有散生的蓝色鳞粉，臀角有橙色圆斑，中有一小黑点。

卵圆球形，约 1mm，初产时淡黄白色，近孵化时变成黑灰色。

1 龄幼虫黑色，刺毛多；2~4 龄幼虫黑褐色，有白色斜带纹，虫体似鸟粪。体上肉状突起较多。老熟幼虫 35~40mm。体黄绿色，体表光滑。后胸背面两侧有蛇眼纹，中间有 2 对马蹄形纹；第 1 腹节背面后缘有 1 条粗黑带；第 4、第 5 腹节和第 6 腹节两侧各有蓝黑色斜行带纹 1 条，在背面相交。前胸背面翻缩腺橙黄色。

蛹长 30mm 左右，呈纺锤形，前端有 2 个尖角。有淡绿、黄白、暗褐等多种颜色。

2. 发生规律

一年发生 3~6 代。各地均以蛹附着在橘树叶背、枝干及其他比较隐蔽场所越冬。成虫白天活动，善于飞翔，中午至黄昏前活动最盛，喜食花蜜。卵散产于嫩芽上和叶背，卵期约 7 天。幼虫孵化后先食卵壳，然后食害芽和嫩叶及成叶，共 5 龄，老熟后多在隐蔽处吐丝做垫，以臀足趾钩抓住丝垫，然后吐丝在胸腹间环绕成带，缠在枝干等物上化蛹（此蛹称缢蛹）越冬。天敌有凤蝶金小蜂和广大腿小蜂等。

（二）菜粉蝶

菜粉蝶又称菜青虫、菜白蝶，属鳞翅目粉蝶科。全国各地均有分布。已知菜粉蝶的寄主植物有十字花科、菊科、金莲花科、木樨草科、紫草科、百合科等，但主要为害十字花科植物的叶片，特别嗜好叶片较厚的甘蓝、花椰菜等。

以幼虫取食为害，初龄幼虫在叶背啃食叶肉，残留表皮，俗称"开天窗"，3 龄以后吃叶成孔洞和缺刻，严重时只残留叶柄和叶脉，同时排出大量虫粪，污染叶面。幼苗期为害可引起植株死亡。幼虫为害造成的伤口又可引起软腐病的侵染和流行，严重影响观赏效果。

1. 形态特征

成虫体长 12~20mm，翅展 50mm 左右。体灰黑色，头、胸部有白色绒毛，前后翅都为粉白色，前翅顶角有 1 个三角形黑斑，中部有 2 个黑色圆斑。后翅前缘有 1 个黑斑。

卵长圆形，表面有规则的纵横隆起线，其中纵脊 11~13 条，横脊 35~38 条。初产时为黄绿色，后变为淡黄色。

老熟幼虫体长 35mm 左右，全体青绿，上面生有细毛，背中央有 1 条细线，两侧围气门有一横斑，气门后还有 1 个。

蛹长约 20mm，纺锤形，体背有 3 条纵脊，体色有青绿色和灰褐色等。

2. 发生规律

各地发生代数、历期不同，由北向南代数逐渐增加，内蒙古、辽宁、河北年发生 4~5 代，南京 7 代，长沙 8~9 代。各地均以蛹在发生地附近的残株、杂草、墙壁屋檐下、树干等处越冬，一般多在背阳的一面。翌春 4 月初开始陆续羽化，边吸食花蜜边产卵，以晴暖的中午活动最盛。卵散产，多产于叶背，平均每雌产卵 120 粒左右。菜青虫发育的最适温度 20~25℃，相对湿度 76% 左右。菜青虫的发生有春、秋两个高峰。夏季由于高温干燥，菜青虫的发育会受到抑制。主要的寄生性天敌，卵期有广赤眼蜂；幼虫期有微红绒茧蜂、菜粉蝶绒茧蜂（又名黄绒茧蜂）及颗粒体病毒等；蛹期有凤蝶金小蜂等。

（三）黄钩蛱蝶

黄钩蛱蝶别名多角蛱蝶、金钩蛱蝶、金钩角蛱蝶，属鳞翅目蛱蝶科。分布于除西藏以外的地区。寄主有桑科的葎草、一品红、一串红、矮牵牛、菊花、米兰、雀舌黄杨、扶桑、大麻、亚麻、柑橘、忍冬、梨、杨、柳、榆等。以幼虫取食叶片呈孔洞，成虫取食花蜜。

1. 形态特征

黄钩蛱蝶翅展 44~57mm。双翅面黄褐色，翅外缘凹凸分明，翅面上黑斑散生，前翅中室内有 3 个黑斑，前翅两脉和后翅 4 脉末端突出部分尖锐，秋型更明显，后翅腹面中域有一银白色"C"形图案。双翅腹面类似枯叶，飞行能力强，雌雄差异不大。雌蝶色泽略偏黄色，但雄蝶前足附节只有 1 节而雌蝶有 5 节。动作敏捷。

卵近圆形，绿色，有白色纵条纹，孵化后卵壳透明。

一龄幼虫毛虫状，二龄长出肉状枝刺，老熟幼虫头上有突起，呈角状，体表布满枝刺，颜色非常漂亮。

蛹为悬蛹，靠蛹的尾部固定在附着物上，体背有突起。

2. 发生规律

一年发生 3 代，以成虫在枯枝落叶中、背风的屋檐和石缝中越冬。成虫主要发生在春末至夏季。黄钩蛱蝶从卵孵化到化蛹大概需要半个月左右的时间。刚孵化出来的一龄幼虫体小，体表稍有软软的细毛，喜爱群集在一片叶子上，食量较小。高龄的幼虫常将叶片吃光。

（四）蝶类的防治

1. 人工防治

人工捕杀幼虫和越冬蛹，在养护管理中摘除有虫叶。及时清除花坛绿地上的植物残体，以减少虫源。成虫羽化期可用捕虫网捕捉成虫。

2. 生物防治

在幼虫期，喷施每毫升含孢子 100×10^8 以上的青虫菌粉或浓缩液 $400\sim600$ 倍液，加 0.1% 茶饼粉以增加药效；或喷施每毫升含孢子 100×10^8 以上的 Bt 乳剂 $300\sim400$ 倍液。收集患质型多角体病毒病的虫尸，经捣碎稀释后，进行喷雾，使其感染病毒病。将捕捉到的被天敌寄生的老熟幼虫和蛹放入孔眼稍大的纱笼内，使寄生蜂羽化后飞出，继续繁殖、寄生。

3. 化学防治

可于低龄幼虫期喷 20% 灭幼脲 1 号胶悬剂 1000 倍液。如被害植物面积较大，虫口密度较高时，可用 40% 敌·马乳油或 40% 菊·杀乳油或 80% 敌敌畏或 50% 杀螟松或马拉硫磷乳油 $1000\sim1500$ 倍液、90% 敌百虫晶体 $800\sim1000$ 倍液、10% 溴·马乳油 2000 倍液进行防治。

第二节 膜 翅 目

食叶的膜翅目害虫主要是膜翅目叶蜂总科害虫。为害园林植物的多属于叶蜂科和三节叶蜂科。叶蜂成虫体粗壮，腹部腰不收缩。翅膜质，前翅有粗短的翅痣。产卵器扁，锯状。卵常产于嫩梢或叶组织中。幼虫体表光滑，多皱纹，腹足 $6\sim8$ 对，无趾钩。多数种类为害叶片，有的种类钻蛀芽、果或叶柄。部分有群集性。为害园林植物的叶蜂主要有梨大叶蜂、蔷薇三节叶蜂、榆三节叶蜂等。

一、梨大叶蜂

梨大叶蜂属膜翅目叶蜂科，寄主有山里红、山荆子等。

1. 形态特征

成虫体长 $22\sim25$mm，翅展 $48\sim55$mm，体粗壮，腹部第 1～第 6 节的后缘黑褐色，其他部位黄色至黄褐色，背线黑褐色。头黄色，复眼椭圆形，黑色。触角棒状，两端黄褐色，中间黑褐色。前胸背板黄色，中胸小盾片和后胸背板后缘黄褐色。前翅前半部暗褐色，不透明，后半部和后翅透明，淡黄褐色。

卵椭圆形，略扁，长约 3.5mm，初淡绿色，孵化前变黄绿色，呈柠檬形状，透明。

初孵幼虫体黑色，体表被白粉；2 龄幼虫头黑色，体灰白色，背线及气门上线由黑斑组成；3 龄幼虫头黑色，体淡黄白色；4 龄幼虫头暗黑色，体白色。老熟幼虫体长约 50mm。头半球形，杏黄色，单眼区周围黑色。胸足 3 对，腹足 8 对，生于第 2～第 8 腹节及第 10 腹节上，背线中央为淡黄色细线，从前胸至腹部第 7 腹节两侧有 2 纵列黑斑。

蛹体长约 28mm，裸蛹。茧长约 33mm，包在蛹外面，长椭圆形，中部收缢，极似花生果，褐色，质地坚硬。

2. 发生规律

一年发生1代,以老熟幼虫在距地表约6cm处的土中做茧越冬。4月下旬至5月中旬成虫羽化,连续雨天利于成虫出蛰。成虫经数日取食后交配产卵,卵产于寄主的叶表皮下靠近叶缘处,一般一叶产一粒卵,最多两粒,卵期7~10天。5月上、中旬幼虫出现,幼虫期30~50天,6月上、中旬幼虫陆续老熟,落地爬行,寻找越冬场所,入土作茧越夏、越冬。成虫喜白天活动,喜食山楂、山里红嫩梢,将嫩梢顶端5~10cm处咬伤,致使梢头萎蔫垂落,幼树受害较重。幼虫取食叶片呈缺刻状,静止时常栖息于叶背面,以胸足抓附叶背,身体弯曲侧卧,姿态特殊,受惊时,体表能喷射出浅黄色水珠状汁液,高龄时常呈喷射状射出。

二、榆三节叶蜂

榆三节叶蜂属膜翅目三节叶蜂属,分布于吉林、辽宁、北京、河北、河南、山东、浙江、江西等地。寄主有榆树等。以幼虫为害植物叶片,造成大量孔洞,虫量大时常将叶食光。

1. 形态特征

榆三节叶蜂雌成虫体长约10mm,翅展约20mm,雄虫较小。体烟褐色,具金属光泽。头部蓝黑色,触角黑色,棒状,雌虫触角长约7mm。胸部部分橘红色,中胸背板完全为橘红色,小盾片有时蓝黑色,足全部蓝黑色。

卵椭圆形,长约1.5mm。初产时色淡,近孵化时变成黑色。

幼虫老熟时体长20~25mm,淡黄绿色,头部黑色。虫体各节具有3排横列的褐色肉瘤,体两侧近基部各具一个大的斜向褐色肉瘤。臀板黑色。

雌蛹体长约8.5~12mm,雄蛹较小,淡黄绿色。茧淡黄色,长卵型,长约9~13mm,直径约5.5mm。

2. 发生规律

山东、河南1年发生2代,以老熟幼虫在土中结丝质茧变为预蛹过冬。翌年5月下旬开始化蛹。6月上旬开始羽化、产卵。6月下旬幼虫孵化,为害至7月上旬陆续老熟,入土结茧化蛹。第二代成虫7月下旬开始羽化、产卵。幼虫孵化后,为害至8月下旬,老熟幼虫入土结茧越冬。成虫产卵于榆树中、下部较嫩的叶片的叶缘上下表皮之间,成虫幼虫均有假死性。

三、叶蜂类的防治

1. 人工捕杀

利用幼虫或幼龄幼虫群集为害的习性,摘除虫叶。翻耕土地,破坏其越冬场所,或在寄主植物周围挖虫茧,集中销毁,可减少来年虫口基数。摘除枝叶上的虫茧,剪除虫卵枝。成虫出蛰盛期,产卵前重点网捕成虫,产卵后可摘除有卵叶片,幼虫孵化及落地前随时进行捕捉。

2. 生物防治

幼虫发生期喷施每毫升含孢子量 $100×10^8$ 以上的苏云金杆菌制剂 400 倍液。

3. 化学药剂防治

幼虫盛发期，喷 90％晶体敌百虫、50％杀螟松乳油 1000 倍液，或 20％杀灭菊酯乳油 2000 倍液；大树难于喷雾时可用 40％氧化乐果 10 倍液进行打孔注射，每针 15～20mL，15cm 胸径以下的树打 1 针，胸径每增加 7～12cm 增打 1 针。如果害虫零星发生，幼虫为害期结合防治其他害虫可兼治此虫。用药有 5％顺式氰戊菊酯乳油 5000 倍液，或 80％敌敌畏乳油 1500 倍液。

第三节　鞘　翅　目

一、瓢甲类

瓢虫属鞘翅目瓢甲科，群众称"花大姐"。身体半球形，外形与某些叶甲相似，但它的跗节是隐 4 节。头小，部分隐藏于前胸下，触角短，锤状。鞘翅多为黄、黑、红色，上具不同形状的斑纹。幼虫寡足型，胸足长，活泼，体常被枝刺或疣突。

茄二十八星瓢虫分布于全国各地，为害观赏茄子、曼陀罗、桂竹香、枸杞、冬珊瑚、三色堇等。以幼虫和成虫在叶片取食叶肉，吃后仅留表皮，呈不规则的线纹，如被害面积大，叶即枯萎变褐。导致植株死亡。

1. 形态特征

成虫体长约 6.5mm，半球形，黄褐色，体表密生黄色细毛。前胸背板上有 6 个黑点，中间的两个常连成一个横斑；每个鞘翅上有 14 个黑斑，其中第二列 4 个黑斑呈一直线，是与马铃薯瓢虫的显著区别。

卵弹头形，淡黄至褐色，卵粒排列较紧密。

末龄幼虫体长约 7mm，初龄淡黄色，后变白色；体表多枝刺，其基部有黑褐色环纹，枝刺白色。

蛹长约 5.5mm，椭圆形，背面有黑色斑纹，尾端包着末龄幼虫的脱皮。

2. 发生规律

4 月上中旬，越冬成虫便开始活动，取食叶片，并开始产卵。各代幼虫孵化期分别为 5 月中旬、6 月上旬、7 月上旬、8 月中旬、9 月中旬。有世代重叠现象。成虫白天活动，有假死性和自残性。雌成虫将卵块产于叶背。初孵幼虫群集为害，稍大分散为害。老熟幼虫在原处或枯叶中化蛹。卵期 5～6 天，成虫寿命 25～60 天。

3. 植食性瓢虫的防治

（1）人工捕杀　利用成虫假死习性，早晚摇动寄主植物，用塑料布接住落下的成虫集中杀死。产卵盛期采摘卵块毁掉。也可用捕虫网捕杀成虫。

（2）药剂防治　在幼虫孵化期或低龄幼虫期用药防治。可用 20％氰戊菊酯或 2.5％溴氰菊酯 3000 倍液，或灭杀毙 6000 倍液，或 50％辛硫磷乳油 1000 倍液，或 2.5%功夫乳油 4000 倍液喷雾。

二、叶甲类

又名金花虫，幼虫和成虫绝大多数为害植物叶部。体积小，圆形或椭圆形，色艳丽并具有金属光泽。触角多丝状，一般不超过体长的 2/3，复眼圆形，着生位置接近前胸。跗节隐 5 节。幼虫寡足型，体表常有枝刺、疣突，有的能分泌乳白色液体。成虫、幼虫均为植食性，多数食叶，少数潜叶或钻蛀为害。

（一）柳蓝叶甲

别名柳蓝金花虫，属鞘翅目叶甲科，寄主有旱柳、垂柳、黄金柳等柳属植物。分布于我国东北、西北、华东、华北、河南、湖北等地。以成、幼虫取食叶片成缺刻或孔洞，发生严重时，叶片成网状，仅留叶脉，在幼树上发生较为严重。

1. 形态特征

成虫体长约 4mm，椭圆形，体腹面黑色，鞘翅深蓝色，具金属光泽，头部横阔，触角基部细小，其余各节粗大，褐色至黑色，上生细毛；前胸背板光滑，小盾片黑色光滑，鞘翅上密生细点刻，体腹面、足色较深，具光泽。

卵橙黄色，长椭圆形，长约 0.8mm，成堆粘在叶面上。

老熟幼虫体长约 7mm，灰褐色，全身有黑褐色凸起物，胸部宽，体背每节具 4 个黑斑，两侧具肉质突起。

蛹长 4mm，椭圆形，黄褐色，腹部背面有 4 列黑斑。

2. 发生规律

北京一年发生 5~6 代，以成虫在土壤中、落叶、树干皮缝内和杂草丛中越冬。翌年柳树发芽时出蛰，为害芽、叶，并把卵产在叶上，成堆排列，卵期 4~7 天。初孵幼虫群集叶面取食叶肉组织，被害叶片呈网状。大龄幼虫分散危害，可直接蚕食幼叶和幼芽。幼虫期约 10 天，老熟幼虫以腹部末端粘着在叶片上化蛹。9 月中旬可同时见到成虫和幼虫，成虫有假死性，可作近距离迁飞，幼虫有群集性。第一代虫态整齐，以后有世代重叠现象。

（二）榆紫叶甲

榆紫叶甲又称榆紫金花虫，属鞘翅目叶甲科，它主要分布于辽宁、黑龙江、吉林、内蒙古、河北等地。榆紫叶甲是单食性食叶害虫，寄主是榆树。以成、幼虫取食榆树芽苞、叶子，为害重时将榆树叶片全部吃光，造成树势衰弱，观赏性降低。

1. 形态特征

成虫体长约 11mm，前胸背板及鞘翅上有光泽，呈紫红色与绿色相间，头和足深紫色，有蓝绿色光泽。成虫不善飞翔，具假死性。

卵长约 2mm，宽约 1mm，呈茶色。

2. 发生规律

一年发生 1 代，以成虫在土中越冬，次年榆树发芽时，越冬成虫开始出蛰，5月上旬卵开始孵化。卵期因气温不同而不同，一般 4~14 天，幼虫孵化后即取食，共 4 龄，幼虫期约 20 天。老熟幼虫于 5 月下旬开在树下土中化蛹，蛹期 10 天。6 月中旬出现新羽化的成虫。新羽化成虫上树后大量取食，进入夏季高温时，成虫群集于树干上蔽荫处或树洞里越夏。虫口密度大时，将叶片吃光后也群集在一起呈休眠状态。一般于 8 月下旬天气转凉时出蛰活动，开始交配，但当年不产卵，秋末相继下树入土越冬，入土深度 2～11cm，一般在距树干 60cm 范围内，3～6cm 深土层中居多。成虫不能飞翔，假死性较强，但在产卵盛期或休眠期，即使摇振枝干，也不易掉落。天凉时多于白天取食，夏日则白天潜伏于枝干或叶间，夜间出来取食。成虫、幼虫均沿叶缘取食，使叶成缺刻，以夏眠前取食量最多，虫口密度大时，常将叶肉吃光，残留主脉。卵产于枝梢或叶片上。卵期的天敌有跳小蜂等，幼虫期的天敌有长足寄蝇等，成虫期的天敌有中华大蟾蜍、灰山椒鸟等。

（三）防治叶甲的方法

1. 人工捕捉除治

树体不大或正值害虫取食为害的时期，利用叶甲的假死性，摇振榆树枝干，害虫落地后假死不动，此时便可人工捕杀。树木落叶后清理树下枯枝落叶、其他杂物和翻耕土壤，破坏成虫越冬场所，减少越冬成虫数量。

2. 化学药剂防治

初冬时用 3°Bé 石硫合剂仔细喷洒柳树主干，消灭越冬成虫。成虫和幼虫危害前期，向叶面喷洒 40% 氧化乐果 800 倍液或菊酯类药物，防治效果良好。若叶甲已上树为害，可采用喷洒百虫杀、灭幼脲等低毒药剂。为害严重的可喷洒 20% 菊杀乳油 2000 倍液或 50% 辛硫磷乳油 1000 倍液、20% 虫死净可湿性粉剂 2000 倍液等；也可用柴油、机油、速灭杀丁等农药，按 1∶1∶8 比例混合并浸泡制作毒绳，在叶甲出土活动前 3～5 天在树上捆绑 1～2 道。该方法效果较好，但毒绳制作及捆绑费工，且不安全。另外也可在树干上涂抹毒环。

3. 物理方法防治

用表面光滑的塑料布在主干基部捆绑一圈，宽度在 30cm 以上，使叶甲不能爬上树冠取食。要求树干平滑不存在大空隙，否则塑料捆绑不严影响防治效果。该方法捆绑时间不宜过长，否则将使树干腐烂而影响树木生长。最好春季捆绑至雨季前撤除。

（四）丁香潜叶跳甲

丁香潜叶跳甲为鞘翅目叶甲科植食性昆虫。寄主有朝鲜丁香、女贞。以成虫取食叶肉，幼虫潜食叶肉，在叶片形成蜿蜒的潜痕，为害重时整个叶片布满虫道，叶片变形变色，最后干枯。

1. 形态特征

成虫体卵圆形，长 2.5～2.8mm，宽 1.7～2.1mm，棕黄色。背面拱凸。头小，嵌入前胸背板。触角棕黄色，端部 4 节棕黑色，两触角距离近。前胸背板横阔，后端中部向后拱出，背板表面密布粗深刻点。小盾片极小，光滑无刻点，黑色。鞘翅密布刻点，略呈纵行排列。

卵呈长椭圆形，淡黄色，长约 1.4mm。

老熟幼虫体长 3～6mm，体宽而扁。头小，半圆形，黄褐色，后半部缩入前胸。前胸较长，背板硬化，色较深。三对胸足短小，淡黄色。腹部 10 节，第 1～第 8 节两侧呈泡状突出，其表面有 1 横褶，侧面各有圆形气门 1 个。

蛹为裸蛹，胸部特宽，黄色。

2. 发生规律

北方一年发生 1 代，以成虫在落叶下、表土层中越冬。翌年 5 月中旬上树取食。产卵期在 5 月下旬至 6 月下旬，历期 20 余天。6 月上旬幼虫开始孵化，潜食叶肉。经两周左右，幼虫老熟，脱叶入土化蛹。7 月上旬成虫羽化，经 20 余天取食，行补充营养，于 8 月下旬下树越冬。成虫白天活动，夜间停息在叶背及枝条上。飞翔力不强，善跳跃。成虫常在叶背取食叶片，取食 10～15 天后开始交配。交配在 12 时至日落前进行，交配后 2～3 天开始产卵。卵产于叶背的叶肉中。每处 1 粒。雄成虫在最后一次交配后，即陆续死亡。卵期 8～10 天。卵的孵化率仅有 40% 左右。幼虫孵化后即开始取食叶肉，在叶内钻成弯曲的食痕。食痕淡黄褐色，中央残留黑色粪便。从叶表可见食痕内的黄色幼虫。幼虫老熟后，咬破叶片下表皮，脱出落地，潜入表土层 1～2mm 处筑圆形土室化蛹。预蛹期 2～3 天。蛹期 7 天。

3. 跳甲类的防治

（1）人工防治　为害轻时，可结合修剪，人工剪除已经有虫潜入叶内的有虫叶片。

（2）化学防治　幼虫潜叶为害，故用药必须抓住产卵盛期至孵化初期的关键时刻。成虫危害期可采用 40% 乐果乳油 1000 倍液喷雾，对成虫、幼虫及卵均有良好的防治效果。5 月中旬用 40% 的氧化乐果、50% 的杀螟松 1000 倍液喷洒；6 月上中旬可选用 40% 的速扑杀 1500 倍液、灭杀毙 8000 倍液或 2.5% 溴氰菊酯、10% 溴·马乳油 2000 倍液、10% 菊·马乳油 1500 倍液、25% 爱卡士乳油 1000 倍液、80% 敌百虫可溶性粉剂或 90% 敌百虫晶体 1000 倍液、50% 辛硫磷乳油 1000 倍液喷洒植株。

第四节　直　翅　目

短额负蝗别名中华负蝗、尖头蚱蜢、小尖头蚱蜢。食性杂。寄主有蒲葵、散尾葵、美人蕉、棕榈、相思树、菊花、唐昌蒲、茶树、禾本科及莎草科植物，喜食草坪禾草。分布于东北、华北、西北、华中、华南、西南等地区。我国东部地区发生居多。以成虫、若虫食叶，影响植株生长。

1. 形态特征

成虫体长 20～30mm。夏型绿色，冬型褐色。头尖削，绿色型自复眼起向斜下有一条粉红纹，与前、中胸背板两侧下缘的粉红纹衔接。体表有浅黄色瘤状突起；后翅基部红色，端部淡绿色；前翅长度超过后足腿节端部约1/3。

卵长约3.5mm，长椭圆形，中间稍凹陷，一端较粗钝，黄褐至深黄色，卵壳表面呈鱼鳞状花纹。卵粒在卵块内倾斜排列成3~5行，并有胶丝裹成卵囊。

若虫共5龄，1龄若虫体长约0.4cm，草绿稍带黄色，前、中足褐色，有棕色环若干，全身布满颗粒状突起；2龄若虫体色逐渐变绿，前、后翅芽可辨；3龄若虫前胸背板稍凹以至平直，翅芽肉眼可见，前、后翅芽未合拢盖住后胸一半至全部；4龄若虫前胸背板后缘中央稍向后突出，后翅翅芽在外侧盖住前翅芽，开始合拢于背上；5龄若虫前胸背板向后方突出较大，形似成虫，翅芽增大到盖住腹部第三节或稍超过。

2. 发生规律

在华北及以北地区一年1代，以卵在沟边土中越冬。5月下旬至6月中旬为孵化盛期，7~8月份羽化为成虫。喜栖于地被多、湿度大、双子叶植物茂密的环境，在灌溉渠两侧发生多。天敌有麻雀、青蛙、大寄生蝇等。

3. 短额负蝗的防治

（1）人工捕捉　初龄若虫集中为害时，人工捕捉。

（2）药剂防治　制作毒饵防治：用麦麸100份＋水100份＋40%氧化乐果乳油0.15份混合拌匀，每公顷22.5kg。也可用鲜草100份切碎加水30份拌入上述药剂，每公顷12.5kg。随配随撒，不要过夜。

为害严重时可喷50%杀螟松乳油1000倍液，或喷施50%马拉硫磷乳油、75%杀虫双乳剂1000~1500倍液，或20%速灭杀丁乳油2000倍液喷雾。

（3）生物防治　保护利用麻雀、青蛙、寄生蝇等天敌，进行生物防治。

第五节　双　翅　目

刺槐瘿蚊属双翅目瘿蚊科，原分布于美国，近年来传播到世界许多国家和地区，2002年在日本和韩国发现；2003年在意大利等几个欧洲国家发现。2005年在我国辽宁省发现，2006年几乎遍及辽宁省各地，危害严重，且防治困难，并有继续猖獗危害的趋势。刺槐瘿蚊主要危害刺槐当年生嫩叶，每片小叶中幼虫最多可达18头，最少有2头。雌成虫产卵于当年生小叶背面，初孵幼虫刺吸取食汁液，显微观察被刺吸的叶肉组织变红。幼虫一般在叶缘刺吸取食，刺激刺槐小叶沿叶缘向叶背纵卷，随着小叶生长和幼虫龄期的增大，被害叶片卷缩加重，增厚变脆，轻则使新叶不能完全伸展，重则使小叶枯黄脱落，同时观察发现被害小叶更容易感染白粉病，影响刺槐的生长和观赏。

1. 形态特征

成虫体黑色，长约3~4mm，触角较长，念珠状，每节上密生黑色较长的纤毛；足细长，各节密生黑色纤毛；口器不明显；前翅布满黑色纤毛，脉纹简单，仅具三条纵脉，第一条从翅基部发出，在翅前缘 2/5 处斜伸达前缘；第二条基部较细，在翅 2/5 处加粗，一直伸达前翅外缘；第一条与第二条纵脉在翅基部 1/3 处有 1 斜脉相连；第三条纵脉于翅后缘着生，在翅后缘 2/5 处下弯，伸达后缘；后翅退化为平衡棒，红色，端部膨大成泡状；复眼大，占据头部大部分区域。

雌成虫较大，腹部肥硕，橙黄色，是肉眼鉴别雌雄的重要标志，腹末微尖，产卵器较明显。雄成虫稍小，触角长度约为雌成虫的二倍，腹部黑褐色，纤细，腹末具抱握器，基部膨大呈泡状，端部呈爪状，弯向背部。

卵长圆形，一头钝圆，一头微尖，长约为 150μm，宽约为 40μm，肉眼不可见。大多单产于小叶背，初产时颜色较浅，晶莹透明状，后颜色加深，渐变为淡黄至橙红色。

初孵幼虫体长约 0.2mm，老熟时体长最大可达 4.5mm。体纺锤形，嫩白色，近老熟时体色加深，渐变为淡黄色；前胸腹面中央具一浅褐色"Y"形骨片，是幼虫的弹跳器官，受惊扰时常向背腹两面扭动；幼虫的胸腹部背面两侧生有气门。

蛹体长约为 3mm，离蛹，翅、足、触角等粘连在一起，游离于蛹体外，下伸达蛹体的 3/4 处。初期体色与幼虫一样，均为嫩白色，后期颜色逐渐加深，变为淡黄色，至羽化前期蛹体头部和附肢等变为黑色。蛹体腹背每节凹陷处生有一排深褐色棘刺；头顶两侧各生有一个深褐色的长刺，直立而伸出于头顶。

2. 发生规律

刺槐瘿蚊在辽宁地区一年约发生 5 代，有明显的世代重叠现象。该虫完成一代约需 14～16 天。高温潮湿条件下发育周期缩短，气温降低后发育迟缓，周期延长。

成虫晴天傍晚活动频繁，阴雨天在叶片荫蔽处静栖。多于傍晚或光线较弱的白天羽化，雌成虫停栖时大多翅膀平铺，身体贴在小叶上，而雄成虫大多翅膀竖立在体背，细长的足将身体高高撑起。成虫寿命约 2～3 天，每雌平均产卵量约为 142 粒。观察发现成虫羽化前一天，蛹体一头变得很黑。羽化过程大约持续 3～5min。成虫羽化时往往需要借助刺槐小叶卷曲的边缘夹住蛹壳而挣脱出。室内饲养观察发现：已剥离小叶的蛹羽化出的成虫腹末常带有白色的蛹壳，不能脱掉。而野外已羽化出的刺槐小叶卷曲处常见到白色蛹壳。卵期约 3～4 天。初孵幼虫孵化后即可取食，造成小叶向叶背微卷，镜检可见叶肉组织失绿发红，随着虫体增大，叶片卷曲加重。幼虫期约 7～9 天。蛹期 4～5 天。

3. 刺槐瘿蚊的防治

（1）加强检疫　防止人为传播。

（2）林业技术防治　深翻树下土壤 10～15cm，杀死越冬蛹，减少越冬基数；春、夏梢抽发生长期，及时剪除被幼虫危害的叶片集中烧毁，减少虫源。

（3）化学防治　在害虫大发生时，为了迅速压低虫口密度，可以避开天敌活动盛期进行适当的化学防治。

成虫羽化期,在树冠下喷施50%辛硫磷乳油2000倍液或1500倍的氧化乐果,可杀死羽化后短距离爬行的成虫。在春、夏梢生长期,药液喷雾树冠,毒杀产卵成虫和初孵幼虫。

(4)生物防治 刺槐瘿蚊有多种捕食性天敌,如草蛉、蜘蛛、大赤螨、蜻蜓等,应加以保护和利用。

第二章 常见刺吸类害虫及防治

刺吸性害虫是园林植物上的一类重要害虫，以刺吸式口器吸食植物汁液，使受害部位发黄褪色、皱缩畸形、增生、形成虫瘿等。主要种类有同翅目蚜虫、蚧壳虫、粉虱、木虱、叶蝉，缨翅目蓟马，半翅目的蝽类，蜱螨目螨类等。

第一节 同 翅 目

一、蚜虫类

蚜虫类属同翅目蚜总科。体型小，繁殖能力强，生殖方式多样，寄主范围广。为害时多数在叶背、心叶，有一定隐蔽性，抗药性强。以成虫、若虫聚集为害，常使芽梢卷曲。该类害虫为害时排泄大量蜜露，容易诱发煤污病，有些蚜虫种类取食时成为病毒的传播者。蚜虫类多以卵在树木的枝条上越冬，在南方温暖地区可周年繁殖为害，与蚂蚁存在共生关系。

蚜虫类的天敌种类多，如瓢虫、食蚜蝇、寄生蜂、草蛉等，可利用这些天敌种类进行生物防治。

（一）桃蚜

桃蚜别名腻虫、烟蚜、桃赤蚜、油汉。桃蚜是广食性害虫，寄主植物约有74科285种。为害月季、海棠、郁金香、牡丹、百日草、金鱼草、金盏花、樱花、蜀葵、梅花、夹竹桃、香石竹、大丽花、菊花、仙客来、一品红、白兰、瓜叶菊等300多种花木。幼叶被害后，向反面横卷，呈不规则卷缩，最后干枯脱落，其排泄物诱发煤污病。

1. 形态特征

无翅雌蚜体长约 2.6mm，宽 1.1mm，体色有黄绿色、洋红色。腹管长筒形，是尾片的 2.37 倍，尾片黑褐色；尾片两侧各有 3 根长毛。有翅雌蚜体长约 2mm，腹部有黑褐色斑纹，翅无色透明，翅痣灰黄或青黄色。有翅雄蚜体长 1.3～1.9mm，体色深绿、灰黄、暗红或红褐。头胸部黑色。

卵椭圆形，长约 0.6mm，初为橙黄色，后变成漆黑色而有光泽。

2. 发生规律

桃蚜营转主寄生生活，其中冬寄主（原生寄主）植物主要有梨、桃、梅、樱桃等蔷薇科植物；夏寄主（次生寄主）植物种类繁多。

桃蚜一般营全周期生活，以受精卵在石榴、花椒、木槿和鼠李属几种植物枝条上越冬。早春，越冬卵孵化为干母，在冬寄主上营孤雌胎生，繁殖数代皆为干雌。

当断霜以后，产生有翅胎生雌蚜，迁飞到夏寄主上，并不断营孤雌胎生繁殖出无翅胎生雌蚜，继续进行为害，直至晚秋。当夏寄主衰老，不利于桃蚜生活时，才产生有翅性母蚜，迁飞到冬寄主上，生出无翅卵生雌蚜和有翅雄蚜，雌雄交配后，在冬寄主植物上产卵越冬。越冬卵抗寒力很强，即使在北方高寒地区也能安全越冬。桃蚜也可以有一直营孤雌生殖的不全周期生活，比如在南方温暖地区和北方地区的冬季，可在温室内寄主上继续繁殖为害。

桃蚜传播靠有翅蚜迁飞向远距离扩散。一年内有翅蚜迁飞3次，第一次是越冬后桃蚜从冬寄主向夏寄主上的迁飞，第二次是在夏寄主植物内或夏寄主植物之间的迁飞，第三次是桃蚜从夏寄主向冬寄主上的迁飞。5月中旬至6月中旬是有翅蚜迁飞的高峰期。10月中旬，天气转冷，蚜虫的夏寄主植株衰老，蚜虫开始向冬寄主上迁飞。

桃蚜的繁殖速度很快，华北地区一年可发生10余代，长江流域一年发生20~30代。春季气温达6℃以上时开始活动，早春、晚秋19~20天完成一代，夏、秋高温时期，4~5天繁殖一代。一只无翅胎生蚜可产出60~70只若蚜，产卵持续20余天。

桃蚜在不同年份发生量不同，主要受雨量、气温等气候因子影响。降雨是蚜虫发生的限制因素。

桃蚜的天敌有瓢虫、食蚜蝇、草蛉、烟蚜茧蜂、菜蚜茧蜂、蜘蛛、寄生菌等。

（二）棉蚜

也叫瓜蚜。可为害牡丹、美人蕉、郁金香、百合、葫芦科花卉、菊花、蜀葵、香石竹、鸡冠花、瓜叶菊、一串红、兰花、报春花、仙客来、木槿、玫瑰、月季、扶桑、紫荆等植物，还可传播病毒病。

以刺吸式口器插入寄主叶背面或幼嫩部分吸食汁液，受害叶片向背面卷缩，叶表有蚜虫排泄的蜜露，并往往滋生霉菌。与一种个体较小的黄蚁有共栖关系。

1. 形态特征

无翅胎生雌蚜体长不到2mm，身体有黄、青、深绿、暗绿等色。触角约为身体一半长。复眼暗红色。腹管黑青色，较短。尾片青色。有翅胎生蚜体长不到2mm，体黄色、浅绿或深绿。触角比身体短。翅透明，中脉三岔。

卵初产时橙黄色，6天后变为漆黑色，有光泽。卵产在越冬寄主的叶芽附近。

无翅若蚜与无翅胎生雌蚜相似，但体较小，腹部较瘦。有翅若蚜形状同无翅若蚜，2龄出现翅芽，向两侧后方伸展，端半部灰黄色。

2. 发生规律

南方冬季温暖地区可周年繁殖为害，其他地区以卵在越冬寄主上越冬。每年发生十几到三十几代，由北往南代数逐渐增加。越冬寄主主要有木槿、鼠李、花椒、石榴、蜀葵、夏枯草、车前草、菊花等。早春卵孵化后先在越冬寄主上生活繁殖几代，到夏寄主出苗阶段产生有翅胎生雌蚜，迁飞到夏寄主上为害和繁殖。当被害苗上棉蚜多而拥挤时，棉蚜再次迁飞，在田间扩散。晚秋气温降低，棉蚜从夏寄主上迁飞到越冬寄主上，产生雌、雄性蚜，交尾后产卵过冬。伏蚜主要发生在7月中下旬到8月份，适宜偏高的温度，在27～28℃下大量繁殖，当平均气温高于30℃时虫口才迅速减退。大雨对蚜虫虫口有明显的抑制作用，因此多雨的气候不利于蚜虫发生。而时晴时雨天气有利于伏蚜虫口增长。有翅蚜有趋黄色的习性，可用黄皿装清水或黄板涂凡士林诱集有翅蚜进行预测预报。棉蚜的天敌有瓢虫、草蛉、小花蝽、姬猎蝽、食蚜蝇、蜘蛛、蚜茧蜂、跳小蜂、蚜霉菌等。当天敌总数与棉蚜数的比例是1：40时，可以控制棉蚜数量。

（三）蚜虫类的防治

1. 清除虫源植物

播种前清洁育苗场地，拔掉杂草和各种残株；定植前尽早铲除田园周围的杂草，连同田间的残株落叶一并焚烧。

2. 加强田间管理

创湿润而不利于蚜虫滋生的田间小气候。

3. 人工诱蚜和趋蚜

在苗圃地周围设置黄板，插在苗地周围，高出地面0.5m，隔3～5m远设置一块，这样可以大量诱杀有翅蚜；也可用银膜避蚜。蚜虫是黄瓜花叶病毒的主要传播媒介，用银灰色地膜覆盖畦面，可减少蚜虫的为害。

4. 药剂防治

药剂防治是目前防治蚜虫最有效的措施。同时控制住蚜虫的危害也能有效地预防病毒病。有翅蚜迁飞之前，可使用敌敌畏乳油、氧化乐果乳油、二嗪磷乳油、杀螟硫磷乳油、辟蚜雾可溶性粉剂、溴氰菊酯乳油、菊·马合剂乳油等进行喷雾防治，喷药时要侧重叶片背面。

二、介壳虫类

介壳虫类属同翅目蚧总科。雌虫卵形、长卵圆形、半球形或圆球形，体壁坚硬，很多种类虫体边缘有褶。虫体外有各种蜡质覆盖物，有的为透明玻璃状分泌物，有的则为蜡粉或坚硬的蜡质层，体躯分节不明显。触角6～8节，有的退化。雄虫体长形纤弱，触角长，丝状或念珠状，10节。口器完全退化。有翅或无翅。

（一）白蜡蚧

白蜡蚧属同翅目蜡蚧科，国内分布广泛。为害水蜡、洋白蜡、小叶白蜡、长叶女贞、女贞、日本女贞、雪松和山茶等。以成虫、若虫在寄主枝条上刺吸为害，造成树势衰弱，生长缓慢，甚至枝条枯死。

1. 形态特征

雌成虫受精前背部隆起，蚌壳状，受精后扩大成半球状，长约10mm，高7mm左右。黄褐色、浅红至红褐色，散生浅黑色斑点，腹部黄绿色，雌性蚧壳表面有少量蜡质物质。雄成虫体长为2mm左右，黄褐色，翅透明，有虹彩光泽，尾部有 2 根白色蜡丝。

雌卵红褐色，雄卵浅黄色。

若虫黄褐色，卵圆形。

2. 发生规律

白蜡蚧一年发生 1 代，以受精雌成虫在枝条上越冬。华中地区翌年 3 月雌成虫虫体孕卵膨大，4 月上旬开始产卵，每雌产卵上千粒，卵期 7 天左右。初孵若虫在母体附近叶片上寄生，2 龄后转移至枝条上为害。雄若虫群集取食固定后分泌大量白色蜡质物，覆盖虫体和枝条，严重时，整个枝条呈白色棒状。10 月上旬雄成虫羽化，交配后死亡。受精雌成虫体逐渐长大，随着气温下降，陆续越冬。大连地区 6 月中下旬为若虫孵化盛期，昆明地区无越冬现象，3 月中旬若虫开始孵化。连续高温干旱或连雨绵绵不绝，可造成若虫大量死亡。

（二）康氏粉蚧

又叫桑粉蚧、李粉蚧、梨粉蚧，属同翅目粉蚧科。主要危害金橘、刺槐、樟树、山里红、茉莉、竹节万年青、糖槭、常春藤、佛手瓜、葡萄君子兰、麒麟掌等。以若虫和雌成虫刺吸芽、叶、果实、枝叶及根部的汁液，嫩枝和根部受害常肿胀且易纵裂而枯死。幼果受害多成畸形果。粉蚧排泄的蜜露常引起煤污病发生，影响植物光合作用。

1. 形态特征

雌性成虫椭圆形，较扁平，体长 3~5mm，粉红色，体被白色蜡粉，体缘具 17 对白色蜡刺，腹部末端 1 对几乎与体长相等。触角多为 8 节。多孔腺分布在虫体背、腹两面。雄成虫体紫褐色，体长约 1mm，翅展约 2mm，翅 1 对，透明。

卵椭圆形，浅橙黄色，卵囊白色絮状。

若虫椭圆形，扁平，淡黄色。

蛹淡紫色，长 1.2mm。

2. 发生规律

康氏粉蚧一年发生 3 代，以卵囊在树干及枝条的缝隙等处越冬。各代若虫孵化盛期为 5 月中、下旬，7 月中、下旬和 8 月下旬。若虫发育期，雌虫为 35~50 天，雄虫为 25~37 天。雄若虫化蛹于白色长形的茧中。每头雌成虫可产卵约 350 粒，卵囊多分布于树皮裂缝等处。在花木上，成虫和若虫多聚集在幼芽、嫩枝上为害。

（三）紫薇绒蚧

紫薇绒蚧属同翅目绒蚧科。绒蚧在中国许多地区均有发生，尤其在华北、华中地区。寄主有紫薇、石榴等花木，以若虫和雌成虫寄生于植株枝、干和芽腋等处，吸食汁液。其排泄物能诱发煤污病，影响花卉的生长发育和观赏。虫口密度大时枝叶发黑，叶子早落，开花不正常，甚至全株枯死。已成为园林植物的重要害虫之一。

1. 形态特征

雌成虫扁平，长约 2～3mm，椭圆形，暗紫红色，老熟时外包白色绒质蚧壳。雄成虫体长约 0.3mm，翅展约 1mm，紫红色。

卵呈卵圆形，紫红色，长约 0.25mm。

若虫椭圆形，紫红色，虫体周缘有刺突。

雄蛹紫褐色，长卵圆形，外包以袋状绒质白色茧。

2. 发生规律

该虫发生代数因地区而异，由北向南代数逐渐增加，一年发生 2～4 代；如北京地区一年发生 2 代，上海一年发生 3 代，山东一年能发生 4 代。以受精雌虫、2 龄若虫或卵等虫态越冬，常在树皮的裂缝内。每年的 6 月上旬至 7 月中旬以及 8 中下旬至 9 月份为若虫孵化盛期，但在一年发生 3～4 代的地区，在 3 月底 4 月初就能发现第一代若虫为害。绒蚧在温暖高湿环境下繁殖快，干热对它的发育有影响。

（四）桑白蚧

桑白蚧又名桑盾蚧、桃介壳虫，属同翅目盾蚧科。分布于辽宁，华东、华中、华南、西南等省。寄主有梅、桑、枇杷、杨、柳、丁香、苦楝等多种植物。以雌成虫和若虫群集固着在枝干上吸食养分，严重时灰白色的介壳密集重叠，形成枝条表面凹凸不平，树势衰弱，枯枝增多，甚至全株死亡。若不加以有效防治，3～5 年内可将全园毁灭。

1. 形态特征

桑白蚧雌成虫橙黄或橙红色，体扁平，卵圆形，长约 1mm，腹部分节明显。雌介壳圆形，直径 2～2.5mm，中央略隆起，有螺旋纹，灰白至灰褐色，壳点黄褐色，在介壳中央偏旁。雄成虫橙黄至橙红色，体长约 0.6mm，仅有翅 1 对。雄介壳细长，白色，长约 1mm，背面有 3 条纵脊，壳点橙黄色，位于介壳的前端。

卵椭圆形，长径仅 0.25～0.3mm。初产时淡粉红色，渐变淡黄褐色，孵化前橙红色。

初孵若虫淡黄褐色，扁椭圆形，体长 0.3mm 左右，可见触角、复眼和足，能爬行，腹末端具尾毛两根，体表有绵毛状物遮盖。脱皮之后眼、触角、足、尾毛均退化或消失，固定取食为害，并开始分泌蜡质介壳。

2. 发生规律

主要以受精雌虫在寄主上越冬。春天，越冬雌虫开始吸食树液，虫体迅速膨大，体内卵粒逐渐形成，遂产卵在介壳内，每雌产卵 50～120 余粒。卵期 10 天左右（夏秋季节卵期 4～7 天）。若虫孵出后具触角、复眼和胸足，从介壳底下各自爬向合适的处所，以口针插入树皮组织吸食汁液后就固定不再移动，经 5～7 天开始分泌出白色蜡粉覆盖于体上。雌若虫期 2 龄，第 2 次脱皮后变为雌成虫。雄若虫期也为 2 龄，脱第 2 次皮后变为"前蛹"，再经脱皮为"蛹"，最后羽化为具翅的雄成虫。但雄成虫寿命仅 1 天左右，交尾后不久就死亡。

桑白蚧的天敌种类较多，桑白蚧褐黄蚜小蜂是寄生性天敌中的优势种，红点唇瓢虫和日本方头甲则是捕食性天敌中的优势种，它们是在自然界中控制桑白蚧的有效天敌。

（五）介壳虫类的防治

根据蚧壳虫的虫体结构和为害特点，应采用人工防治、生物防治与化学防治相结合的综合治理措施。

1. 加强检疫

严格执行检疫制度，不引进带虫苗木，不从带虫苗木上取接穗或插条，杜绝各类蚧壳虫的传播。

2. 农业防治

冬季结合修剪消灭成虫，避免来年春季若虫大量发生，剪除虫害危害严重、带有越冬虫态的枝条，也可用硬毛刷或细钢丝刷刷除寄主枝干上的虫体；加强管理，注意通风，合理施肥，科学浇水，增强树势及抗病能力；生长期尽量不做强修剪，必须修剪时，修剪后需每隔7～10天喷一次保护性杀菌剂，连续喷3～4次；经常查看虫情，检查是否有白色絮状物产生，及早发现，适时防治。

3. 生物防治

注意保护和利用介壳虫的天敌，如寄生蜂、捕食瓢虫、草蛉等。田间寄生蜂的自然寄生率比较高，有时可达70%～80%

4. 化学防治

在早春萌芽前喷洒波美3～5°Bé石硫合剂，杀死越冬虫态。

在卵孵化盛期或1龄若虫期进行药物防治效果好，可选用40%速蚧克（即速扑杀）乳油1500倍液，或狂杀蚧1000～1500倍液，或蚧杀1000倍液，或48%毒死蜱乳油（乐斯本）1200倍液，或40%氧化乐果乳油1000倍液，或50%杀螟松乳油800倍液等。每隔5～7天喷洒一次，连续用药2～3次，就能将其大部分铲除。

在若虫分散转移期，分泌蜡粉形成介壳之前可喷洒2.5%敌杀死或功夫乳油或20%灭扫利乳油、20%速灭杀丁乳油3000～4000倍液、10%氯氰菊酯乳油1000～2000倍液、50%马拉硫磷或杀螟松或稻丰散乳油1000倍液；或使用含油量0.2%的黏土柴油乳剂混合80%敌敌畏乳剂、50%混灭威乳剂、50%杀螟松可湿性粉剂、或50%马拉硫磷乳剂的1000倍液。（黏土柴油乳剂配制：轻柴油1份，干黏土细粉末2份，水2份。按比例将柴油倒入黏土粉中，完全湿润后搅成糊状，将水慢慢加入，并用力搅拌，至表层无浮油即制成含油量为20%的黏土柴油乳剂原液。）此外，40%速扑杀乳剂700倍液亦有高效。

对已开始分泌蜡粉介壳的若虫，如用含油量0.3%～0.5%柴油乳剂或黏土柴油乳剂混用，可延长防治时期，提高防效。

防治成蚧时可以使用狂杀蚧800～1000倍液进行均匀喷施。喷药时注意全株喷洒（包括病株、健康株），叶正反面要均匀着药；受害株数较少时，可用浸透机油或酒精的湿棉球反复擦拭危害处,能将若虫彻底杀掉。

三、木虱类

木虱类属同翅目木虱科。体小型,似蝉。触角丝状,细长,10 节,末端有 2 刚毛。翅脉自基部出来只有一条,中途分为 3 条,最后再分为 2。后足基节有疣突。若虫能分泌许多蜡质,似棉絮。

朴盾木虱属同翅目木虱科,是为害小叶朴的专食性害虫。

1. 形态特征

朴盾木虱成虫体到翅端长 4.3～5.3mm,黄褐或黑褐色,被黄色短毛。头顶横宽、粗糙,具大黑斑。复眼红褐色,单眼橙黄色。触角丝状,末节末端有刚毛 2 根。

初期龄若虫淡褐色,足、触角黑色,翅芽初显露;5 龄若虫体长 2.4～3.2mm,黄白色或淡肉红色,复眼红棕色,单眼橙黄色,翅芽卵圆形,腹部圆形,淡绿或黄绿色。

2. 发生规律

一年 1～2 代,辽宁地区一年 2 代,以卵在芽片内越冬,每年 4 月朴树初展嫩叶时,卵开始孵化,若虫共 5 龄。为害期每代持续 30 多天,若虫在嫩叶背面固定为害,并逐渐形成椭圆形白色蜡壳,其长径 4～8mm,短径 3～5mm。之后在叶面形成长角状虫瘿,瘿角长 4～8mm,被害严重者一叶有瘿角 30 多个。瘿角反面白色圆形,蜡壳明显。此时若虫已近老熟,于 5 月中、下旬前后成虫大量羽化,成虫由蜡壳边缘爬出,停息叶上,一受惊动即可飞起。成虫交尾后,产卵于芽片内越冬。若虫期天敌有一种蚜小蜂寄生。

3. 木虱的防治

(1) 加强林木检疫　严禁带虫苗木外运和引进,防止传播蔓延。

(2) 保护和利用天敌　如瓢虫、草蛉、食虫虻及寄生蜂等天敌。

(3) 冬季剪除有卵枝　也可用石灰 16.5kg、牛皮胶 0.25kg、食盐 0.5kg,配成白涂剂,涂抹树干,消灭越冬卵。

(4) 化学防治　4 月中旬初展叶期,木虱为害尚未形成虫瘿角前,用 40% 氧化乐果乳油 1500 倍液喷治,可早期消灭小若虫,效果良好。在秋末至第二年春,用 65% 肥皂矿物油稀释至 8 倍,喷洒于树干、枝条,消灭越冬卵。

四、粉虱类

粉虱类属同翅目粉虱科。体微小,翅膜质,翅脉少,前翅仅有 2～3 条,前后翅相似,后翅略小。体翅均有白色蜡粉。成、若虫有 1 个特殊的皿状孔,开口在腹部末端的背面。除了经历卵期、若虫期和成虫期,还有一段不食不动的伪蛹期。

温室白粉虱俗称小白蛾子。分布于世界各地温室,是园林植物的重要害虫。寄主植物广泛,主要有一串红、观赏椒、观赏茄、倒挂金钟、瓜叶菊、万寿菊、大丽花、夜来香、杜鹃花、扶桑、茉莉、佛手等。

成虫和若虫吸食植物汁液，被害叶片褪绿、变黄、萎蔫，甚至全株枯死。成虫、若虫为害时分泌大量蜜露，严重污染叶片和果实，往往引起煤污病的大发生，影响植物的生长和观赏价值。

1. 形态特征

温室白粉虱成虫体长 1~1.5mm，淡黄色。体和翅面覆盖白蜡粉，停息时双翅在体上合成屋脊状，翅端半圆状遮住整个腹部，翅脉简单，沿翅外缘有一排小颗粒。

卵长约 0.2mm，长椭圆形，基部有卵柄，柄长 0.02mm，从叶背的气孔插入植物组织中。初产淡绿色，覆有蜡粉，而后渐变褐色，孵化前呈黑色。

1 龄若虫体长约 0.3mm，长椭圆形，2 龄约 0.4mm，3 龄约 0.5mm，淡绿色或黄绿色，足和触角退化，紧贴在叶片上营固着生活。4 龄若虫又称伪蛹，体长约 0.8mm，椭圆形，初期体扁平，逐渐加厚，侧面观呈蛋糕状，中央略高，黄褐色，体背有长短不齐的蜡丝，体侧有刺。

2. 发生规律

温室白粉虱一年可发生 10 余代，以各虫态在温室越冬或继续为害。冬季在我国北方露地条件下不能存活，通常要在温室植物上继续繁殖为害，无滞育或休眠现象。现在北方温室生产和露地生产衔接和相互交替，可使白粉虱周年发生。白粉虱繁殖的适温为 18~21℃，在温室条件下，约 1 个月完成一代。冬季温室花卉、苗木上的白粉虱，是露地花木的虫源，第二年通过苗木定植移栽时转入大棚或露地，或乘温室开窗通风时迁飞至露地。所以白粉虱的蔓延，人为因素起着重要作用。

成虫羽化后 13 天可交配产卵，也可进行孤雌生殖，其后代为雄性。成虫有趋嫩习性，群居于嫩叶叶背，随着植株的生长不断追逐顶部嫩叶，因此在植物株自上而下白粉虱的分布为：新产的绿卵、变黑的卵、幼龄若虫、老龄若虫、伪蛹。新羽化成虫产的卵以卵柄从气孔插入叶片组织中，与寄主植物保持水分平衡，很难脱落。若虫孵化后 3 天内在叶背可做短距离游走，当口器插入叶组织后足退化，开始营固着生活。

白粉虱的种群数量，由春至秋持续发展，夏季的高温多雨抑制作用不明显，到秋季数量达到高峰，7、8 月份间虫口密度较大，8、9 月份间为害严重。10 月下旬后，气温下降，虫口数量逐渐减少，并开始向温室内迁移为害或越冬。此虫世代重叠严重。

天敌有瓢虫、草蛉、寄生蜂、寄生菌等。

3. 粉虱类的防治

（1）培育"无虫苗" 把苗房和生产温室分开，育苗前彻底熏杀残余虫口，清理杂草和残株，以及在通风口密封尼龙纱，控制外来虫源。

（2）药剂防治 早春发芽前结合防治介壳虫、蚜虫、红蜘蛛等害虫，喷洒含油量 5% 的柴油乳剂或黏土柴油乳剂，毒杀越冬虫态。

粉虱世代重叠现象严重，在同一时间同一植物上存在各虫态，所以必须连续几次用药，才能达到较好的防效。可选用10%扑虱灵乳油1000倍液（对粉虱有特效）、25%灭螨猛乳油1000倍液（对粉虱成虫、卵和若虫皆有效）、2.5%天王星乳油3000倍液（可杀成虫、若虫、伪蛹，对卵的效果不明显）、2.5%功夫乳油3000倍液、20%灭扫利乳油2000倍液，1.8%爱福丁乳油4500倍液和5%锐劲特悬浮剂1500倍液，均有较好效果。

（3）保护和引放天敌　可人工繁殖释放丽蚜小蜂，每隔两周放1次，共3次。释放丽蚜小蜂成蜂15头/株，寄生蜂可在温室内建立种群并能有效地控制白粉虱为害。

（4）物理防治　白粉虱对黄色有强烈趋性，可在温室内设置黄板诱杀成虫。方法是利用废旧的纤维板或硬纸板，裁成1m×0.2m长条，用油漆涂为橙黄色，再涂上一层黏油，可使用10号机油加少许黄油调匀，每亩设置33块黄板，置于行间，可与植株高度相同。当粉虱粘满板面时，需及时重涂黏油，一般可7～10天重涂1次。要防止油滴在植物上造成烧伤。黄板诱杀与释放丽蚜小蜂可协调运用，并配合生产"无虫苗"。

五、蜡蝉类

体中型，色泽美丽。触角刚毛状，前后翅端部翅脉呈网状。能分泌白色蜡粉，额常延伸成象鼻状。成虫、若虫均善跳。

斑衣蜡蝉属同翅目蜡蝉科，民间俗称"花姑娘"。在东北、华北、华东、西北、西南、华南以及台湾等地区均发生。寄主臭椿、樱、梅、珍珠梅、海棠、桃、石榴等花木。以成虫、若虫群集在叶背、嫩梢上刺吸为害，栖息时头翘起，有时可见数十头群集在新梢上，排列成一条直线；被害植株可同时发生煤污病或嫩梢萎缩、畸形等，严重影响植株的生长发育和观赏价值。

1. 形态特征

成虫体长14～20mm，翅展40～50mm，全身灰褐色；前翅革质，基部约三分之二为淡褐色，翅面具有20个左右的黑点；端部约三分之一为深褐色；后翅膜质，基部鲜红色，具有7～8个黑点；端部黑色。体翅表面附有白色蜡粉。

卵长柱形，褐色，长约3mm，排列成块，被有褐色蜡粉。

若虫体形似成虫，初孵时白色，后变为黑色，低龄若虫体黑色，上面具有许多小白点。大龄若虫最漂亮，通红的身体上有黑色和白色斑纹。

2. 发生规律

一年发生1代。以卵在树干或附近建筑物上越冬。翌年4月中下旬若虫孵化危害，5月上旬为盛孵期；若虫稍有惊动即跳跃而去。经三次脱皮，6月中、下旬至7月上旬羽化为成虫，为害至10月份。8月中旬开始交尾产卵，卵多产在树干的南方，或树枝分叉处。一般每块卵有40～50粒，多时可达百余粒，卵块排列整齐，覆盖褐色蜡粉。成虫、若虫均具有群栖性，飞翔力较弱，但善于跳跃，斑衣蜡蝉喜干燥炎热处。

3. 斑衣蜡蝉的防治

(1) 人工防治　冬季或早春刮除树干上和寄主周围建筑物上的卵块；为害季节可用捕虫网人工捕捉成虫和若虫。

(2) 合理配置园林植物　斑衣蜡蝉以臭椿为原寄主，在为害严重的纯林内，应改种其他树种或营造混交林。

(3) 化学药剂防治　若虫、成虫发生期，可选喷40％氧化乐果乳油1000倍液，或50％辛硫磷乳油2000倍液喷雾防治。

六、叶蝉类

体小型，触角刚毛状，似蝉，复眼发达。前翅革质，后翅膜质，后足胫节有2排小刺。善跳，常横走，刺吸植物汁液，并能传播病毒。卵产在寄主植物组织内。

大青叶蝉，别名青叶跳蝉、青大叶蝉、青叶蝉、大绿浮尘子、菜蚱蜢，属同翅目叶蝉科，在世界各地广泛分布，国内分布于东北三省、内蒙古、河北、河南、山东、陕西、安徽、江西、江苏、浙江、福建、湖北、湖南、广东、海南、贵州、四川、甘肃、宁夏、青海、新疆等省区。寄主植物有杨、柳、梧桐、白蜡、桧柏、刺槐、苹果、桃、梨和草坪等。大青叶蝉以成虫和若虫为害植物叶片，刺吸汁液，造成褪色、畸形、卷缩，甚至全叶枯死。为害茎时可造成坏死和枯萎。此外，还可传播病毒病。

1. 形态特征

雌虫体长9～10mm，雄虫体长7～8mm。体青绿色，头淡黄色，复眼黄绿色。前胸背板淡黄绿色，后半部深青绿色。小盾片淡黄绿色，中间横刻痕较短，不伸达边缘。前翅绿色，带有青蓝色泽，前缘淡白，端部透明，翅脉有狭窄的淡黑色边缘。后翅烟黑色，半透明。腹部背面蓝黑色，胸、腹部腹面及足为橙黄色。

卵为白色微黄，长卵圆形，长约1.6mm，宽0.4mm，中间微弯曲，一端稍细，表面光滑。初产时卵为淡黄色，近孵化时可见红色眼点。

若虫初孵化时为白色，微带黄绿。头大腹小，复眼红色，几个小时后，体色渐变淡黄、浅灰或灰黑色。3龄后出现翅芽。老熟若虫体长6～7mm，头冠部有2个黑斑，胸背及两侧有4条褐色纵纹直达腹端。外形似成虫，但翅未发育完整，仅具翅芽。

2. 发生规律

各地的世代有差异，由北向南代数增加，如吉林的一年发生2代，河北以南各省份1年发生3代，热带地区一年发生5代。2代区各代发生期为4月下旬至7月中旬、6月中旬至11月上旬。

大青叶蝉以卵在林木嫩梢和干部皮层内越冬。若虫近孵化时，卵的顶端常露在产卵痕外。越冬卵的孵化与温度关系密切。孵化较早的卵块多在树干的东南向。若虫孵出后大约经1h开始取食。1天以后，跳跃能力渐渐强大。初孵若虫群聚在寄主叶面或嫩茎上为害，偶然受惊便斜行或横行，由叶面向叶背逃避，如惊动太大，便跳跃而逃。气温冷凉或潮湿时不活跃；午前到黄昏，较为活跃。若虫爬行一般均由下往上，多沿树木枝干上行，极少下行。若虫孵出3天后大多由原来产卵寄主植物上，移到矮小的寄主如禾本科植物上危害。刚羽化的成虫体色较淡，经几个小时，体色变为正常，行动活泼，遇惊也能斜行或横行逃避，如惊动过大时跳跃逃走，飞翔能力较弱，光照强时活动较盛。成虫喜潮湿背风处，多集中在生长茂密，嫩绿多汁的杂草和植物上昼夜刺吸为害。经过1个多月的补充营养后才交尾产卵。交尾产卵均在白天进行，雌成虫交尾后1天即可产卵。产卵时，雌成虫先用锯状产卵器刺破寄主植物表皮形成月牙形产卵痕，再将卵成排产于表皮下。每块卵2～15粒。夏季卵多产于芦苇、野燕麦、早熟禾等禾本科植物的茎秆和叶鞘上；越冬卵产于林木幼嫩光滑的枝条和主干上，以直径1.5～5cm的枝条着卵密度最大。在1～2年生苗木及幼树上，卵块多集中于1m以下的主干上、越靠近地面卵块密度越大。在3～4年生幼树上，卵块多集中于1.2～3m高处的主干与侧枝上，以低层侧枝上卵块密度最大。夏、秋季卵期9～15天，越冬卵期则长达5个月以上。

成虫有强趋光性，仅晚秋表现不明显。喜弹跳，日夜均可活动取食。

3. 叶蝉类的防治

（1）灯光诱杀　在成虫期利用灯光诱杀，可以大量消灭成虫。

（2）人工防治　成虫早晨不活跃，可以在露水未平时，进行网捕。

（3）化学药剂防治　在9月底10月初或10月中旬前后，当雌成虫转移至树木产卵，以及4月中旬越冬卵孵化，幼龄若虫转移到矮小植物上时，虫口集中，可以用90%敌百虫晶体、80%敌敌畏乳油、50%辛硫磷乳油、50%甲胺磷乳油1000倍液喷杀。

第二节　缨　翅　目

蓟马类属于昆虫纲缨翅目。因本目昆虫有许多种类常栖息在大蓟、小蓟等植物的花中，故名蓟马。蓟马是一类吸食植物汁液的昆虫，幼虫呈白色，黄色，或橘色，成虫则呈棕色或黑色。被害植株的叶子和花朵常呈现灰白色，最后干枯死亡。

蓟马类体细长，成虫体长一般为1～2mm，黑、褐或黄色，口器锉吸式，上颚口针多不对称。翅狭长，边缘有很多长而整齐的缨状缘毛。足跗节端部有可伸缩的端泡。昆虫个体小，行动敏捷，能飞善跳，多生活在植物花中取食花粉和花蜜，或以植物的嫩梢、叶片及果实为生，成为花卉和林果的一害。在蓟马中也有许多种类栖息于林木的树皮与枯枝落叶下，或草丛根际间，取食菌类的孢子、菌丝体或腐殖质。此外，还有少数捕食蚜虫、粉虱、介壳虫、螨类等，成为害虫的天敌。

为害园林植物的蓟马类主要有花蓟马、烟蓟马和管蓟马等。

（一）花蓟马

花蓟马又名台湾蓟马。为害月季、香石竹、唐菖蒲、菊花、大丽花、美人蕉、木槿、紫薇、兰花、荷花、夹竹桃、茉莉、橘等。以成虫和若虫为害园林植物的花，有时也为害嫩叶。

1. 形态特征

花蓟马成虫体长约 1.3mm，褐色，头胸部黄褐色；触角较粗壮，头顶前缘在两复眼间较平，仅中央稍突；前翅较宽短，前脉鬃 20～21 根，后脉鬃 14～16 根；第 8 腹节背面后缘梳完整，齿上有细毛；头、前胸、翅脉及腹端鬃较粗壮且黑。

2 龄若虫体长约 1mm，黄色，复眼红；第 9 腹节后缘有一圈清楚的微齿。

2. 发生规律

花蓟马在我国南方年发生 11～14 代，以成虫越冬。成虫喜花，卵大部分产于花内植物组织中，如花瓣、花丝、花膜、花柄，一般产在花瓣上。每雌产卵约 180 粒。

（二）烟蓟马

烟蓟马又名棉蓟马、瓜蓟马。分布于全国各地。为害香石竹、芍药、冬珊瑚、李、梅、葡萄、柑橘以及多种锦葵科植物。

烟蓟马为害使茎叶的正反两面出现失绿或黄褐色斑点、斑纹，使其他花卉水分较多的叶组织增厚、变脆，向正面翻卷或破裂，以致造成落叶，影响生长。花瓣也会出现失色斑纹而影响质量。

1. 形态特征

成虫体长约 1.2mm，黄褐色。复眼紫红，单眼 3 个，其后两侧有一对短鬃。翅狭长，透明，前脉上有鬃 10～13 根，后脉上有鬃 15～16 根。

卵乳白，长约 0.3mm，肾形。

若虫体淡黄，胸、腹部各节有微细褐点，点上生粗毛。4 龄翅芽明显，不取食可活动，称伪蛹。

2. 发生规律

山东一年发生 6～10 代，华南 10 代以上。多以成虫或若虫在土缝或杂草残株上越冬，少数以伪蛹在土中越冬。5～6 月份是为害盛期。成虫活跃，能飞善跳，扩散快，白天喜在隐蔽处为害，夜间或阴天在叶面上为害，多行孤雌生殖。卵多产在叶背皮下或叶脉内，卵期 6～7 天。初孵若虫活动弱，多集中在叶背的叶脉两侧为害，世代重叠。9 月份虫量明显减少，10 月份开始越冬。主要天敌有小花蝽、姬猎蝽、带纹蓟马等。

（三）蓟马类的防治

1. 农业防治

春季彻底清除杂草，可有效降低蓟马的为害。

2. 保护和利用天敌
3. 化学防治

蓟马为害初期用药物进行防治。40％氧化乐果乳油每亩60mL兑水喷雾；50％甲萘威可湿性粉剂1000倍液喷雾。为害初期可喷洒10％吡虫啉可湿性粉剂2500倍液、40％七星保乳油600～800倍液、18％杀虫双水剂300～400倍液、50％马拉硫磷乳油1000倍液、50％辛硫磷乳油或95％巴丹可溶性粉剂1000～1500倍液。

第三节 半 翅 目

一、网蝽类

网蝽类属同翅目网蝽科。体小型，扁平，头和前胸背板以及前翅呈网状，触角4节，末端膨大，前胸背板向后延伸盖住小盾片。跗节2节。

梨网蝽也叫梨冠网蝽、梨花网蝽、梨军配虫，属半翅目网蝽科，寄主有月季、杜鹃、梅花、桃、梨、樱花、海棠、含笑、茶花、茉莉、腊梅、桑、泡桐、杨等。分布于吉林、辽宁、北京、河北、河南、山西、山东、陕西、甘肃、安徽、四川、重庆、江苏、浙江、湖南、湖北、云南、贵州、广东、广西、江西等地。

以成虫、若虫在叶背吸食汁液，被害叶正面形成苍白点，叶片背面有褐色斑点状虫粪及分泌物，使整个叶背呈锈黄色，严重时被害叶早落。

1. 形态特征

成虫体长3.3～3.5mm，扁平，暗褐色。头小，复眼暗黑色，触角丝状，翅上布满网状纹。前胸背板隆起，向后延伸呈扁板状，盖住小盾片，两侧向外突出呈翼状。前翅合叠，其上黑斑构成"X"形黑褐斑纹。虫体胸腹面黑褐色，有白粉。腹部金黄色，有黑色斑纹。足黄褐色。

卵长椭圆形，长约0.6mm，稍弯，初淡绿后淡黄色。

若虫暗褐色，外形似成虫，翅芽明显，头、胸、腹部均有刺突。

2. 发生规律

华北一年3～4代，黄河故道4～5代，以成虫在枯枝落叶、老翘皮、树缝、杂草及土石缝中越冬。翌年梨树展叶时成虫开始活动，世代重叠。10月中旬后成虫陆续寻找适宜场所越冬。卵产在叶背叶脉两侧的组织内。卵上附有黄褐色胶状物，卵期约15天。若虫孵出后群集在叶背主脉两侧为害。

3. 网蝽类的防治

（1）人工防治 秋末在木本植物树干上绑草，诱集越冬成虫；冬季或早春彻底清除杂草、落叶，集中烧毁，以压低虫源，减轻来年为害。

（2）生物防治 保护、利用天敌，天敌有军配盲蝽等。

（3）化学防治 一代若虫孵化盛期及越冬成虫出蛰后及时喷洒50％马拉硫

磷乳油或 40％乐果乳油 1000～1500 倍液、50％敌敌畏乳油或 90％敌百虫晶体 800～1000 倍液、2.5％敌杀死乳油或 2.5％功夫乳油或 20％灭扫利乳油 3000 倍液。

二、盲蝽类

盲蝽类属同翅目盲蝽科。多数小型，体纤弱；触角 4 节；无单眼；喙长，4 节，第 1 节与头部等长或较长。同种中有长翅、短翅或无翅型，雄虫一般为长翅型，雌虫为短翅或无翅型。大多数为植食性。

绿盲蝽别名花叶虫、小臭虫等，属半翅目盲蝽科。寄主有菊花、大丽花、月季、海棠、山茶花、紫薇、扶桑等。以成虫、若虫刺吸植株顶芽、嫩叶、花蕾上的汁液，叶片受害形成具大量破孔、皱缩不平的"破疯叶"。腋芽、生长点受害造成腋芽丛生，破叶累累似扫帚苗。幼蕾受害变成黄褐色干枯或脱落。

1. 形态特征

成虫体长 5mm，宽 2.2mm，绿色，密被短毛。头部三角形，黄绿色，复眼黑灰色突出，无单眼。触角 4 节，丝状，较短，约为体长 2/3，向端部颜色渐深，1 节黄绿色，4 节黑褐色。前胸背板深绿色，布许多小黑点，前缘宽。小盾片三角形微突，黄绿色，中央具 1 浅纵纹。前翅膜片半透明暗灰色，其余部分绿色。后足腿节末端具褐色环斑，雌虫后足腿节较雄虫短，不超过腹部末端。跗节 3 节，末端黑色。

卵长约 1mm，黄绿色，长口袋形，卵盖奶黄色，中央凹陷，两端突起，边缘无附属物。

若虫 5 龄，与成虫相似。初孵时绿色，复眼桃红色。2 龄黄褐色，3 龄出现翅芽，4 龄翅芽超过第 1 腹节，2、3、4 龄触角端和足端黑褐色，5 龄后全体鲜绿色，密被黑细毛。

2. 发生规律

绿盲蝽每年可发生 3～7 代，由南向北发生代数逐渐减少。在大部分地区，绿盲蝽以卵在寄主的皮组织内越冬，少数地区则以成虫在杂草间、树木树皮裂缝及枯枝落叶下越冬。春季木本植物开始发芽时，绿盲蝽转移到木本植物上为害。绿盲蝽的越冬卵一般要在相对湿度为 60％以上时才大量孵化。一般 6～8 月份降雨偏多的年份，有利于绿盲蝽的发生为害。

3. 盲蝽类的防治

（1）农业防治　3 月份以前结合积肥除去田间杂草，消灭越冬卵，减少早春虫口基数。

（2）化学防治　树体发芽展叶期，用药剂防治，可选用 20％杀灭菊酯乳剂 2000 倍液，2.5％溴氰菊酯乳油 3000 倍液，20％氰戊菊酯乳油 3000 倍液，50％对硫磷乳油 2000 倍液喷雾防治。

第四节 蜱 螨 目

一、叶螨类

叶螨也叫红蜘蛛、火龙虫。属蛛形纲蜱螨目叶螨科。叶螨危害的植物有菊花、月季、凤仙花、杨、柳、榆、柞、云杉等，叶螨以不同虫态在叶背主脉附近吸食汁液，受害叶片正面可见失绿的小灰点，以后逐渐变红，严重时全叶呈褐色枯黄，叶上有丝网。被害叶片脱落，影响植株生长。常见种类有山楂叶螨、朱砂叶螨、二点叶螨等。

（一）山楂叶螨

山楂叶螨属叶螨科、叶螨属，又名山楂红蜘蛛。分布于北京、辽宁、内蒙古、河北、河南、山东、山西、陕西、宁夏、甘肃、江苏、江西，为害樱花、贴梗海棠、西府海棠、碧桃、榆叶梅、锦葵等花木及苹果、梨、桃、山楂、李、杏等果树。多在叶背为害，严重时吐丝结网，使叶片呈现失绿斑点，枯黄早落。

1. 形态特征

雌螨体长 0.54mm，体宽 0.28mm。椭圆形，深红色，足及颚体部分橘黄色。越冬雌螨橘红色。须肢端感器锥形，其长度与基部宽度略等，背感器小枝状，其长度略短于端感器。气门沟末端具分支，且彼此缠结。后半体背表皮纹横向，不构成菱形图形。背毛26根，其长超过横列间距。足跗节爪间突裂开为3对针状毛。

雄螨体长 0.43mm，体宽 0.20mm。橘黄色。须肢端感器短锥形，背感器略长于端感器。足跗节爪间突呈1对粗壮的刺毛，其背腹面各具1对纤细的针状毛。阳具末端与柄部呈直角弯向背面，形成与柄部垂直的端锤，其近侧突起短小，尖利；远侧突起向背面延伸，其端部逐渐尖细。

卵圆球形，光滑，有光泽。早春及秋季初产时，卵为橙黄色，后变为橙红色。夏季卵初产时半透明，后变为黄白色。幼螨初孵时乳白色，圆形，足3对，开始取食时，体呈卵圆形，两侧出现暗绿色长形斑点。

若螨近圆球形，前期为淡绿色，足4对。

2. 发生规律

在我国北方每年发生6～9代，以受精雌成虫在枝干树皮裂缝、树干基部的土壤缝隙中越冬。立春3～4月份，越冬成虫出蛰，为害芽等幼嫩组织。夏季高温、干旱，有利于发生。7～8月份繁殖快、数量多、为害最重。严重时，叶片枯焦、脱落。成螨不活泼，群栖在叶背为害，并吐丝结网，卵产在叶背主脉两侧。通常9月份出现越冬虫态，11月下旬全部越冬。

（二）朱砂叶螨

朱砂叶螨又名棉红蛛蛛，属叶螨科叶螨属。是世界性的害螨，也是花卉主要的害螨。分布广泛，为害香石竹、菊花、凤仙花、茉莉、桂花、月季、一串红、鸡冠花、蜀葵、木槿、木芙蓉、桃等花木。被害叶初呈黄白色小斑点，后逐渐扩展到全叶，造成叶片卷曲，枯黄脱落。

1. 形态特征

雌螨体长 0.55mm，宽 0.32mm。体形椭圆，锈红色或深红色。须肢端感器长约为宽的 2 倍，背感器梭形，与端感器近等长。气门沟呈"U"形弯曲。后半体被表皮纹构成菱形图形。背毛 26 根，其长超过横列间距。各足爪间突裂开为 3 对针状毛。

雄螨体长 0.36mm，宽 0.20mm。须肢端感器长约为宽的 3 倍，背感器稍短于端感器。足 I 跗节爪间突呈 1 对粗爪状，其背面具粗壮的背距。阳具弯向背面形成端锤，其近侧突起尖利或稍圆，远侧突起尖利。卵圆球形，直径 0.31mm。初产时透明无色，后渐变为橙黄色。幼螨近圆形，半透明，取食后体色呈暗绿色，足 3 对。若螨椭圆形，体色较深，体侧有较明显的块状斑纹，足 4 对。

2. 发生规律

年发生代数因地而异。每年可发生 12～20 代。在北方，主要以雌螨在土块缝隙、树皮裂缝及枯叶等处越冬，此时螨体为橙红色，体侧的黑斑消失。在南方以成、若螨、卵在寄主植物及杂草上越冬，但气温升高时，仍可繁殖。历年春季，旬平均气温达 7℃以上时，雌螨出蛰活动，并取食产卵，一生可产卵 50～150 粒。卵多产于叶背叶脉两侧或在丝网下面。主要是两性生殖，也能进行孤雌生殖。高温干燥利于此螨大发生，发育的最适温度为 25～30℃，最适相对湿度为 35%～55%。降雨，特别是暴雨，可冲刷螨体，降低虫口数量。

（三）二点叶螨

二点叶螨又名二斑叶螨，属叶螨科叶螨属。分布广泛，为害月季、蔷薇、玫瑰、牡丹、大丽花、一串红、樱草、酢浆草、铁线莲、香豌豆、锦葵、腊梅、海棠、木槿、木芙蓉等多种植物，常在叶背为害，并吐丝成网，受害叶片成灰白色小点，严重时，叶片早落，在植株上自下部叶片向上部叶片扩展为害。

1. 形态特征

雌螨体长 0.53mm，宽 0.32mm。体椭圆形，淡黄或黄绿色，体躯两侧各有黑斑一块，其外侧 3 裂形。须肢端感器长约为宽的 2 倍，背感器较端感器短。气门沟呈"U"形分支。背表皮纹在第三对背中毛和内骶毛之间纵向，形成明显菱形。肤纹突呈半圆形。背毛共 26 根，其长超过横列间距。

雄螨体长 0.37mm，宽 0.19mm。须肢端感器细长，其长约为宽的 3 倍，背感器较端感器短。阳具端锤弯向背面，微小，两侧突起尖利。二斑叶螨的外部形态与朱砂叶螨极为相似，常混淆，前者体呈浅黄色或黄绿色；肤纹突半圆形；雌螨有滞育。卵初产时为白色。

2. 发生规律

1 年发生 20 多代，以雌成螨、若螨在寄主枝干表层缝隙间、土缝中、田间杂草根部越冬。翌春3月下旬至4月上旬开始活动，5月初在寄主下部叶片可发现此螨。5～10月份，虫口密度变化起伏，通常高温干旱适于此螨的发育和扩散为害。营两性生殖和孤雌生殖，每雌螨平均产卵120粒。雌螨在长日照条件下，不发生滞育个体，而在短日照条件下大部分进入滞育。进入滞育的个体，在抗寒性、抗水性和抗药性方面都显著增强。

二、跗线螨科

跗线螨科为植食性，以成螨、若螨刺吸植物嫩叶、嫩茎、花、果等汁液。为害林木、花卉的主要种类有侧多食跗线螨。

侧多食跗线螨又名茶跗线螨，属跗线螨科。分布于北京、江苏、湖北、四川、贵州、台湾等地，为害仙客来、柑橘、茉莉、茶等多种观赏植物。常在嫩叶背面、嫩梢等幼嫩部分为害，被害叶呈黄褐色或灰褐色，严重时叶片沿叶缘向背面弯曲，叶质硬而脆，叶肉增厚，嫩梢扭曲畸形，影响生长和观赏。此螨是我国南方茶树上重要害螨。

1. 形态特征

雌螨体长0.22mm，宽0.15mm。体宽椭圆形，淡黄至橙黄色，具光泽。颚体圆形，螯肢针状。前足体前外侧具假气门器1对，呈亚圆形，远端稍扩大。前半体背面具2对背毛，后半体具5对背毛，腹面具表皮内突4对。前半体具2对腹毛，后半体具6对腹毛。足Ⅰ短于体长，足Ⅱ、Ⅲ顶端具1个宽阔的爪间突及1对小的爪，足Ⅳ第四节细长，端毛长鞭状，约与足Ⅳ等长。

雄螨体长0.15mm，宽0.99mm。前足体背毛4对，后半体具5对背毛。前足体和后半体分别具2对和3对腹毛。足Ⅰ顶端具爪和爪间突，足Ⅱ、Ⅲ同雌螨。足Ⅳ股节具三根刚毛，其内侧具刺突。胫跗节狭窄，具1根长刚毛和4根短刺状刚毛，其顶端具1个小而钝的纽扣状爪。

2. 发生规律

1年发生约20代，在热带地区及北方温室可终年繁殖。在四川以雌螨在嫩叶背面、芽鳞和芽腋中越冬。在旬平均气温达到7℃时，越冬雌螨开始活动取食，在28～30℃下完成1个世代需要4～5天，在18～20℃下为7～10天。个体发育的最适温度18～25℃，最适湿度为80%～90%。营两性生殖和孤雌生殖。

三、螨类的防治

1. 做好预测预报

经常检查叶面、叶背，最好借助于放大镜进行观察，发现较多叶片有螨类为害时，应及早喷药防治。螨量较少不影响树木生长时，可喷清水冲洗。

2. 人工防治

去除病虫枝及清除杂草，集中烧毁，发生严重的苗圃地冬春季灌水以消灭越冬虫源。

3. 化学防治

虫害发生严重时,用1.8%阿维菌素乳油7000~9000倍液均匀喷雾防治;或使用15%哒螨灵乳油2500~3000倍液均有较好的防治效果。(忌用敌敌畏或菊酯类农药杀灭螨类,因其对螨类有刺激增殖的作用。)

4. 利用保护天敌

如瓢虫、草蛉等。

第三章 常见钻蛀性害虫及防治

钻蛀性害虫主要是指钻蛀枝梢及树干的害虫，常见的有鞘翅目的天牛类、小蠹类、吉丁甲类、象甲类，鳞翅目的木蠹蛾类、螟蛾类、透翅蛾类等。这类害虫的大部分生长发育阶段在植物组织内，营隐蔽性生活，在植物枝干内取食、繁殖，造成纵横的虫道，严重降低了植物的使用和观赏价值，重者可导致植物体死亡。

第一节 鞘 翅 目

一、天牛类

天牛类属鞘翅目天牛科，以其特别长的触角而得名。下口式或前口式，触角鞭状。复眼肾形，围绕触角基部，跗节隐5节。成虫寿命长，有补充营养习性。幼虫钻蛀性，在木质部生活，为害健康木和衰弱木，是林木主要枝干害虫。

（一）光肩星天牛

光肩星天牛属鞘翅目天牛科，寄主有悬铃木、加杨、美杨、小叶杨、旱柳、垂柳和槭树等。以幼虫蛀食树干，成虫咬食树叶或小树枝皮。为害轻的降低木材质量和树体抗病虫能力，严重的能引起树木枯梢和风折，是重要的林业害虫之一，每年造成大量的木材损失。

1. 形态特征

光肩星天牛体黑色带有光泽，体长20～35mm，宽7～12mm。触角基部蓝黑色，最后1节末端为灰白色。鞘翅基部光滑，无颗粒状突起，每个鞘翅约有20个由白色茸毛组成的白斑，大小不同。

卵长椭圆形，两端稍弯曲，初为白色，近孵化时呈黄褐色。

初孵幼虫乳白色，老熟幼虫体略带黄色，前胸大而长，背板后半部色较深，呈凸字形，前缘无深色细边，前胸背板凸字形斑在拐弯处角度较小。腹板的主腹片两侧无卵形锈色针突区。

蛹全体乳白色至黄白色，体长30～37mm，宽约11mm。触角前端卷曲呈环形，置于前、中足及翅上。前胸背板两侧各有1个侧刺突，背面中央有1条压痕，翅尖端达腹部第四节前缘，有由黄褐色绒毛形成的毛斑1块，第八节背板上有1个向上生的棘状突起，腹面呈尾足状，有许多黑褐色小刺。

2. 发生规律

一年发生1代，或两年发生1代。以幼虫或卵越冬。第二年4月份气温上升到10℃以上时，越冬幼虫开始活动为害。5月上旬～6月下旬为幼虫化蛹期，蛹期约

40 天。6 月上旬开始出现成虫，盛期在 6 月下旬～7 月下旬，直到 10 月份都有成虫活动。6 月中旬成虫开始产卵，7、8 月份为产卵盛期，卵期约半个月。6 月底开始出现幼虫，11 月份气温下降到 6℃以下，开始越冬。成虫飞翔力不强，白天多在树干上交尾。雌虫产卵前先将树皮啃一个小槽，在槽内凿一产卵孔，然后在每一槽内产 1 粒卵（也有 2 粒的）。刻槽的部位多在 3～6cm 粗的树干上，分枝多的部位最多，树越大，刻槽的部位越高。初孵幼虫先在树皮和木质部之间取食，25～30 天以后开始蛀入木质部；并且向上方蛀食。虫道一般长 90mm，最长的达 150mm。幼虫蛀入木质部以后，还经常回到木质部的外边，取食边材和韧皮。

（二）双条杉天牛

双条杉天牛寄主为桧柏、扁柏、侧柏、龙柏、千头柏、杉、柳杉等观赏树木。幼虫取食于皮、木之间，把木质部表面蛀成弯曲不规则坑道，把木屑和虫粪留在皮内，破坏树木的输导功能，切断水分、养分的输送，引起针叶黄化，长势衰退，重则引起风折、雪折，严重时很快造成整枝或整株树木死亡。直接影响杉、柏的质量。我国东北、华北、华中、华南、华东、西北等地区均有发生，分布在辽宁、内蒙古、北京、河北、山西、山东、甘肃、陕西、安徽、江苏、上海、浙江、福建、广东、广西、湖北、重庆、贵州、四川等地。是国家确定的 35 种检疫对象之一。

1. 形态特征

成虫体长约 10mm，圆筒形，略扁，黑褐色至棕色。前翅中央及末端具 2 条黑色横宽带，两黑带间为棕黄色，翅前端驼色。

老熟幼虫体长约 15mm，乳白色，圆筒形略扁，胸部略宽，头黄褐色，无足。

卵长约 1.6mm，长椭圆形，白色。

蛹长约 15mm，浅黄色。

2. 发生规律

北京一年发生 1 代，以成虫在枝干内越冬，翌年 3 月底成虫在树皮处咬一羽化孔，脱孔而出。成虫喜欢在树势衰弱或新移栽树木树皮缝及新伐除的原木上交尾产卵，每处 2～5 粒，卵期 10 天左右。4 月中旬初孵幼虫蛀入树皮内为害，受害处排出少量碎木屑。幼虫在树皮下串食为害，树皮易脱落。5 月中下旬进入为害盛期，当幼虫为害环绕树干或树枝 1 圈时，受害部以上的茎枝枯死。6 月中旬幼虫钻入木质部 2～3cm 深处，10 月上旬化蛹在隧道内后羽化，以成虫越冬，该虫喜为害新移栽的树或弱树，健壮树木很少受害。一般枯红的柏叶脱落之前，该虫多半在枝内，多在第二年转移。天敌有啄木鸟、拟郭公虫、棕色小蚂蚁、天牛肿腿蜂等。

（三）松墨天牛

松墨天牛又名松褐天牛、松天牛，属鞘翅目天牛科，分布于全国各地。危害马尾松、黑松、雪松、落叶松、华山松、云南松、思茅松冷杉、云杉、桧、栎、柏、鸡眼藤、栎、苹果、花红等。松墨天牛是我国松树的重要蛀干害虫，也是松树的毁灭性病害松材线虫病的主要媒介昆虫，在松材线虫的扩散和侵染过程中，松墨天牛起着携带、传播和协助病原侵入寄主的关键性作用。

1. 形态特征

成虫体长 23mm 左右，橙黄色至赤褐色。触角栗色，雄虫触角比雌虫的长。前胸背板上有 2 条较宽的橙黄色纵带，与 3 条黑色绒纹相间。小盾片密被橙黄色绒毛。鞘翅棕红色，每个鞘翅上有 5 条纵脊，纵脊间有近方形的黑白相间的绒毛小斑，翅端平切，内端明显，外端角圆形。

卵长约 4mm，乳白色，略呈镰刀形。

幼虫乳白色，扁圆筒形，老熟时长约 43mm。头黑褐色，前胸背板褐色，中央有波状横纹。

蛹乳白色，圆筒形，长约 25mm。

2. 发生规律

北方地区一年发生 1 代，广东省一年 2 代，以老熟幼虫在虫道内越冬。翌年 3 月下旬～4 月幼虫在虫道末端做蛹室化蛹，盛期为 6 月中下旬。4 月中旬成虫开始羽化，羽化后在蛹室内停留约 7 天，才从木质部内咬一圆形、直径 8～10mm 的羽化孔外出，时间多在傍晚和夜间。成虫出孔后取食嫩枝作补充营养。开始补充营养时，主要在树干和 1、2 年生的嫩枝上，以后则逐渐移向多年生枝取食，此时会将身体上所带线虫传播到被取食的树上，感染线虫的树木似火烧。卵多产于衰弱木上，雌成虫产卵前在树干上，咬一刻槽，将卵产在槽内，6 月上旬～9 月份都可见到卵，每头雌虫可产卵 100～200 粒，成虫寿命 34～100 天。

幼虫孵化后在内皮取食，2 龄在边材表面取食，在内皮和边材形成不规则的平坑，导致树木输导系统受到破坏。3 龄后蛀入木质部为害，秋天穿凿扁圆形孔侵入木质部约 4mm 后，向上或向下蛀纵坑道，纵坑长约 5～10cm，然后弯向外蛀食到边材。在坑道末端筑蛹室化蛹，整个坑道呈 "U" 字形。幼虫蛀食时发出 "咔咔" 的响声，蛀屑纤维状。除蛹室附近留下少许蛀屑外，大多数推出堆积树皮下，坑道内很干净。

成虫产卵活动需要较多的光线，在温度 20℃ 左右最适宜，故一般在稀疏林分发生较重。郁闭度大的林区，以林边缘林木受害最多，或林中空地先发生，再向四周蔓延。伐倒木如不及时运出林外，留在林中过夏，或不经剥皮处理，则很快受此虫侵害。成虫迁移距离最远达 2.4km。

天敌有病原微生物、寄生性线虫、寄生性昆虫、捕食性昆虫、蜘蛛、鸟类等。

成虫是传播松材线虫病的媒介。成虫从木质部外出后，体表即有线虫附着，但大部分线虫在体内，并以头、胸部最多，可分布在整个气管系统内，1 头成虫保持线虫数最高可达 289000 条，一般在成虫羽化外出后 2～3 周，线虫脱离虫体，脱出率约 43%～70%，脱离的线虫能侵入树干为害。

（四）桃红颈天牛

桃红颈天牛属鞘翅目天牛科，为害桃、杏、李、梅、樱桃等。主要分布于东北、北京、河北、河南、山西、山东、江苏、浙江、湖北、湖南、江西、广东、广西、四川、贵州、云南、甘肃等地。以幼虫在皮层和木质部蛀隧道，造成树干中空，皮层脱离，树势弱，常引起树木死亡。

1. 形态特征

成虫有两种色型：一种是身体黑色发亮和前胸棕红色的"红颈型"，另一种是全体黑色发亮的"黑颈"型。据初步了解，福建、湖北有"红颈"和"黑颈"两型的个体，而长江以北如山西、河北等地只见有"红颈"个体。

桃红颈天牛红颈个体成虫体长约 28～37mm 黑色，有光亮；前胸背板红色，背面有 4 个光滑疣突，具角状侧枝刺；鞘翅翅面光滑，基部比前胸宽，端部渐狭；触角蓝紫色，基部两侧各有一叶状突起，雄虫触角超过体长 4～5 节，雌虫超过 1～2 节。雄虫身体比雌虫小，前胸腹面密布刻点。

老熟幼虫体长约 50mm，乳白色，前胸较宽广。身体前半部各节略呈扁长方形，后半部稍呈圆筒形，体两侧密生黄棕色细毛。前胸背板前半部横列 4 个黄褐色斑块，背面的两个各呈横长方形，前缘中央有凹缺，后半部背面淡色，有纵皱纹；位于两侧的黄褐色斑块略呈三角形。胴部各节的背面和腹面都稍微隆起，并有横皱纹。

卵呈卵圆形，乳白色，长约 6～7mm。

蛹长 35mm 左右，初为乳白色，后渐变为黄褐色。前胸两侧各有一刺突。

2. 发生规律

桃红颈天牛 2 年（少数 3 年）发生 1 代，以幼龄幼虫（第 1 年）和老熟幼虫（第 2 年）在寄主枝干内越冬。河北、山西、山东地区 7 月中旬至 8 月中旬为成虫羽化盛期，羽化后的成虫在蛀道内停留 3～5 天后再外出活动。成虫多在每日中午于枝条上栖息与交尾，卵产于枝干上皮缝隙中，幼壮树仅主干上有裂缝，老树主干和主枝基部都有裂缝可以产卵。一般近土面 35cm 以内树干产卵最多，产卵持续 5～7 天。产卵后不久成虫便死去，卵期 7 天左右。幼虫孵化后蛀入韧皮部，当年不断蛀食，到秋后就在此皮层中越冬。翌年惊蛰后活动为害，直至到木质部，逐渐形成不规则的迂回蛀道。蛀屑及排泄物红褐色，常大量排出树体外，老龄幼虫在秋后越过第二个冬天。第三年春季继续为害，于 4～6 月份化蛹，蛹期 20 天左右。

成虫于 5～8 月份间出现；成虫出现日期自南至北依次推迟。南方各省于 5 月下旬为成虫盛发期；河北成虫于 7 月上中旬盛期；北京 7 月中旬至 8 月中旬为成虫出现盛期。

（五）天牛类的防治

1. 加强检疫

尤其对于松墨天牛等可以传播严重病害的害虫，更要加强防范。

2. 捕捉成虫

6～7 月份间，成虫发生盛期，可进行人工捕捉。捕捉的最佳时间：一是早晨 6

点以前，二是大雨过后太阳出来时。用绑有铁钩的长竹竿，钩住树枝，用力摇动，害虫便纷纷落地可进行捕捉。人工捕捉速度快，效果好，省工省药，不污染环境。桃红颈天牛蛹羽化后，在6、7月份成虫活动期间，可利用从中午到下午3时前成虫有静息枝条的习性，在林中进行捕捉，可取得较好的防治效果。

3. 人工挖幼虫

9月份前孵化出的桃红颈天牛幼虫多在树皮下蛀食，这时可在主干与主枝上寻找细小的红褐色虫粪，一旦发现虫粪，即用锋利的小刀划开树皮将幼虫杀死。也可在翌年春季检查枝干，一旦发现枝干有红褐色锯末状虫粪，即用锋利的小刀将在木质部中的幼虫挖出杀死。

4. 树干涂白

4～5月份间，即在成虫羽化之前，可在树干和主枝上涂刷白涂剂。把树皮裂缝、空隙涂实，防止成虫产卵。利用桃红颈天牛惧怕白色的习性，在成虫发生前对桃树主干与主枝进行涂白，避免成虫停留在主干与主枝上产卵。除涂白剂外，也可用当年石硫合剂的沉淀物涂刷枝干。

5. 药剂防治

根据害虫的不同生育时期，采取不同的方法。6～7月份间成虫发生盛期和幼虫刚刚孵化期，在树体上喷洒50%杀螟松乳油1000倍液或灭幼脲，7～10天一次。连喷几次。再就是虫孔施药，如幼虫已经蛀入木质部，喷药对其无作用，可采取虫孔施药的方法除治。清理一下树干上的排粪孔，用一次性医用注射器，向蛀孔灌注50%敌敌畏800倍液或10%吡虫啉2000倍液，然后用泥封严有虫孔口。也可用杀灭天牛幼虫的专用磷化铝毒签插入虫孔；或者用1份敌敌畏、20份煤油配制成药液涂抹在有虫粪的树干部位。

二、象甲类

象甲类属鞘翅目象甲科，又名象鼻虫。该科种类多，为昆虫纲中最大的类群。体小型至中型，体色暗，但有的有金属光泽，或被有鳞片短毛。成虫的头部有一部分延伸成象鼻状或鸟喙状。触角弯曲成膝状，10～12节。幼虫肥壮，胸足退化。成、幼虫危害植物根、茎、叶、花、果实、种子等，为园林上的重要害虫。

臭椿沟眶象属鞘翅目象甲科，主要分布于东北、北京、河北、山西、河南、四川等地。初孵幼虫先为害皮层，导致被害处薄薄的树皮下面形成一小块凹陷，稍大后钻入木质部内为害。幼虫主要蛀食树干下部，造成树木衰弱以至死亡。

1. 形态特征

臭椿沟眶象成虫体长约12mm，宽约5mm。体黑色。额部窄，中间无凹窝；头部有小刻点；前胸背板和鞘翅上密布粗大刻点，前胸背板、鞘翅肩部及端部有白色鳞片形成的大斑，稀疏掺杂红黄色鳞片。

幼虫长10～15mm，头部黄褐色，胸、腹部乳白色，每节背面两侧多皱纹。

卵长圆形，黄白色。

蛹长 10～12mm，黄白色。

2. 发生规律

一年发生 2 代，以幼虫或成虫在树干内或土内越冬。翌年 4 月下旬～5 月上中旬越冬幼虫化蛹，6～7 月份成虫羽化，7 月份为羽化盛期。4 月中下旬幼虫开始为害，越冬代幼虫翌年 4 月中旬～5 月中旬出蛰为害。7 月下旬～8 月中下旬为当年孵化的幼虫为害盛期。虫态重叠，很不整齐，至 10 月都有成虫发生。成虫有假死性，羽化出孔后需补充营养取食嫩梢、叶片、叶柄等，成虫为害 1 个月左右开始产卵，卵期 7～10 天，幼虫孵化期上半年始于 5 月上中旬，下半年始于 8 月下旬～9 月上旬。幼虫孵化后先在树表皮下的韧皮部取食皮层，钻蛀为害，稍大后即钻入木质部继续钻蛀为害。蛀孔圆形，幼虫老熟后在木质部坑道内化蛹，蛹期 10～15 天。受害树常有流胶现象。

3. 象甲类的防治

（1）加强检疫　严禁调入带虫植株；清除严重受害株，及时烧毁。

（2）人工防治　该虫不善飞翔，可人工捕捉成虫，时间约在 7～8 月份，这个时期是成虫集中发生期。成虫多集中在树干上，从根部起由下向上均有分布。也可用螺丝刀挤杀刚开始活动的幼虫。4 月中旬，逐株搜寻可能有虫的植株，发现树下有虫粪、木屑，干上有虫眼处，即用螺丝刀拨开树皮，幼虫即在蛀坑处，极易被发现。这项工作简便有效，只是应该提前多观察，掌握好时间，应在幼虫刚开始活动，还未蛀入木质部之前进行。

（3）化学药剂防治　在幼虫为害处注入 80％敌敌畏 50 倍液，并用药液与黏土和泥涂抹于被害处。还可试用 40％氧化乐果乳油 3～5 倍液在树干上涂药环防治。

（4）根部埋药　根据不同的树龄、树势，可先进行小试，于根部埋 3％的呋喃丹颗粒剂，对该害虫也会产生有效的控制。

三、小蠹类

小蠹类属鞘翅目小蠹科，为蛀食树皮形成层的甲虫。体小型或微小，体长一般不超过 8mm。黑褐色，头较前胸窄，口器短宽，触角锤状。鞘翅上常有皱纹或点刻列。幼虫白色，无胸足，弯曲。多数种类寄生在树木韧皮部，在边材和韧皮部形成一定形式的坑道，多为害衰弱木，是重要的园林害虫。

松纵坑切梢小蠹为鞘翅目小蠹科昆虫，寄主有华山松、油松、高山松、云南松及其他松属树种。分布于辽宁、河南、陕西、四川、江苏、浙江、湖南、云南等省，以成虫、幼虫钻蛀皮下为害，喜食树势衰弱或新移栽树木的枝干和嫩梢。

1. 形态特征

成虫体长约 5mm，椭圆形，栗褐色，有光泽并密生灰黄色细毛。触角黄褐色，前胸背板上有刻点。鞘翅端部红褐色，前翅基部具锯齿状，前翅斜面上第二列间部的瘤突起，绒毛消失，光滑下凹。

卵淡白色，椭圆形。

幼虫体长约 6mm，头黄色，体乳白色，粗而多皱纹，体弯曲。

蛹体长 4～5mm，白色，腹面后末端有 1 对针状突起，向两侧伸出。

2. 发生规律

一年发生 1 代，以成虫在树干基部树皮底下或被害梢内越冬。次年春，越冬成虫离开越冬场所后，一部分飞向树冠，侵入嫩梢进行补充营养，然后寻找倒伏木、濒死木、衰弱木等处蛀入。雌虫先侵入，筑交配室，雄虫进入交配。卵密集地产于母坑道两侧。另一部分不补充营养，直接飞向倒伏木、衰弱木进行繁殖。一般每雌产卵 40～70 粒，产卵期长达 80 余天。成虫在繁殖期分两次产卵。第 1 次产卵繁殖的成虫经 110～120 天补充营养达到性成熟，而越冬代成虫春季不补充营养，于第 2 年春开始交尾产卵；第 2 次产卵繁殖的成虫当年只经 70～90 天的补充营养期，第 2 年春仍蛀梢补充营养 20～40 天，然后蛀干、交尾、产卵。越冬成虫于 4 月中旬飞出后在倒伏木等适宜繁殖处筑坑道产卵，第 1 次产卵后飞出坑道蛀入梢头，恢复营养 20 天左右，5 月中、下旬再飞回倒伏木进行第 2 次产卵。此虫的发生及为害规律为：阳坡较阴坡发生早；地力条件差较地力条件好的发生早；衰弱木较健康木发生早、受害重；林地卫生状况差的较卫生状况好的发生早、受害重。

3. 小蠹类的防治

（1）农业防治

① 营造混交林，选择良种壮苗，加强抚育，增强林木的抗性。

② 加强林区管理，及时清除虫害木、被压木、倒伏木，注意保持林地卫生；林地设置饵木，于 4 月底以前放在林中空地，6 月下旬至 7 月上旬在新的成虫飞出之前进行剥皮处理。

（2）药剂防治　必要时用 20％菊·马乳油 500 倍液、20％速灭杀丁乳油喷干防治；对于在土层或根际越冬的成虫，可在该虫飞出之前喷洒 20％杀螟松或 90％敌百虫 1000 倍液。

四、吉丁甲类

吉丁甲类属鞘翅目吉丁甲科。成虫小至中型，常具鲜艳的金属光泽，触角锯齿状。幼虫乳白色，体扁，头小，内缩，前胸宽扁，膨大如锤。为害树木的韧皮部或木质部，为重要的园林害虫。

花曲柳窄吉丁属鞘翅目吉丁甲科。分布在黑龙江、吉林、辽宁、内蒙古、河北、天津、山东、四川等地区。寄主有白蜡属树木、水曲柳等。以幼虫取食，造成树木疏导组织的破坏，引起树木死亡。此虫为毁灭性害虫，一旦发生很难控制。

1. 形态特征

成虫体长 11～14mm，背面蓝绿色，腹面浅黄绿色。

卵乳白色，长椭圆形。

幼虫乳白色，老熟时长约 34～45mm，头小，褐色，缩于前胸内，前胸较大，中后胸较窄；体扁平，带状，分节明显。

蛹乳白色，羽化前为深铜绿色，裸蛹。

2. 发生规律

一年发生1代，以老熟幼虫在树干木质部表层内越冬，少数在皮层内越冬，4月中旬开始化蛹，5月上旬至6月中旬为成虫期。羽化孔扁圆形，成虫羽化后，需取食树冠或树干基部萌生的嫩叶补充营养，成虫取食一周后开始交尾产卵。初孵幼虫在韧皮部表层取食，6月下旬开始钻蛀到韧皮部和木质部的形成层为害，形成不规则封闭的洞，严重破坏了树木疏导组织，常常造成树木死亡，9月份老熟幼虫侵入到木质部表层越冬。

3. 吉丁甲类的防治

（1）加强检查　对出入的苗木进行严格的检查，防治害虫扩散蔓延，及时伐除并烧毁受害严重植株，减少虫源。对落叶进行处理。

（2）化学防治　在成虫羽化前用10%吡虫啉可湿性粉剂1000倍液进行封干，杀死即将出孔的成虫，喷药部位以树木主干及直径5cm以上枝条为主。成虫羽化期喷洒无公害药剂毒杀，幼虫为害期根部灌无公害内吸药剂。

（3）保护和利用天敌　如吉丁茅茧蜂等昆虫和益鸟。

第二节　鳞　翅　目

木蠹蛾类属鳞翅目木蠹蛾科，体中型至大型，粗壮，腹部短，多毛，色灰暗。触角栉齿状。幼虫红色或黄色，腹足趾钩2或3序环。幼虫在木质部钻蛀为害。

（一）芳香木蠹蛾

芳香木蠹蛾属鳞翅目木蠹蛾科，分布于东北、西北、华北、华东等地。寄主有杨、柳、白蜡、榆、栎、香椿、槐树等。以初孵幼虫蛀入皮下取食根颈、树干的韧皮部、形成层及木质部，被害树叶片发黄，叶缘焦枯，树势衰弱，被害处皮层易剥离，敲击树皮有内部空的感觉，为害严重时，可造成树体整株死亡。

1. 形态特征

成虫体长24~40mm，翅展约80mm，体灰黑色，触角扁线状或单栉状，头、前胸淡黄色，中后胸、翅、腹部灰黑色，后胸具1条黑横带。前翅灰褐色，基半部银灰色，前缘生8条短黑纹，翅面布满呈龟裂状黑色横纹。

卵近圆形，表面有纵脊与横道，初产时白色，孵化前暗褐色。

老龄幼虫体长80~100mm，初孵幼虫粉红色，大龄幼虫体背紫红色，侧面黄红色，头部黑色，有光泽，前胸背板淡黄色，有两块黑斑，体粗壮，有胸足和腹足，腹足有趾钩，体表刚毛稀而粗短。

蛹暗褐色，长约50mm。茧长椭圆形。

2. 发生规律

2~3年1代，以幼龄幼虫在树干内及末龄幼虫在附近土壤内结茧越冬，常数头乃至 10 数头在一块。翌年 4～6 月份陆续老熟结茧化蛹，5 月中旬～7 月开始羽化，6～7 月份为成虫盛发期。羽化后次日开始交配、产卵，多产在干基部皮缝内，堆生或块生，每堆有卵数 10 粒。幼虫孵化后，蛀入皮下取食韧皮部和形成层，以后蛀入木质部，向上向下穿凿形成不规则虫道，通常被害处可有十几条幼虫，蛀孔堆有虫粪，幼虫受惊后能分泌一种特异香味。3 年 1 代者第 3 年 7 月上旬～9 月上中旬老熟幼虫蛀至边材，于皮下蛀羽化孔或爬出树外，在土中先结薄茧，幼虫卷曲于内越冬。第 4 年春化蛹、羽化。

(二) 咖啡木蠹蛾

咖啡木蠹蛾别名豹纹蠹蛾、麻木蠹蛾，属鳞翅目木蠹蛾科。该蛾分布广泛，主要分布在华北、东南、西南等地。寄主有菊花、月季、山茶、石榴、木槿、白兰花、樱花、香石竹等花卉。以幼虫钻蛀茎枝内取食为害，致被害处以上部位黄化枯死，或易受大风折断。严重影响植株生长和产量，甚至全株枯死。

1. 形态特征

成虫体灰白色，长 15～18mm，翅展 25～55mm。雄蛾端部线形。胸背面有 3 对青蓝色斑。腹部白色，有黑色横纹。前翅白色，半透明，布满大小不等的青蓝色斑点，后翅外缘有青蓝色斑 8 个。雌蛾触角丝状。

卵为圆形，淡黄色。

老龄幼虫体长约 30mm，头部黑褐色，体紫红色或深红色，尾部淡黄色。各节有很多粒状小突起，上有白毛 1 根。

蛹长椭圆形，红褐色，长 14～27mm，背面有锯齿状横带。尾端具短刺 12 根。

2. 发生规律

一年发生 1～2 代。以幼虫化蛹在被害部位越冬。翌年春季转蛀新茎。5 月上旬开始化蛹，蛹期 16～30 天，5 月下旬羽化，成虫寿命 3～6 天。羽化后 1～2 天内交尾产卵。一般将卵产于孔口，成块。卵期 10～11 天。5 月下旬孵化，孵化后吐丝下垂，随风扩散，7 月上旬至 8 月上旬是幼虫为害期。幼虫蛀入茎内向上钻，外面可见排粪孔。菊花茎被害后，3～5 天叶片枯萎。有转棵为害习性。幼虫历期 1 个多月。小茧蜂寄生幼虫，蚂蚁可捕食幼虫。串珠镰刀菌和病毒也可寄生幼虫，但寄生率低。

(三) 木蠹蛾类的防治

1. 及时发现和清理被害枝干，消灭虫源

对受害的新梢要及时剪除，在树干基部有被害状处挖幼虫并将其杀死。严冬季节，把被虫蛀伤植株的树皮剥去、烧掉。

2. 树干涂白

将树皮裂缝或伤口涂抹白涂剂，防止成虫在树干上产卵。

3. 化学药剂防治

用 50% 的敌敌畏乳油或 40% 氧化乐果乳油或 50% 杀螟硫磷乳油 100 倍液刷涂

虫疤，或用80％晶体敌百虫20～30倍液、25％喹硫磷乳油30～50倍液、56％磷化铝片每孔放1/5片，注入虫道后用泥堵住虫孔，杀死内部幼虫；成虫发生期结合其他害虫的防治，喷50％的辛硫磷乳油1000～1500倍液，消灭成虫。树干喷施35％高效氯氰菊酯乳油3000～4000倍液、20％甲氰菊酯乳油1000～2000倍液或50％辛硫磷乳油1000～2000倍液，毒杀卵和初孵幼虫。

4. 生物防治

保护益鸟如啄木鸟等。

第三节 膜 翅 目

茎蜂类属膜翅目茎蜂科，成虫体细长，腹部没有腰。触角线状，前胸背板后缘近乎直线。前翅翅痣狭长。产卵器短，锯状，平时缩入体内。幼虫无足，多蛀食枝条。

为害园林植物的茎蜂类害虫主要是月季茎蜂。

月季茎蜂又叫钻心虫、折梢虫，属膜翅目茎蜂科，分布于东北、华北、华东各地。为害月季、蔷薇、玫瑰等花卉，以幼虫蛀食花卉的茎干。受害植株常从蛀孔处倒折、萎蔫。

1. 形态特征

雌成虫体长约16mm，翅展22～26mm。体黑色有光泽，1～2腹节背板的两侧黄色。雄成虫略小，翅展约13mm，腹部赤褐色或黑色，各背板两侧缘黄色。

卵黄白色，直径约1.2mm。

幼虫乳白色，无足，头部浅黄色，体长约17mm。

蛹棕红色，纺锤形。

2. 发生规律

一年发生1代，以幼虫在寄主受害茎内越冬。翌年4月间化蛹，柳絮盛飞期出现成虫。卵产于当年的新梢和含苞待放的花梗上，茎干被幼虫蛀入后就倒折、萎蔫。幼虫沿着茎干中心继续向下蛀害，直到地下部分。月季茎蜂蛀害时排泄物充塞在蛀空的虫道内，不排出植株外。天气转冷后，幼虫做一薄茧在茎内越冬。

3. 茎蜂类的防治

（1）物理防治　及时发现倒折或萎蔫的枝条，剪除并销毁。

（2）化学药剂防治　柳絮盛飞期，即越冬代成虫羽化初期和卵孵化期，使用40％氧化乐果1000倍液，或20％菊·杀乳油1500～2000倍液毒杀成虫和幼虫。

第四章 常见地下害虫及防治

地下害虫一生或一生中某个阶段生活在土壤中，种类很多，主要有金龟甲类的白星花金龟、小青花金龟等；蝼蛄类的东方蝼蛄、华北蝼蛄；地老虎类的大地老虎、小地老虎；蟋蟀类的大蟋蟀、油葫芦等。

第一节 蝼 蛄 类

蝼蛄类俗名拉拉蛄、土狗。属昆虫纲直翅目蟋蟀总科蝼蛄科。全世界已知约50种。中国已知4种：华北蝼蛄、东方蝼蛄、欧洲蝼蛄和台湾蝼蛄。体大型而狭长。头小，圆锥形。触角短于体长，复眼小而突出，单眼2个。前胸背板椭圆形，背面隆起如盾，两侧向下伸展，几乎把前足基节包起。前足特化为开掘足，基节特别短宽，腿节略弯，片状，胫节很短，三角形，具强端刺，便于开洞穴。内侧有1裂缝为听器。前翅短，雄虫能鸣，发音镜不完善，雌虫产卵器退化。属土栖昆虫。本科昆虫通称蝼蛄。

蝼蛄都营地下生活，吃新播的种子，咬食植物根部，对幼苗伤害极大，是重要的地下害虫之一。蝼蛄一般于夜间和清晨在地表活动，形成隧道，使植物幼根与土壤分离，植株因失水而枯死。气温适宜时，白天也可活动。土壤相对湿度为22%～27%时，华北蝼蛄为害最重。土壤干旱时活动少，为害轻。成虫有趋光性。夏秋两季，当气温在18～22℃之间，风速小于1.5m/s时，夜晚可用灯光诱到大量蝼蛄。蝼蛄能倒退疾走，在穴内尤其如此。成虫和若虫均善游泳。雌虫有护卵哺幼习性。若虫至4龄方可独立活动。

蝼蛄的发生与环境有密切关系，常栖息于平原、轻盐碱地以及沿河、临海、近湖等低湿地带，特别是砂壤土和多腐殖质的地区。

1. 形态特征

华北蝼蛄成虫体黑褐色，腹部近圆筒形，背面黑褐，腹面黄褐色，腹末具有尾须一对。雄虫体长39～45mm，雌虫体长45～50mm。头狭长，触角丝状，生于复眼的下方，头的正面中央有单眼3个。前胸背板成盾形，中央有心脏形斑，暗红色。前翅黄褐色，覆盖腹部不到一半，后翅纵卷成筒状，突出腹末约3～4mm。足黄褐色，密生细毛；前足扁阔特化，利于掘土；后足胫节背侧内缘有1～2个可动刺，有时消失。

卵呈圆形，长约2mm，初产时白色，后变灰色。

初孵若虫乳白色，2龄以后变为黄褐色，后渐变暗褐色。长至5～6龄即与成虫相似。

2. 发生规律

约 3 年 1 代，若虫 13 龄，以成虫和 8 龄以上的各龄若虫在 1.5m 以上的土中越冬。来年 3~4 月当 10cm 深土温达 8℃左右时，若虫开始上升危害，地面可见长约 10cm 的虚土隧道，4、5 月份地面隧道数量增多，即到达危害盛期。6 月上旬当隧道上出现虫眼时，表明蝼蛄已开始出窝迁移和交尾产卵，6 月下旬~7 月中旬为产卵盛期，8 月为产卵末期。越冬成虫于 6~7 月间交配，产卵前在土深 10~18cm 处作梨形卵室，上方挖一运动室，下方挖一隐蔽室，每室有卵最多可达 80 多粒，卵期 20~25 天。

初孵幼虫集中为害，后分散活动，至秋季达 8~9 龄时即入土越冬；第二年春季，越冬若虫上升为害，到秋季达 12~13 龄时，又入土越冬；第三年春再上升危害，8 月上、中旬开始羽化，入秋即以成虫越冬。成虫虽有趋光性，但体形大飞翔力差，灯下的诱杀率不如东方蝼蛄高。华北蝼蛄在土质疏松的盐碱地、砂壤土地发生较多。

大量施用未腐熟的厩肥、堆肥，易导致蝼蛄发生，受害较重。当深 10~20cm 处土温在 16~20℃、含水量达 22%~27%时，有利于蝼蛄活动，含水量小于 15%时，其活动力减弱，故春、秋有两个为害高峰，在雨后和灌溉后常使危害加重。

3. 蝼蛄类的防治

(1) 加强栽培管理　施用厩肥、堆肥等有机肥料要充分腐熟；深耕、中耕也可减轻蝼蛄危害。

(2) 保护和利用天敌　鸟类是蝼蛄的天敌，可在苗圃周围栽植杨、刺槐等防风林，招引红脚隼、戴胜、喜鹊、黑枕黄鹂和红尾伯劳等食虫鸟以利控制该虫。

(3) 诱杀成虫　蝼蛄的趋光性很强，在羽化期间，晚上 7~10 时可用灯光诱杀；或在苗圃步道间每隔 20m 左右挖一个小坑，将马粪或带水的鲜草放入坑内诱集，再加上毒饵更好，次日清晨可到坑内集中捕杀。

(4) 化学防治

① 作苗床时用 40%乐果乳油或其他药剂 0.5kg，加水 5kg，拌饵料 50kg，傍晚将毒饵均匀撒在苗床上诱杀；饵料可用多汁的鲜菜、鲜草以及蝼蛄喜食的块根和块茎，或炒香的麦麸、豆饼和煮熟的谷子等。

② 用 50%对硫磷 0.5kg，加水 50L，搅拌均匀后，再与 500kg 种子混合搅拌，堆闷 4h 后摊开晾干。

第二节　蛴　螬　类

蛴螬别名白土蚕、核桃虫，属鞘翅目金龟科，是金龟甲的幼虫，成虫通称为金龟甲或金龟子。按其食性可分为植食性、粪食性、腐食性三类。其中植食性蛴螬食性广泛，喜食刚播的种子、根、块茎以及幼苗，是世界性的地下害虫，危害很大。寄主有菊花、美人蕉、牡丹、芍药、月季、杨、柳、榆、槐、松和草坪草等。

1. 形态特征

蛴螬体肥大，体型弯曲呈"C"形，多为白色，少数为黄白色。头部褐色，大而圆，多为黄褐色，生有左右对称的刚毛，刚毛数量的多少常为分种的特征。如华北大黑鳃金龟的幼虫为3对，黄褐丽金龟幼虫为5对。口器上颚显著。蛴螬体壁较柔软多皱，体表疏生细毛，具胸足3对，一般后足较长。腹部肿胀，第10节称为臀节，臀节上生有刺毛，其数目的多少和排列方式也是分种的重要依据。

2. 发生规律

蛴螬年发生代数因种类和发生地而异。这是一类生活史较长的昆虫，一般一年1代，或2~3年1代，长者5~6年1代。如大黑鳃金龟两年1代，暗黑鳃金龟、铜绿丽金龟一年1代，小云斑鳃金龟在青海4年1代，大栗鳃金龟在四川甘孜地区则需5~6年1代。蛴螬共3龄。1、2龄期较短，第3龄期最长。以幼虫和成虫在土中越冬，蛴螬有假死和负趋光性，并对未腐熟的粪肥有趋性。成虫白天藏在土中，晚上8~9时进行取食等活动。交配后10~15天产卵，产在松软湿润的土壤内，以水浇地最多，每头雌虫可产卵一百粒左右。

蛴螬始终在地下活动，与土壤温湿度关系密切。当10cm土温达5℃时开始向土表上升，13~18℃时活动最盛，23℃以上则往深土中移动，至秋季土温下降到其活动适宜范围时，再移向土壤上层。春、秋季在表土层活动，夏季时多在清晨和夜间到表土层，因此蛴螬对苗圃、幼苗的为害主要是春秋两季最重。土壤潮湿活动加强，尤其是连续阴雨天气。

蛴螬种类多，在同一地区同一地块，常为几种蛴螬混合发生，世代重叠，发生和危害时期很不一致，因此只有在普遍掌握虫情的基础上，根据蛴螬和成虫种类、密度、植物种植方式等，因地因时采取相应的综合防治措施，才能收到良好的防治效果。

3. 蛴螬类的防治

（1）农业防治 不施未腐熟的有机肥料，精耕细作，及时镇压土壤，清除田间杂草。发生严重的地区，秋冬翻地可把越冬幼虫翻到地表使其风干、冻死或被天敌捕食。

（2）药剂处理土壤 用50%辛硫磷乳油每亩200~250g，加水10倍喷于25~30kg细土上，拌匀制成毒土，顺垄条施，随即浅锄。或将该毒土撒于种沟或地面，随即耕翻或混入厩肥中施用；或用2%甲基异柳磷粉每亩2~3kg，拌细土25~30kg制成毒土撒施；或用3%甲基异柳磷颗粒剂、3%呋喃丹颗粒剂、5%辛硫磷颗粒剂或5%地亚农颗粒剂，每亩2.5~3kg处理土壤。

（3）药剂拌种 用50%辛硫磷、50%对硫磷或20%异柳磷药剂与水和种子按1:30:（400~500）的比例拌种；或用25%辛硫磷胶囊剂或25%对硫磷胶囊剂等有机磷药剂（用种子重量2%）包衣，还可兼治其他地下害虫。

（4）毒饵诱杀 每亩用25%对硫磷或辛硫磷胶囊剂150～200g，拌谷子等饵料5kg，或50%对硫磷、50%辛硫磷乳油50～100g，拌饵料3～4kg，撒于种沟中，亦可收到良好防治效果。

（5）灯光诱杀 可设置黑光灯诱杀成虫，减少蛴螬的发生数量。

（6）生物防治 利用茶色食虫虻、金龟子黑土蜂、白僵菌等来防治。

第三节 金针虫类

金针虫类为鞘翅目叩头甲科幼虫，包括沟金针虫、细胸金针虫、褐纹金针虫等。这类害虫以幼虫长期生活于土壤中，主要为林木幼苗等。幼虫能咬食刚播下的种子，食害胚乳使其不能发芽，如已出苗可为害须根、主根和茎的地下部分，使幼苗枯死。还能蛀入块茎和块根。

金针虫的生活史很长，因种类而异，常需3～5年才能完成一代，各代以幼虫或成虫在地下越冬，越冬深度约在20～85cm间。

叩头虫成虫一般体色较暗，黑或黑褐色，体形细长或扁平，具有梳状或锯齿状触角，胸部着生3对细长的足，前胸腹板具1个突起，胸部下侧有一个爪，受压时可伸入胸腔。幼虫体细长，体表坚硬，蜡黄色或褐色，并有光泽，故名"金针虫"。末端有两对附肢。

沟金针虫属鞘翅目叩头甲科，主要分布区域北起辽宁，南至长江沿岸，西到陕西、青海。旱作的粉砂壤土和粉砂黏壤土地带发生较重。

1. 形态特征

成虫体长16～17mm，宽4～5mm，浓栗色，全体密被金黄色细毛。头部扁形，前方有三角形凹陷，密布明显刻点。前胸背面呈半球形隆起，宽大于长，密布刻点，中央有微细纵沟，后缘角稍向后突起。雌虫体较扁，触角短。雄虫触角长，与体长相近。

卵椭圆形，长径0.7mm，乳白色。

老熟幼虫体长20～30mm，最宽处约4mm，每节宽大于长。体黄色，表面有同色细毛，由胸至第10腹节，每节背面正中有一细纵沟；尾节背面有近圆形的凹陷，密布较粗黑点，两侧边缘隆起，并各具有3个齿状突起，尾端分为2叉，各叉末端稍向上弯曲，内侧各有一个小齿。

蛹细长纺锤丝，尾端有刺状突起；初化蛹淡绿色，渐变浓褐色。

2. 发生规律

沟金针虫约需3年完成1代，在华北地区，越冬成虫于3月上旬开始活动，4月上旬为活动盛期。成虫白天躲在植株下、杂草中和土块下，夜晚活动，雄虫飞翔力较强；雌虫不能飞翔，行动迟缓，有假死性，没有趋光性，卵产于土中3～7cm

深处，卵孵化后，幼虫直接为害植物。

3. 金针虫类的防治

（1）化学防治

① 药剂拌种：用50%辛硫磷、48%乐斯本、48%地蛆灵拌种，比例为药剂：水：种子＝1：（30～40）：（400～500）。

② 定植前土壤处理，可用48%地蛆灵乳油每亩200mL，拌细土10kg，撒在种植沟内，也可将农药与农家肥拌匀施入。

③ 苗木生长期发生金针虫，可在苗间挖小穴，将颗粒剂或毒土点入穴中立即覆盖，土壤干时，也可将48%地蛆灵乳油2000倍液，开沟或挖穴点浇。

④ 也可以施用毒土，用48%地蛆灵乳油每亩200～250g，50%辛硫磷乳油每亩200～250g，加水10倍，喷于25～30kg细土上，拌匀成毒土，顺垄条施，随即浅锄。

⑤ 用5%甲基毒死蜱颗粒剂每亩2～3kg，拌细土25～30kg，或用5%甲基毒死蜱颗粒剂、5%辛硫磷颗粒剂每亩2.5～3kg处理土壤。

（2）人工防治　种植前要深耕多耙，收获后及时深翻；夏季翻耕暴晒。人工捕捉成虫。

第四节　地老虎类

地老虎类属鳞翅目夜蛾科。成虫粗壮，翅面颜色暗。其幼虫生活于土中，咬断植物根茎，是重要的地下害虫。为害园林植物的地老虎类害虫主要有小地老虎、大地老虎和黄地老虎等。

小地老虎别名土蚕、地蚕，属鳞翅目夜蛾科，分布在全国各地。为害松、杉、罗汉松苗及菊花、一串红、万寿菊、孔雀草、百日草、鸡冠花、香石竹、金盏菊、羽衣甘蓝等。

幼虫为害寄主的幼苗，从近地面咬断植株或咬食未出土幼苗及生长点，使整株死亡，造成缺苗断垄，严重的甚至毁种。

1. 形态特征

小地老虎成虫体长16～23mm，翅展42～54mm，深褐色，前翅由内横线、外横线将全翅分为3段，具有显著的肾状纹、环形纹、棒状纹和2个黑色剑状纹，后翅灰色无斑纹。

卵长约0.5mm，半球形，表面具纵横隆纹，初产乳白色，后出现红色斑纹，孵化前灰黑色。

老熟幼虫体长约45mm，灰黑色，体表布满大小不等的颗粒，臀板黄褐色，具2条深褐色纵带。

蛹长约20mm，赤褐色，有光泽，第5～7腹节背面的刻点比侧面的刻点大，臀棘为短刺 1 对。

2. 发生规律

以老熟幼虫、蛹及成虫越冬。成虫夜间活动、交配产卵,卵产在 5cm 以下矮小杂草上,尤其在贴近地面的叶背或嫩茎上,卵散产或成堆产。成虫对黑光灯及糖醋酒液趋性较强。幼虫共 6 龄,3 龄前在地面、杂草或寄主幼嫩部位取食,为害不大,3 龄后昼间潜伏在表土中,夜间出来为害。老熟幼虫有假死习性,受惊缩成环形。老熟幼虫于土中筑土室化蛹。

小地老虎喜温暖及潮湿的条件,最适发育温区为 13～25℃,在河流湖泊地区或低洼内涝、雨水充足及常年灌溉地区,如属土质疏松、团粒结构好、保水性强的壤土、黏壤土、砂壤土均适于小地老虎的发生。尤其在早春苗圃地周缘杂草多,可提供产卵场所,蜜源植物多,可为成虫提供补充营养的情况下,将会形成较大的虫源,发生严重。

3. 地老虎类的防治

(1) 人工防治　早春清除杂草,防止地老虎成虫产卵是关键一环。清除的杂草,要沤粪处理。随时捕捉幼虫和成虫,清除植物上的卵块。

(2) 诱杀防治

① 黑光灯诱杀成虫。

② 糖醋液诱杀成虫:糖 6 份、醋 3 份、白酒 1 份、水 10 份、90％敌百虫 1 份调匀,或用泡菜水加适量农药,在成虫发生期设置,均有诱杀效果。某些发酵变酸的食物,如甘薯、胡萝卜、烂水果等加入适量药剂,也可诱杀成虫。

③ 毒饵诱杀幼虫(参见蝼蛄)。

④ 堆草诱杀幼虫:在菜苗定植前,地老虎仅以田中杂草为食,因此可选择地老虎喜食的灰菜、刺儿菜、苦荬菜、小旋花、苜蓿、艾蒿、白茅、鹅儿草等杂草,堆放诱集地老虎幼虫,或人工捕捉,或拌入药剂毒杀。

(3) 药剂防治　地老虎 1～3 龄幼虫期抗药性差,且暴露在寄主植物或地面上,是药剂防治的适期。喷洒 2.5％溴氰菊酯或 20％氰戊菊酯或 20％菊·马乳油 3000 倍液、10％溴·马乳油 2000 倍液、90％敌百虫 800 倍液或 50％辛硫磷 800 倍液。此外也可选用 3％米乐尔颗粒剂,每亩 2～5kg 处理土壤。

第五篇 常见园林植物病害及防治

第一章 叶、花、果类病害

叶、花、果类病害对园林植物的危害较大。从对蔷薇属、菊属及木槿属植物病害的粗略统计中看出：在159种病害中，叶、花、果类病害占总数的69%，超过枝干及根部病害的总和。

尽管叶、花、果类病害很少引起植物的死亡，但往往造成叶片支离破碎、花器不能形成或花冠腐烂、干枯，使园林植物丧失观赏价值，从而降低经济价值。叶部病害通常还引起提早落叶，削弱花木长势。因此，叶部病害对园林植物的观赏效果影响较大。

第一节 叶斑病类

叶斑病是叶组织受到局部侵染，导致各种形状斑点病的总称。叶斑病种类很多，可因病斑的色泽、形状、质地、有无轮纹的形成等因素，又分为黑斑病、褐斑病、圆斑病、角斑病、轮斑病、斑枯病等种类。叶斑上往往着生有各种点粒或霉层。叶斑病普遍降低园林植物的观赏性，有些叶斑病也给园林植物造成巨大的损失，如月季黑斑病、山茶枯斑病等。

一、月季黑斑病

月季黑斑病是世界性病害，为害严重，病菌为害叶片，引起大量落叶，致使植株生长不良。该病为害月季、蔷薇、白玉棠等花卉，在全国各地均有发生。

1. 症状

主要侵染叶片，叶柄、嫩梢，花梗也会受害。叶片受害后，叶面出现紫黑色斑点，逐渐扩大为近圆形或不规则状病斑，暗紫色或黑褐色，病斑直径为2～12mm。后期病斑中央组织变为灰白色，其上散布许多黑色小粒点（分生孢子盘），病斑边缘呈放射状向外扩展，这种放射状边缘是区别于其他叶斑病的重要特征。后期病斑相连，形成大斑，周围叶肉大面积变黄。病叶易于脱落，严重时整个植株下部叶片全部脱落，变为光秆状。病斑在叶柄、嫩枝和花梗上呈褐色，椭圆形。

2. 病原

病原菌为蔷薇放线孢菌，属半知菌亚门腔孢纲黑盘孢目放线孢属真菌。

3. 发病规律

黑斑病菌以菌丝体或分生孢子盘在芽鳞、叶痕、枯枝落叶及病残体上越冬。保护地栽培花卉病原菌则以菌丝体和分生孢子在病部越冬。病菌借助雨水或喷灌水飞溅传播，昆虫也可传播。分生孢子萌发后可由表皮直接侵入植株组织，在适宜条件下潜伏期3～4天。

在温暖潮湿的环境中，特别是多雨的季节，寄主植物发病严重。栽培太密，通风透光差的地块，发病重。新移栽的植株，根系受损，长势衰弱极易发病。栽培月季中一般浅色花、小朵花以及直立性品种易于感病。

4. 黑斑病的防治

（1）清洁田园　及时彻底地清除枯枝落叶，并结合冬剪，剪除病虫枝、过密枝、交叉枝，集中烧毁。在冬季落叶后至翌春新芽萌动前的休眠期可喷施1％硫酸铜溶液，杀死病残体上的越冬菌源。

（2）科学管理　施用肥水要科学合理，多施有机肥，增施磷、钾肥，适量施用氮肥，以增强植株的抗病性。浇水最好采用滴灌或沿盆边浇水，忌喷灌，浇水时间以晴天上午为好，以保持叶片干燥。大面积栽植或盆花摆放不宜太密，以利于通风透光，减少病害发生。如月季作切花栽培时，密度以35cm间距为好，露地作观赏栽培时，根据用途及苗龄确定株行距，以不拥挤、通风透光好为宜。

（3）化学药剂防治　植株老叶较抗病，新叶易感病，叶片展开6～14天时最易感病。应及早喷施50％多菌灵可湿性粉剂1000倍液或50％代森铵1000倍液，或70％甲基托布津可湿性粉剂1000倍液或波尔多液（1∶1∶200）。或于发病初期喷洒苯醚甲环唑、福星、达科宁等药剂，7～10天喷1次，连喷2～3次，防治效果较好。药剂交替使用，以防止病原菌产生抗药性。

二、芍药褐斑病

芍药褐斑病又称芍药红斑病、芍药及牡丹轮斑病，是芍药栽培品种上最常见的重要病害。该病使芍药叶片早枯，连年发生，削弱植株的生长势，植株矮小，花少而小，以致全株枯死。该病也侵牡丹。

1. 症状

褐斑病主要为害叶片，也侵染枝条、花、果壳等。早春展叶期即可受到侵染，初期叶背出现针尖大小的凹陷斑点，逐渐扩大成近圆形或不规则形的病斑，直径约5～24mm，叶边缘的病斑多为半圆形。叶片正面病斑上有淡褐色的轮纹，不太明显。病斑相互连接成片后，整个叶片皱缩、枯焦，叶片常破碎。叶柄、幼茎及枝条上的病斑长椭圆形，红褐色；叶柄基部或枝干分叉处发病部位呈黑褐色的溃疡斑，病部容易折断。萼片、花瓣上的病斑均为紫红色小斑点。

在潮湿条件下，叶片病斑的背面产生墨绿色的霉层，即病原菌的分生孢子及分生孢子梗。发病严重时病斑正面及枝干上的病斑也会产生少量的霉层。

2. 病原

褐斑病的病原菌是牡丹枝孢霉，属半知菌亚门丝孢纲丛梗孢目枝孢菌属真菌。

3. 发病规律

病原菌主要以菌丝体在病叶、病枝条、果壳等残体上越冬；病原菌自伤口侵入或直接侵入，但伤口侵入发病率更高。在自然界，下雨时泥浆的反溅使茎基部产生微伤口，也有利于该病菌的侵入，叶片等处茸毛的脱落，也可以造成微伤口。病菌的潜育期短，一般6天左右，但病斑上子实层的形成时间则很长，大约病斑出现2个月左右才产生子实层，因此再侵染次数极少。

褐斑病发生的早晚、严重程度与当年春雨的早晚、降雨量的大小密切相关，春雨早、降雨量适中发病早、危害重。田间病残体的数量、地力条件与发病有关，病残体数量多，发病重；土壤贫瘠、含沙量大，植株生长不良均可能加重病害的发生。种植过密，株丛过大均可造成通风不良，加重病害的发生。

芍药栽培品种抗病性差异显著。东海朝阳、紫袍金带、小紫玲、兰盘银菊、粉霞点翠、凤落金池等品种抗病性强。紫芙蓉、娃娃面、粉珠盘、无暇玉、胭脂点玉、粉边金鱼、黑紫含金等品种最易感病。

4. 褐斑病的防治

（1）栽培抗病品种　加强养护管理，保持寄主的抗病性。

（2）减少侵染来源　秋季割除芍药地上部分时，残茬越短越好，并及时处理病残体。休眠期发病重的地块喷洒3°Bé的石硫合剂，或在早春展叶前喷洒50%多菌灵可湿性粉剂600倍液。

（3）加强栽培管理　株丛过大要及时分株移栽，栽植密度不要过大，以利通风透光，降低田间湿度；肥水管理要好；及时清除田间杂草；种植圃早春覆盖塑料薄膜，对病残体上越冬菌源的传播起到隔离作用，能大幅度地降低发病率。

（4）化学药剂防治　在芍药展叶后、开花前，喷洒50%多菌灵可湿性粉剂1000倍液；落花后可交替喷洒65%代森锰锌可湿性粉剂500倍液和1%波尔多液与0.1%多菌灵。7~10天喷1次，雨后重喷。

三、草坪草褐斑病

草坪草褐斑病又称大褐斑病或夏枯病。病菌的寄主范围非常广，能侵染大部分禾本科植物，如早熟禾、雀稗、狼牙根、匍匐剪股颖、紫羊茅、高羊茅、黑麦草、节缕草等。该病害在冷、暖季草坪中都有发生，世界各地均有分布。病害具有病原物复杂、发病率高、侵染迅速和反复发病等特点。当条件适合时，该病能在极短的时间内迅速毁灭草坪。

1. 症状

草坪草褐斑病发生在叶片、叶鞘和根部。叶片上病斑菱形或椭圆形，长1~4cm，中央灰色呈水浸状，边缘红褐色。叶鞘上病斑褐色菱形或长条形，多数病斑长0.5~1cm，有的长达3cm以上。初期病斑中央灰色水浸状，边缘红褐色，后期病斑变成黑褐色，叶鞘病斑上多附有红褐色不规则形菌核，易脱落。严重时病斑可绕茎一周，病茎基部变褐色或枯黄色，病株分蘖多枯死。不同草种病斑有差异，叶片上病斑有不规则形、长圆形、菱形等，边缘有褐色或黄色，内部白色或淡黄色。在潮湿条件下，叶片和叶鞘病变部位着生稀疏的褐色菌丝。病株根部和根茎部变黑褐色腐烂，肉眼可见白色菌丝。

发病植株连片时，感病草坪上出现形状不规则或略呈圆形（直径可达1m）的褐色枯草斑，因为中央的病株比枯斑边缘病株恢复的快，致使枯草斑呈环状或蛙眼状。病斑最初通常为紫绿色，之后很快褪绿成浅褐色。空气湿度很大时，病斑会形成深灰色、紫色或黑色宽度1～5cm的边界，状似"烟圈"。"烟圈"由已枯萎和新近感病的植株叶片组成，叶片间分布大量菌丝。这是褐斑病鉴定过程中非常有用的特征。但随着叶片的干燥，该特征会很快消失。

在修剪较低的草坪上感病草坪草呈水浸状，颜色变暗，后期褪色成浅褐色。在修剪较高的草坪上，感病草坪草的褪色及萎陷常造成大块褐色或黄色的病斑，与周围的健康草坪相比，感病草坪常呈凹陷状。

2. 病原

立枯丝核菌，属半知菌亚门无孢目丝核菌属真菌。

3. 发病规律

病原菌以腐生菌丝或菌核在土壤中度过不良环境，或以腐生菌丝、菌核和休眠菌丝在寄主植物残体上越冬。菌核分散在枯草层或表层土壤，在寄主植物根部经常能发现，抗逆能力很强，即使连续萌发数代之后也能存活多年。适宜环境条件下，休眠结构萌发产生菌丝。叶片的营养成分有助于菌丝的发育。菌丝通过气孔和伤口侵染寄主叶片，也能通过侵染垫层或裂片状的附着胞直接侵入植物体内，吸取寄主的营养，使寄主植物组织迅速衰败。

天气湿热且草叶上有水存在时，褐斑病发展非常迅速，小病斑能在12～24h内愈合成大病斑。适宜发病的条件持续较长时间会导致感病植株死亡。通常该病原菌仅为害草坪草叶部，根茎部仍然存活着。当发病条件消失时，草坪草能稀疏地恢复生长。种植时间较长的草坪、枯草层厚的草坪，菌源量较大，草坪发病重。低洼潮湿、排水不畅或种植密度大的发病严重。组织柔嫩以及冻害等都有利于病害的流行。

4. 草坪草褐斑病的防治

（1）加强草坪管理　随时清除并烧毁枯草层和病残体，减少侵染源；及时进行草坪修剪，改善通风条件，剪草留茬一般为5～6cm，过密草坪要适当打孔、疏草；平衡使用氮、磷、钾肥，在夏季之前或整个夏季，尽量少施或不施氮肥，保持一定量的磷、钾肥。避免炎热高湿时施肥、剪草，避免大水漫灌，早晨浇水比晚上浇水能更好地预防褐斑病；用土壤调理药剂或有机肥改良土壤，使土壤中透风透气，保水抗涝，促进根系发达，增强草株抗性。

（2）化学药剂防治　建植草坪时注意选择抗病草种。种植草坪前用甲基立枯灵、五氯硝基苯和粉锈宁等药剂拌种或进行土壤处理。

对易发病的草坪，可在4～5月份，夜间温度19～21℃时，对草坪草进行药剂喷洒以预防褐斑病，可用草病灵1号、草病灵3号、井冈霉素或阿米西达等杀菌剂喷雾。当白天温度高于28℃、夜间温度也较高且空气湿度较大时，喷药的时间间隔期为5～7天；当发病条件非常合适或已经发生褐斑病时，喷药的间隔期可缩减到3天；当夜间温度低于18℃时，喷药的间隔期可延长到7～10天。使用菌克清5号草坪专用杀菌剂1000倍液、菌克清1号1000倍液或70％代森锰锌1000倍液喷雾。也可在褐斑病症状开始表现时在干燥的草坪上以 $4.9kg/hm^2$ 喷洒熟石灰，间隔24h后浇水，每3个星期喷洒一次。重病地块或发病中心可以加大剂量灌根。

第二节　灰霉病类

灰霉病的病症明显，在潮湿情况下病部会形成显著的灰色霉层。该菌寄主范围很广，几乎能侵染每一种草本观赏植物。

一、牡丹灰霉病

该病寄主广，可为害牡丹、芍药，还能为害月季、扶桑、金盏菊、郁金香、天竺葵、一品红、大丽花等多种园林植物。

1. 症状

病害发生在叶片、茎、花朵及芽等部分。叶片受害，多从叶尖或叶缘先发生，病斑圆形褐色并且具有不规则的轮纹，后期病斑扩大可致全叶枯死，在潮湿的条件下，被害处表面长出灰色霉层。幼茎被害时，初呈暗绿色水渍状不规则斑，之后病斑逐渐变褐色、凹陷，茎基腐烂，植株易倒伏，潮湿时病部产生密集的灰褐色霉状物。花蕾和花受害时，呈褐色软腐，同样长出灰褐色霉层。在腐烂茎基部，可出现细小的黑色菌核。

2. 病原

灰葡萄孢，属半知菌亚门丛梗孢目中的葡萄孢属真菌。

3. 发生规律

病菌以菌核在病株残体及土壤中，或以分生孢子在植株病残体上越冬。次年春，温度适宜时菌核萌发，产生菌丝进行侵染；或以越冬的分生孢子进行初次侵染。一般寄主开花后开始发病，8～9月份为害严重，生长季节可多次再侵染。潮湿、阴雨利于发病，植株幼嫩、连作、田间通风不良等均有利于该病发生。

二、仙客来灰霉病

仙客来灰霉病是世界性病害，尤其是温室花卉发病十分普遍，我国仙客来栽培地区均有发生。灰霉病菌还能为害月季、芍药、扶桑、樱花、倒挂金钟、百合、瓜叶菊等多种园林植物。

1. 症状

病原菌侵染叶片、叶柄、花梗和花瓣。叶片发病初期，叶缘出现暗绿色水渍状病斑，病斑迅速扩展，可蔓延至整个叶片。病叶变为褐色，以至干枯或腐烂。叶柄、花梗和花瓣受害时，均发生水渍状腐烂。在潮湿条件下，病部产生灰色霉层，即病原菌的分生孢子和分生孢子梗。

2. 病原

病原菌为灰葡萄孢霉，属半知菌亚门丝孢纲丛梗孢目葡萄孢属真菌。分生孢子梗丛生，有横隔，灰色到褐色，顶端树枝状分叉。分生孢子椭圆形或卵圆形，成葡萄穗状聚生于分生孢子梗上。有性阶段属子囊菌亚门的富氏葡萄盘菌。

3. 发病规律

病菌以分生孢子、菌丝体、菌核在病组织或随病株残体在土中越冬。翌年借气流、灌溉水以及栽培等途径传播，直接从表皮或从老叶的伤口、开败的花器以及其他的坏死组织侵入。病部所产生的分生孢子是再侵染的主要来源。病害的发生高峰期在2～4月份和7～8月份。

温度20℃左右，相对湿度90%以上，有利于发病。保护地温度适宜，湿度大，利于该病的发生。室内花盆摆放过密、施用氮肥过多引起徒长、浇水不当以及光照不足等，都可加重病害的发生。土壤黏重、排水不良、连作的地块发病重。管理粗放的地块，该病整年都可以发生。

三、兰花灰霉病

兰花灰霉病又称兰花花腐病。灰霉菌除为害兰科植物中的兰属外，还可侵染球根海棠、贴梗海棠、唐菖蒲、菊花、金盏菊、大丽花、万寿菊、仙客来、一串红、一品红、大岩桐、美人蕉、朱顶红、马蹄莲、醉蝶花、珊瑚花、令箭荷花、文殊兰、萱草、矮牵牛、扶桑、山茶花、迎春花、月季、樱花、杜鹃花等多种花卉。其中蝴蝶兰、大花蕙兰和墨兰等园艺珍品受害后，经济损失严重。该病在我国南、北方花圃均有发生。

1. 症状

灰霉病主要为害花器，有时也为害叶片和茎。发病初期，花瓣、花萼受侵染后，产生小型半透明水渍状斑，随后病斑变成褐色，有时病斑四周还有白色或淡粉红色的圈。每朵花上病斑的数量不一，但当花朵开始凋谢时，病斑增加很快，花瓣变黑褐色腐烂。湿度大时，从腐烂的花朵上长出灰色绒毛状物，即病原菌的分生孢子梗和分生孢子。花梗和花茎染病，早期出现水渍状小点，渐扩展成圆至长椭圆形病斑，黑褐色，略下陷。病斑扩大后绕茎一周时，花朵即死之。叶片受害后，叶尖焦枯，潮湿时产生灰色霉层。该病每年多在早春和秋冬出现2～3个发病高峰。气温高时，病害仅限于正在凋谢的花上。花开始衰老或已经衰弱时，多种兰花均可感染。

2. 病原

病原菌有性阶段为核盘菌，属子囊菌亚门真菌。无性阶段为灰葡萄孢菌，属半知菌亚门真菌。条件恶劣时，有时在病部长出片状菌核。

3. 发病规律

病菌以菌核在5～12cm的土壤中越冬。翌春气温7～8℃，相对湿度88%以上时，菌核上产生大量菌丝和分生孢子，分生孢子借助于气流、水滴或露水及园艺操作进行传播。该病的扩展是渐进式的,幼苗受侵后,病菌能定植下来。它常随植株生长而扩展,现蕾开花前先危害茎部或叶片或潜伏下来,开花以后只要发病条件适宜,花器很快染病。灰霉病的发生受发病条件影响很大。菌核在 5~30℃ 条件下均可萌发,最适温度为 21℃。孢子萌发适温为 18~24℃。该菌对湿度要求严格,相对湿度低于 84% 孢子不能萌发,高于 88% 才能正常萌发,92%~95% 孢子萌发率最高。

高湿对病菌侵入、扩展和流行有利,潜育期也可缩短,因此雨季灰霉病易流行。该菌侵染需要一定的营养,如即将凋落的花瓣或受完粉的柱头,有伤口的茎、叶都是灰霉菌易侵染的部位,病菌侵入后先腐生,当形成群体后,再向活力旺盛的健花或茎侵染。

四、灰霉病类的防治

1. 科学管理

定植时要施足底肥,适当增施磷、钾肥,控制氮肥用量。栽培时合理设置株行距,注意生长季节通风透光,排水良好。要避免在阴天和夜间浇水,最好在晴天的上午浇水,浇水后应通风排湿。一次浇水不宜太多。在养护管理过程中应小心操作,尽量避免在植株上造成伤口,以防病菌侵入。控制温室湿度,应经常通风,最好使用换气扇或暖风机。

2. 清除侵染来源

种植过有病花卉的盆土,必须更换掉或者经消毒之后才能使用。结合整枝及时清除病花、病叶,拔除重病株,集中销毁,以免扩大传染。

3. 药剂防治

发病初期,可用 0.1% 等量式波尔多液,连续 3~4 次,或用 50% 的代森铵 800~1000 倍液。每隔 10~14 天喷一次。于生长季节喷药保护,可选用 70% 甲基托布津可湿性粉剂 800 倍液,或 50% 多菌灵可湿性粉剂 1000 倍液,或 50% 农利灵可湿性粉剂 1500 倍液,进行叶面喷雾,每两周喷 1 次,连续喷 3~4 次。在温室大棚内使用烟剂和粉尘剂,用 50% 速克灵烟剂熏烟,每亩的用药量为 200~250g,或用 45% 百菌清烟剂,每亩的用药量为 250g,于傍晚分几处点燃后,封闭大棚或温室,过夜即可。也可选用 10% 腐霉利粉剂喷粉,每亩用药粉量为 1000g。烟剂和粉尘剂每 7~10 天用 1 次,连续用 2~3 次。为了避免产生抗药性,要注意交替和混合用药。

第三节 炭疽病类

炭疽病是园林植物中常见在一大类病害,因该病害有潜伏侵染的特性,经常给园林植物的引种造成损失,如从东南亚购进的南洋杉,潜伏有炭疽病未检出,给国家造成损失。炭疽病的另一特点是子实体往往呈轮纹状排列,在潮湿条件下病斑上有粉红色的黏孢子团出现。炭疽病主要为害叶片，降低观赏性，也有的对嫩枝为害严重。常见的有如山茶炭疽病等。

山茶炭疽病主要发生在山茶、茶梅、茶树等茶科木本植物上。在安徽、浙江、湖南、广东等地均有分布，随着温室花卉栽培面积的增加，北方温室栽培山茶花上此病也经常发生。该病发生后叶部出现病斑，影响光合作用，造成早期落叶，使植株生长势衰弱，且有碍观赏。

1. 症状

山茶花炭疽病主要为害叶片，也为害嫩枝和果实。侵染叶片时，首先在叶尖或边缘发病。初期病斑近圆形或不规则形，呈水渍状暗绿色，以后逐渐扩大，变为黄褐色或红褐色。后期形成灰白色大病斑，病斑上生有细小的黑色粒点，轮生排列。病斑大小不一，有的可扩大到叶片的 1/2 以上，边缘有黄褐色隆起，与健康组织界限明显。果实受害，病斑呈紫褐到黑色，严重时整个果实变黑，嫩枝上病斑条状，紫褐色，下陷，严重时枝条枯死。

2. 病原

无性态为半知菌亚门黑盘孢目盘圆孢属的病原真菌，有性态为子囊菌亚门的小丛壳菌。

3. 发病规律

以菌丝体在病叶中越冬。第二年春，当气温上升到 20℃ 左右时，病菌产生分生孢子，借风雨传播，遇雨天，空气湿度大时孢子萌发，侵入叶片组织。通过反复侵染，病势扩展加剧。病菌生长发育的适宜温度为 25℃ 左右。一般 5~6 月份间开始发病，7 月份初达到盛期，九月以后逐渐停止发病。

在高温高湿、多雨季节发病严重；通风不良、透光不好发病重；温度对炭疽病的影响最明显，温度上升，病害随之加剧。

4. 炭疽病的防治

(1) 及时摘除病叶 以便消灭侵染源。

(2) 加强栽培管理，增施有机肥料 勤除杂草，合理灌溉，以增强植株的抗病力。注意通风透光，避免高温高湿的田间小气候。

(3) 药剂防治 发病初期，每隔半个月以等量式 150 倍波尔多液、65% 代森锰锌 600~800 倍液，或用 70% 甲基托布津 800~1000 倍液喷施，连喷 2~3 次。发生严重时，喷洒 50% 多菌灵可湿性粉剂 500 倍液，或 1% 的波尔多液，每 10 天左右喷一次。

第四节 锈 病 类

锈病是园林植物的常见病害。园林植物受锈菌侵害后，发病部位褪绿发黄，产生黄褐色锈状物或柱状物，常表现提早落叶和花果畸形，直接影响植物的生长和观赏性。

园林植物锈病中常见的病原菌有柄锈菌属、胶锈菌属、单胞锈菌属、多胞锈菌属、柱锈菌属等。

一、玫瑰锈病

玫瑰锈病为世界性病害。我国的辽宁、北京、山东、河南、陕西、安徽、江苏、广东、云南等地均有发生。该病还可为害月季、野玫瑰等园林植物，感病植物提早落叶，生长势减弱，观赏价值降低。

1. 症状

该病主要危害叶片和芽。玫瑰芽受害后，展开的叶片布满鲜黄色粉状物，叶背出现黄色的稍隆起的小斑点，即锈孢子器。小斑点最初生于表皮下，成熟后突破表皮，散出橘红色粉末，病斑外围往往有褪色圈。叶正面的性孢子器不明显。随着病情的发展，叶片背面出现近圆形的橘黄色粉堆即夏孢子堆。发病后期，叶背出现大量黑色小粉堆，即冬孢子堆。

病菌也可侵害嫩梢、叶柄、果实等部位。受害后病斑明显地隆起，嫩梢、叶柄上的夏孢子堆呈长椭圆形，果实上的病斑为圆形，果实畸形。

2. 病原

病原属担子菌亚门冬孢菌纲锈菌目多胞菌属，分别为短尖多胞锈菌、蔷薇多胞锈菌、玫瑰多胞锈菌。

短尖多胞锈菌危害大，分布广。病菌性孢子器生于上表皮，往往不明显。锈孢子器橙黄色，锈孢子近椭圆形，淡黄色，有瘤状刺。夏孢子堆橙黄色；夏孢子球形或椭圆形，孢壁密生细刺。冬孢子堆红褐色、黑色；冬孢子圆筒形，暗褐色，3～7个横隔，不缢缩，顶端有乳头状突起，无色，孢壁密生无色瘤状突起；孢子柄上部有色，下部无色。

3. 发病规律

该病病原菌为单主寄生，在玫瑰上可完成其整个生活史。病原菌以菌丝体在病芽、病组织内或以冬孢子在病落叶上越冬。翌年芽萌发时，冬孢子萌发产生担孢子，侵入植株幼嫩组织，在嫩芽、嫩叶上产生橙黄色粉状的锈孢子。之后在叶背产生橙黄色的夏孢子，经风雨传播后，由气孔侵入进行第一次侵染，以后条件适宜时，叶背不断产生大量夏孢子，进行多次再侵染，病害迅速蔓延。

温暖高湿的天气有利于病害的发生，偏施氮肥会加重病害的产生。

4. 锈病的防治

（1）选栽抗病品种　加强养护，增强抗病能力。

（2）物理防治　休眠期清除枯枝落叶，喷洒3°Bé的石硫合剂，杀死芽内及病部的越冬菌丝体。生长期及时摘除病芽和病叶集中烧毁，消灭再侵染源。

（3）化学防治　叶片受侵染初发病期喷洒15%粉锈宁可湿性粉剂1500～2000倍液或65%代森锰锌可湿性粉剂500倍液；发病严重时期5～8月份每两周喷一次

150～200 倍等量式波尔多液或 0.3～0.4°Bé 石硫合剂。

二、草坪草锈病

草坪草锈病是草坪草上的常见病害，发生非常普遍，我国的黑龙江、辽宁、北京、山东、四川、云南、上海、江苏、浙江、湖南、广东等地均有发生。草坪草锈病为害绝大多数草坪草，如剪股颖、草地早熟禾、多年生黑麦草、狗牙根、雀麦、鸭茅、猫尾草、冰草、匍匐剪股颖、结缕草、狗牙根、高羊茅等。在适宜的环境条件下，几天内就会大面积发生，严重影响草坪景观。草坪草锈病种类很多，有条锈病、叶锈病、秆锈病和冠锈病等。

1. 症状

锈病主要为害禾草的叶片、叶鞘，也侵染茎秆和穗部。发生初期在叶和茎上出现浅黄色斑点，随着病害的发展，病斑数目增多，叶片上下表皮、茎表皮均可出现疱状小点，逐渐扩展形成圆形或条形橙黄色、棕黄色的夏孢子堆或黑色的冬孢子堆，并慢慢隆起。之后疱疤破裂，散发出锈色或黑色的粉状物，病斑周围叶组织褪绿呈浅黄色。草坪草受锈病为害后，叶绿素受破坏，光合作用大大降低，叶片和茎变成不正常的颜色，草株生长不良呈现矮小状，严重时导致死亡。

2. 病原

该病菌多属于担子菌亚门冬孢菌纲锈菌目柄锈菌属和单孢锈菌属或夏孢锈菌属和壳锈菌属中的一个种。柄锈菌属的冬孢子为双胞，单孢锈菌属的冬孢子为单胞，都有冬孢子柄。夏孢锈菌属与柄锈菌属非常相似，引起禾草锈病。壳锈菌的冬孢子没有柄，链生，一个链上有 2～3 个冬孢子。

3. 发病规律

锈菌以菌丝体和冬孢子在禾草病部越冬。该病在 7～10 月份均可发生。植株下部叶片发病重。

锈菌是一种专性寄生菌。只要冬、夏季禾草能正常生长的地区，病菌就可以在病草的发病部位越冬、越夏。但条锈菌不耐高温，当夏季旬均温超过 22℃ 时就不能越夏。病菌夏孢子在适宜温度和叶面有水膜的条件下才能萌发。由气孔侵染或直接穿透表皮侵入，一般 6～10 天就可发病，10～14 天后产生夏孢子，随风传播，造成新的侵染，使病害迅速扩展蔓延。夏孢子可以随风远距离传播，在发病地区内随气流、雨水飞溅、人畜或机械携带等途径在草坪内和草坪间传播。

影响锈病发生的因素很多，不同品种的抗病性、立地、环境温度、降雨、草坪密度、水肥、修剪等都会影响锈病的发生。其中几种重要锈菌对温度的要求，以秆锈病最高，叶锈病、冠锈病居中，条锈病最低。锈病主要发生在低温高湿的秋季，当 5cm 土层温度达到 24.5℃ 时，病菌就开始进行侵染，随着温度的继续下降，加上大量降雨，病害就迅速扩展蔓延。另外，排水不良、夏季过多施氮肥也会加重病害的发生。植株生长势弱的发病较严重。

4. 草坪草锈病的防治

(1) 选用抗病品种　用抗病草种或与抗病草种混合种植，是控制锈病的有效方法之一。草坪混合种植可提高草坪的抗性。另外，由于锈病的病原种类很多，变化较大，必须不断进行抗锈病品种选育工作。

(2) 加强管理　不过量施氮肥，保持正常的磷、钾肥比例，防止徒长，保证草坪通风透光。浇水要见干见湿，避免草地湿度过大或过于干燥，避免傍晚浇水，并要注意排水，以降低相对湿度。

(3) 化学防治　秋季低温高湿易发生草坪锈病，8月底至9月初，草坪修剪后，喷洒75%的百菌清500倍液或70%的代森锰锌可湿性粉剂400倍液，进行预防和保护。在发病初期，用20%的三唑酮乳油800倍液，25%的三唑酮可湿性粉剂2000倍液，能对草坪锈病起到很好的防治作用。一般在草坪叶片保持干燥时喷药效果好。喷药次数主要根据药剂残效期长短而定，一般7~10天一次，要尽可能混合施用或交替使用，以免使病原物产生抗药性。

三、杨锈病

杨锈病又名白杨叶锈病。分布于全国各毛白杨栽植区。主要为害毛白杨、新疆杨、苏联塔形杨、河北杨、山杨和银白杨等白杨派品种。

1. 症状

杨树春天发芽时，病芽先于健康芽2~3天发芽，上面布满锈黄色粉状物，形成锈黄色球状畸形病叶，远看似花朵，严重时经过3周左右，病叶就干枯变黑。正常叶片受害后在叶背面出现散生的橘黄色粉状堆，是病菌进行传播和侵染的夏孢子。受害叶片正面有大型枯死斑。嫩梢受害后，上面产生溃疡斑。早春在前一年病落叶上可见到褐色、近圆形或多角形的疱状物，为病菌的冬孢子堆。

2. 病原

马格栅锈菌和杨栅锈菌，属担子菌亚门冬孢菌纲锈菌目栅锈菌属；圆痂夏孢锈菌，属担子菌亚门冬孢菌纲锈菌目夏孢锈属。

3. 发病规律

病原菌在受侵染的冬芽内越冬，翌年散发出大量夏孢子，成为初侵染的重要来源。夏孢子芽管直接穿透角质层，自叶的正、背两面侵入。潜育期约5~18天。马格栅锈菌的转主寄主为紫堇属和白屈菜属植物，杨栅锈菌的转主寄主为山靛属植物。春天毛白杨发芽时始发病，5~6月份为第1次发病高峰，8月份以后秋叶新长，出现第2次发病高峰，但比春天发病轻。毛白杨锈病主要危害1~5年生幼苗和幼树。不同杨树发病轻重不同，毛白杨比新疆毛白杨感病重。苗木间距过密、通风透光不良，病害发生早而且重。灌水过多或地势低洼、雨水多时病害严重。

4. 杨锈病的防治

(1) 选种抗病树种　可以选种抗病的树种，以利于杨锈病的防治。

(2) 科学建林和养护　不营造落叶松与杨树的混交林，至少不要造同龄的混交林。育苗时注意肥水管理，防止苗木生长过密或徒长，提高抗病力。

(3) 化学药剂防治　4月末，用波尔多液喷洒落叶松幼苗。夏季用波尔多液喷洒杨树苗。常用的药剂还有0.3°Bé的石硫合剂，65%代森锌可湿性粉剂500倍液等。

四、海棠-桧柏锈病

海棠锈病是各种海棠的常见病害，在我国各个省市均有发生。为害贴梗海棠、垂丝海棠、西府海棠以及梨、山楂、木瓜等观赏植物。发病严重时，海棠叶片上病斑密布，致使叶片枯黄早落。该病同时还会为害蜀桧、龙柏、桧柏、侧柏、花柏、刺柏、铺地柏等观赏树木，引起针叶及小枝枯死，影响园林景观。

1. 症状

锈病主要为害海棠叶片，也能为害叶柄、嫩枝和果实。被害叶面最初出现黄绿色小点，扩大后呈橙黄色或橙红色有光泽的圆形小病斑，边缘有黄绿色晕圈。病斑上着生针头大小橙黄色的小点粒，后期变为黑色。病组织肥厚，略向叶背隆起，其上有许多黄白色毛状物，最后病斑变成黑褐色，枯死。叶柄、果实上的病斑明显隆起，黄棕色，果实畸形，多呈纺锤形；嫩梢感病时病斑凹陷，易从病部折断。受害严重时植株易死亡。

桧柏等植物被侵染后，针叶和小枝上形成大小不等的褐黄色瘤状物，雨后瘤状物（菌瘿）吸水变为黄色胶状物，远视犹如小黄花，受害的针叶和小枝一般生长衰弱，严重时可枯死。

2. 病原

海棠锈病的病原菌有梨胶锈菌和山田胶锈菌两种。两种病原菌均属担子菌亚门冬孢菌纲锈菌目胶锈菌属。两种锈菌都是转主寄生，为害海棠类及桧柏类植物。

（1）梨胶锈菌　寄主是柏科的桧柏，还有欧洲刺柏、翠柏、龙柏等，其中以桧柏、欧洲刺柏和龙柏最易感病。转主寄主是梨、贴梗海棠、垂丝海棠、木瓜、山楂等。

（2）山田胶锈菌　它除为害桧柏、新疆圆柏、希腊桧、矮桧、翠柏及龙柏外，转主寄主是苹果、沙果、海棠等。转主寄主有西府海棠、白海棠、红海棠、垂丝海棠、白花垂丝海棠、三叶海棠、贴梗海棠等。

3. 发生规律

病原菌以菌丝体在针叶树寄主体内越冬，可存活多年。次年3～4月份冬孢子成熟，菌瘿吸水涨大，开裂，冬孢子形成的物候期是柳树发芽、山桃开花的时候。当日平均温度在11℃以上，又有适宜的降雨量时，冬孢子开始萌发，在适宜的温湿度条件下，冬孢子萌发5～6h后即产生大量的担孢子。

春季寄主展叶时，受病原菌担孢子侵染产生橘黄色病斑，之后出现性孢子器和锈孢子器，产生性孢子和锈孢子。性孢子、锈孢子由风雨和昆虫传播，侵染桧柏等针叶树，因该锈菌没有夏孢子，故生长季节没有再侵染。该菌寄主种类虽然多，但各阶段所表现的症状基本相同。该病的发生、流行和气候条件密切相关。春季多雨而气温低，或早春干旱少雨发病则轻；春季多雨，气温偏高则发病重。如北京地区，病害发生的迟早、轻重取决于4月中、下旬和5月上旬的降雨量和次数。该病的发生与寄主物候期也有关系，若担孢子飞散高峰期与寄主大量展叶期相吻合，病害发生则重。

4. 海棠锈病的防治

（1）避免将海棠、松柏种在一起　园林风景区内，注意海棠种植区周围，尽量避免种植桧柏等转主植物，减少发病。如景观需要配植桧柏时，则以药剂防治为主来控制该病发生。

（2）化学药剂防治　春季当针叶树上的菌瘿开裂，即柳树发芽、桃树开花时，降雨量为4～10mm时，应立即往针叶树上喷洒药剂如1：2：100的波尔多液；0.5～0.8°Bé的石硫合剂。在担孢子飞散高峰，降雨量为10mm以上时，向海棠等阔叶树上喷洒1%石灰倍量式波尔多液，或25%的粉锈宁可湿性粉剂1500～2000倍液。秋季8～9月份锈孢子成熟时，往海棠上喷洒65%代森锰锌可湿性粉剂500倍液。

海棠发病初期喷15%粉锈宁可湿性粉剂1500倍液或1：1：200倍波尔多液，控制病害发生。

第五节　白粉病类

白粉病在我国各地发生普遍，在北方地区的秋凉季节发病率很高。除针叶树和球茎、鳞茎、兰花类等花卉以及角质层、蜡质层厚的花卉如山茶、玉兰等外，许多观赏植物都有白粉病的发生。白粉病主要为害花木的嫩叶、幼芽、嫩梢和花蕾。病症非常明显，在发病部位覆盖有一层白色粉层。引起园林植物白粉病的常见病原菌有白粉菌属、单囊壳属、钩丝壳属、叉丝壳属和叉丝单囊壳属的真菌。

一、瓜叶菊白粉病

白粉病是瓜叶菊温室栽培中的主要病害。温室栽培的菊花、金盏菊、波斯菊、百日菊等多种菊科花卉，也易受白粉病菌侵染。

1. 症状

病菌主要为害叶片，也可侵染叶柄、嫩茎以及花蕾。发病初期，叶面上出现不明显的白色粉霉状病斑，后扩展成近圆形或不规则形黄色斑块，上覆一层白色粉状物，严重时多个病斑相连，白粉层覆盖全叶。在严重感病的植株上，叶片和嫩梢扭曲，新梢生长停滞，花朵变小，有的不能开花，最后叶片变黄枯死。发病后期，叶面的白粉层变为灰白色或灰褐色，其上可见黑色小点粒，即病菌的闭囊壳。植株苗期发病，因生长不良成矮化或畸形，严重时全叶干枯。

2. 病原

病原菌为二孢白粉菌，属子囊菌亚门核菌纲白粉菌目白粉菌属真菌。闭囊壳上附属丝菌丝状。无性阶段为豚草粉孢霉属，分生孢子椭圆形或圆筒形。

    3. 发病规律

    病原菌以闭囊壳在病株残体上越冬。翌年病菌借助气流和水流传播，孢子萌发后以菌丝自表皮直接侵入寄主。该病的发生与温度关系密切，15～20℃有利于病害的发生，10℃以下时，病害发生受到抑制。病害的发生一年中有两个高峰，分别是3～4月份和11～12月份。

二、月季白粉病

    月季白粉病是月季生产中的一种常见病害，在我国各地均有发生。该病对月季危害较大，轻则使月季长势减弱、嫩叶扭曲变形、花姿不整，影响生长和观赏价值，重则引起月季早落叶、花蕾畸形或不完全开放，连续发病则使月季枝干枯死或整株死亡，造成经济损失。该病也侵染玫瑰、蔷薇等植物。

    1. 症状

    该病发生在嫩叶、幼芽、嫩枝及花蕾上。老叶较抗病。发病初期病部出现褪绿斑点，以后逐渐变成白色粉斑，并扩大为圆形或不规则形的病斑，严重时病斑相互连接成片。犹如覆盖着一层白粉，即病菌的分生孢子。最后粉层上产生许多黄色小圆点。小圆点颜色逐渐变深，直至呈现黑褐色，即病菌的闭囊壳。月季芽受害后，病芽展开的叶片上、下两面都布满了白粉层，叶片皱缩、反卷、变厚，呈紫绿色，感病的叶柄及皮刺上的白粉层很厚，难剥离。嫩梢和叶柄发病时病斑略肿大，节间缩短，病梢弯曲、有回枯现象。花蕾染病时表面布满白粉，不能开花或花姿畸形。严重时，叶片干枯，花蕾凋落，甚至整株死亡。

    2. 病原

    (1) 叉丝单囊壳菌　属子囊菌亚门叉丝单囊壳属，闭囊壳上附属丝6～16根，顶部叉状分枝2～5次，分枝的顶端膨大呈锣锤状。无性阶段为山楂粉孢霉，分生孢子串生，单胞，卵圆形或桶形，无色。

    (2) 单囊白粉菌　属子囊菌亚门单囊白粉菌属，闭囊壳附属丝5～10根，菌丝状，有隔膜。无性阶段为粉孢霉属的真菌，粉孢子串生，椭圆形，无色。

    3. 发病规律

    病原菌主要以菌丝体在芽中越冬，闭囊壳也可以越冬，但一般情况下，月季上较少产生闭囊壳。翌年春季病菌随芽萌动而开始活动，侵染幼嫩部位，3月中旬产生粉孢子。粉孢子主要通过风的传播，直接侵入。潜育期短，病原菌生长的最适温度为21℃，粉孢子萌发的最适湿度为97%～99%。露地栽培月季4～6月份和9～10月份发病较多，温室栽培可全年发生。

    温室内光照弱、通风差、空气湿度高、种植密度大，发病严重；氮肥施用过多，土壤中缺钙，有利于发病；温差变化大、花盆土壤过干等，使寄主细胞膨压降低，都将减弱植物的抗病力，有利于白粉病的发生。月季的品种不同，白粉病的发生也有所不同，芳香族的多数品种不抗病，尤其是红色花品种极易感病。一般小叶无毛、蔓生、多花品种较抗病。

三、大叶黄杨白粉病

大叶黄杨白粉病是大叶黄杨上的常见病害。在我国种植大叶黄杨的地区均有发生。

1. 症状

白粉病为害嫩叶和新梢，叶片受害产生褪绿黄色斑点。单个病斑圆形，多个病斑愈合后呈不规则形。白粉多分布于大叶黄杨的叶面，也有生长在叶背面的。白色粉状物即病原菌的菌丝和孢子层。严重时新梢感病可达100%，有时病叶发生皱缩，病梢扭曲畸形，甚至枯死。

2. 病原

病原菌属半知菌亚门丝孢纲丛梗孢目粉孢霉属。菌丝表生，无色，有隔膜，具分枝。分生孢子梗棍棒状，分生孢子椭圆形，单独成熟或成短链。

3. 发病规律

病菌以菌丝体在病组织越冬。在大叶黄杨展叶期和生长期，病原菌产生大量的分生孢子，分生孢子随风雨传播，直接侵入寄主，潜育期5～8天。发病的高峰期出现在4～5月份。病斑的发展也与叶的幼嫩程度关系密切，随着叶片的老化，病斑发展受限制，在老叶上往往形成有限的近圆形的病斑；而在嫩叶上，病斑可布满整个叶片。严重时，病斑变成黄褐色。在发病期间，雨水多则发病严重；枝叶徒长发病重；栽植过密、光照不足、通风不良、低洼潮湿等因素都可加重病害的发生。

四、白粉病的防治

1. 选用抗病品种

如月季可选白金、女神、金凤凰等抗白粉病的品种。繁殖时不使用感病株上的枝条或种子。

2. 加强栽培管理，提高园林植物的抗病性

适当增施磷、钾肥，合理使用氮肥；种植不要过密，以利于通风透光；结合清园扫除枯枝落叶，生长季节结合修剪、整枝及时除去病芽、病叶和病梢；加强温室的温湿度管理，特别是早春保持较恒定的温度，防止温度的骤然变化，依温室内情况及时通风换气，降低湿度，减少白粉病的发生。

3. 化学药剂防治

栽培和育苗前对盆土、苗床和土壤用药物杀菌，可用50%甲基硫菌灵与50%福美双1:1混合药剂600倍液喷洒盆土或苗床、土壤，可达杀菌效果。发芽前喷施3～4°Bé的石硫合剂（瓜叶菊上禁用）；生长季节用25%粉锈宁可湿性粉剂2000倍液、30%氟菌唑800～1000倍液、80%代森锌可湿性粉剂500倍液、70%甲基托布津可湿性粉剂1000倍液、50%退菌特800倍液等进行喷雾，每隔7～10天喷1次，连喷3～4次，喷药时先喷叶后喷枝干，以控制病害发生。

在温室内可用45%百菌清烟剂熏烟,用药量为每亩250g,也可将硫黄粉涂在取暖设备上任其挥发,能有效地防治月季白粉病(使用硫黄粉的适宜温度为15～30℃,最好夜间进行,用药后闷棚)。喷洒农药应注意喷雾全面均匀。药剂要交替使用,避免白粉菌产生抗药性。

五、草坪草白粉病

白粉病是草坪上常见的病害,在全国各地均有分布。为害早熟禾、羊茅、剪股颖、鸭茅、狗牙根等。受病原菌侵染的植株光合作用减弱,植株生长不良,严重时死亡。

1. 症状

白粉病主要侵染叶片和叶鞘,也为害茎和穗部。初期叶片出现小的褪绿斑点,随着病情发展,病斑扩大呈近圆形或椭圆形,病斑上出现霉状物,初为白色,之后变成灰褐色,霉状斑表面着生一层粉状物,即病原菌的粉孢子。发病后期,斑上形成棕黑色的小粒点,即病原菌的闭囊壳。受侵染的草皮呈灰白色,后变污灰色,灰褐色。随着病情的发展,叶片变黄、萎缩死亡。

2. 病原

子囊菌亚门核菌纲白粉菌目布氏白粉菌属真菌,为专性寄生菌。分生孢子椭圆形,串生。闭囊壳聚生,子囊孢子椭圆形。

3. 发病规律

病原菌以菌丝体在病株上或以闭囊壳在病株残体上越冬。第二年气候适宜时,越冬菌丝体产生分生孢子,或成熟的闭囊壳释放出子囊孢子,借气流传播,形成初侵染。被侵染植株上的分生孢子萌发菌丝,不断生长,再产生大量新的分生孢子,引起再侵染。

分生孢子在适宜温度17～20℃时,4～8h就可以萌发,湿度大时更利于萌发。子囊孢子的释放需要高湿的环境条件,通常夏秋季降雨后释放量多。水肥管理不善、植株细弱徒长、草坪郁闭、通风不良等是诱发病害流行的因素。凉爽潮湿的环境条件有利于病害流行。

4. 草坪草白粉病的防治

(1) 种植抗病品种　选用抗病草种或品种混植,能减少白粉病的发生。

(2) 加强栽培管理　草坪建植时,要注意合理的种植密度,必要时要间草,保证草坪冠层的通风透光;合理水肥,忌过干过湿,减少氮肥的施用量,增施磷、钾肥。及时进行修剪。

(3) 药剂防治　种植前可进行土壤处理或拌种,如用五氯硝基苯对土壤进行消毒灭菌。发生病害时可用25%多菌灵可湿性粉剂500倍液、70%甲基托布津可湿性粉剂1000～1500倍液或50%退菌特可湿性粉剂1000倍液。(可参照草坪草锈病的防治。)

第六节 畸形病类

叶畸形病主要发生在木本观赏植物上。该类病害数量不多,但病原物侵染寄主的绿色部位,引起早落叶、早落果。发病严重时引起枝条枯死,削弱树势,容易遭受低温的危害。叶畸形病主要由子囊菌及担子菌亚门中的外担子菌引起。症状明显,一般情况下,病原菌侵入寄主后刺激寄主组织增大,使叶片肿大、加厚、皱缩,果实肿大、中空呈囊果状物。

一、杜鹃花饼病

杜鹃花饼病又称瘿瘤病、叶肿病。为我国杜鹃花的常见病害,除为害杜鹃,还可以为害山茶花、油茶等。在辽宁、山东、四川、江苏、湖南等均有发生。

1. 症状

该病主要为害嫩梢、嫩叶、花等。叶片染病,病叶正面初生淡白色半透明近圆形的病斑,背面略呈淡红色,以后逐渐扩大呈黄褐色,叶背肿起呈半球形,正面凹陷,表面被一层灰白色黏性粉状物,即子实体。后期病斑变黑褐色,枯萎脱落。新梢染病形成肥厚的叶丛而干枯。花染病也变肥厚,形成瘿瘤状畸形花,表面分布有灰白色粉状物。病芽、病花枯死。

2. 病原

病菌是担子菌纲外担子菌属的真菌。

3. 发病规律

病菌以菌丝体在病组织中越冬或越夏,条件适宜时产生担孢子借风雨、气流传播,带菌苗木成为远距离传播的重要来源。该病属低温高湿型病害,气温15~20℃,相对湿度高于80%,连阴雨天气易发病,一般在4~5月份发病多。秋季花芽形成期也有发生。

4. 杜鹃花饼病的防治

(1) 人工防治 发现病叶、病梢及时摘除并销毁,减少病原物传播蔓延。

(2) 栽培管理 春季易发病期要注意苗圃地植株间的通风透光,雨后及时排水。

(3) 化学防治 春季杜鹃发芽前喷洒1°Bé石硫合剂,杀灭越冬菌源。新叶展开后喷洒0.5°Bé石硫合剂或1:1:100倍式波尔多液。

二、桃缩叶病

我国各地均有发生。寄主有桃树、樱花、李、杏、梅等园林植物。发病后引起早期落叶、落花、落果,减少当年新梢生长量,严重时树势衰退,容易受冻害。

1. 症状

病菌主要为害叶片,也能侵染嫩梢、花、果实。叶片感病后,一部分或全部呈波浪状皱缩卷曲,叶色变为黄色至紫红色,加厚,质地变脆。春末夏初,叶片正面出现一层灰白色粉层，即病菌的子实层，有时叶片背面也可见灰白色粉层。后期病叶干枯脱落。病梢为灰绿色或黄色，节间短缩肿胀，其上着生成丛、卷曲的叶片，严重时病梢枯死。幼果发病初期果皮上出现黄色或红色的斑点，稍隆起，病斑随果实长大，逐渐变为褐色，并龟裂，病果早落。

2. 病原

病原菌为畸形外囊菌，属子囊菌亚门外囊菌属。子囊直接从菌丝体上生出，裸生于寄主表皮外；子囊圆筒形，无色，顶端平截；子囊内有8个子囊孢子，偶为4个；子囊孢子球形至卵形，无色。子囊孢子以出芽生殖方式产生芽孢子，芽孢子球形。

3. 发病规律

病菌以厚壁芽孢子在树皮、芽鳞上越夏和越冬。翌年春天，成熟的子囊孢子或芽孢子随气流等传播到新芽上，自气孔或表皮侵入。病菌侵入后，在寄主表皮下或在栅栏组织的细胞间隙中蔓延，刺激寄主组织细胞大量分裂，胞壁加厚，病叶肥厚皱缩、卷曲并变红。

早春温度低、湿度大有利于病害的发生。如早春桃芽膨大期或展叶期雨水多、湿度大，发病重；但早春温暖干旱时，发病轻。该病发病盛期在4~5月份，6~7月份后发病停滞。无再次侵染。

4. 桃缩叶病的防治

（1）农业防治　栽植时注意植株间距要合理，保证通风透光。雨季注意及时排水。发现个别病叶时，人工摘除烧毁，减少侵染几率。发病重、落叶多的桃园，要增施肥料，加强栽培管理，以促进树势恢复。

（2）药剂防治　早春桃发芽前喷药防治，可达到良好的效果。展叶后喷药容易发生药害。在早春桃芽开始膨大但未展开时，喷布5°Bé石硫合剂一次，连续喷药2~3年，对桃缩叶病能起到良好的防治效果。发病严重的桃园，园内菌量较多，可在当年桃树落叶后喷1次3‰硫酸铜，以杀灭黏附在冬芽上的大量芽孢子。到第二年早春再喷1次5°Bé石硫合剂或1％波尔多液，巩固防治效果。

第七节　病毒病类

病毒病是园林植物上的一种常见病，近年来随着园林植物种植种类和数量的增加，病毒病有日益扩大侵染范围的趋势，目前园林植物病毒病和发生仅次于真菌病害。已发现的植物病毒约在600种以上。病毒病害的症状主要有：黄化、花叶、畸形、生长停滞等。目前对病毒病害尚未找到彻底而有效的治疗方法，因此需要采取综合防治措施加以控制，以防蔓延成灾。病毒病害在大丽花、郁金香、唐菖蒲、兰花、水仙、月季、鸢尾、康乃馨、牡丹、百合、香石竹、翠菊等多种花卉上均有发生。

一、大丽花花叶病

该病在世界各地均有发生。寄主有大丽花、百日草、蛇目菊、矮牵牛等。

1. 症状

发病初期,叶片上表现出图案状花纹,叶脉变为浅绿色透明——明脉症,有的叶脉变成畸形、卷曲,叶片加厚、叶组织变脆,叶片变成细条状蕨叶,受侵染植株的生长和分蘖受到抑制,病株明显呈矮化、丛生,块根分蘖少,花朵小,病株提早死亡。

2. 病原

大丽花花叶病毒,病毒粒体为正20面体。此病毒还能侵染百日草、蛇目菊、金鸡菊及矮牵牛等。此外,黄瓜花叶病毒(CMV)、烟草坏死病毒(TSV)及番茄斑萎病毒(TSWV)也可引起大丽花发生病毒病。

3. 发病规律

病害为系统性侵染,主要由桃蚜等刺吸式口器的昆虫传播,叶蝉也可传播,通过嫁接也可传毒。病害有时为隐性侵染,即植株在某一时期内不呈现症状,但经过一段时间,又重新显出症状。由于园林植物的分株和扦插繁殖的原因,也可导致植株带毒。

二、兰花病毒病

此病在我国各地兰花上均有发生。病毒可为害多种名贵的兰花品种。

1. 症状

兰花病毒病主要表现为叶片变色、花叶、明脉、黄化、枯黄、畸形、皱缩、坏死;花色变绿或呈现杂色,花变小;叶柄、花茎、枝干和根产生坏死条斑;植株整体矮化、茎间缩短、生长点异常分化、丛枝、蕨叶等症状。

病毒病在兰花上表现的症状与品种有关,如建兰上主要是花叶斑驳型,还有坏死斑、条纹斑及环斑型,均发生在叶上,不侵染花。但当叶片过早死亡时则花变少、变小,但颜色与花形都正常。

2. 病原

该病的病原复杂,目前尚未完全确定。据报道,建兰花叶病毒和齿兰环斑病毒为优势种。

3. 发病规律

一般汁液及接触传播,当健康植株和病株接触时,通过轻微伤口病毒就能传播;还可借带毒的鳞茎、修剪工具等传播;通过昆虫如螨类、蚜虫、线虫等刺吸式口器害虫进行传播,这类害虫在为害兰花植株的同时将病毒从染病植株传到健康植株上。另外,带毒的花粉和种子也可传播病毒。

昆虫是兰花病毒的主要传播者。有的种类只传播一种病毒,也有的可传播多种病毒;还有的病毒由多种昆虫传播。

兰花病毒遗传性强,只有在寄主活体内才具有活性,仅少数病毒可在植株病残体中存活一段时间,也有少数病毒可在昆虫活体内存活或增殖。

病毒粒体或病毒核酸在植株细胞间转移速度很慢,而在植株的维管束中可随营养物质的流动迅速转移,使植株发病。病毒除夺取受侵染植株的一部分营养外,还能影响寄主植株的正常生理代谢,干扰其呼吸和光合作用,破坏酶的活性、生长素和其他激素的代谢等,或以病毒产生的代谢物质和有毒物质堵塞植物维管束。

三、唐菖蒲花叶病

1. 症状

唐菖蒲受侵染后,在叶面上出现乳白色或白色的密密麻麻的块斑,沿叶脉出现条状退绿的褐色坏死斑块。茎上也有深绿和浅绿相间的斑驳。在大红、白、黄的花瓣上出现杂色。严重时导致植物矮化,球茎退化,花茎抽不出,花不能正常开放。

2. 病原

引起唐菖蒲花叶病的病原在我国主要有 2 种,即菜豆黄花叶病毒和黄瓜花叶病毒。菜豆黄花叶病毒属马铃薯 Y 病毒组。病毒粒体为线条状,长 750nm;内含体风轮状、束状;钝化温度为 55～60℃;稀释终点为 10^{-4},体外存活期为 2～3 天。黄瓜花叶病毒属黄瓜花叶病毒组。病毒粒体球形,直径为 28～30nm;钝化温度为 70℃;稀释终点为 10^{-4};体外存活期为 3～6 天。

3. 发病规律

病毒传播通过蚜虫、叶蝉等刺吸式口器昆虫的为害,带毒的砧木、接穗、插条也是重要的传播途径,病球茎在病毒病发生蔓延的过程中也起着重要的作用。

四、花卉病毒病的防治

① 选育抗病品种。

② 及时防治蚜虫、飞虱、叶蝉等刺吸式口器的昆虫,消灭病毒的传播媒介。

③ 选用无病毒的球茎种植;从无病的植株上取接穗、插条;组织培养技术繁育苗木。生长期及时拔除病株烧毁,减少传播。有条件时,采用种子繁殖,避免无性繁殖材料传毒,因为嫁接和扦插是病毒最有效的传播方式。如无性繁殖运用较多时要注意修剪工具的消毒,消毒可采用高温和药剂进行。

第八节　其他类型叶部病害

一、花木煤污病

煤污病在花木上普遍发生,寄主有皂荚、朴树、橡皮树、山茶、扶桑、苏铁、金橘、蔷薇、夹竹桃、木槿、桂花、玉兰、含笑等。

1. 症状

病菌主要为害植物的叶片,也能为害嫩枝和花器。病菌的种类不同引起的花木煤污病的症状也略有差异,但发病部位均产生黑色"煤烟层"。

2. 病原

引起花木煤污病的病原菌种类有多种。常见的病菌其有性阶段为子囊菌亚门的小煤炱菌和煤炱菌，其无性阶段为半知菌亚门丝孢纲丛梗孢目烟霉属的散播霉菌。煤污病病原菌常见的是无性阶段，其菌丝匍匐于叶面，分生孢子梗暗色，分生孢子顶生或侧生，有纵横隔膜作砖状分隔，暗褐色，常形成孢子链。

3. 发病规律

病菌主要以菌丝、分生孢子或子囊孢子越冬。翌年叶片及枝条表面有植物的渗出物、蚜虫的蜜露、介壳虫的分泌物时，分生孢子和子囊孢子就可萌发并生长发育。菌丝和分生孢子可由气流、蚜虫、介壳虫等传播，进行再次侵染。病菌以昆虫的分泌物或植物的渗出物为营养，或以吸器直接侵入植物表皮细胞中吸取营养。

病害的严重程度与温、湿度、立地条件及蚜虫、介壳虫的关系密切。温度适宜、湿度大，发病重；花木栽植过密，环境阴湿，发病重；蚜虫、介壳虫为害重时，发病重。

露天栽培时，煤污病的发生有二次高峰，3～6月份和9～12月份，均与环境的温度、湿度有关。温室栽培的花木，煤污病可整年发生。

4. 煤污病的防治

（1）及时防治害虫　及时防治蚜虫、介壳虫的为害是防治煤污病的根本措施。

（2）加强栽培管理　注意花木栽植的密度，防止过密，适时修剪、整枝，改善通风透光条件，降低林内湿度。及时清除有病残体。

（3）药剂防治　喷施杀虫剂防治蚜虫、介壳虫的为害（参照蚜虫、介壳虫的防治方法）；在植物休眠季节喷施3～5°Bé的石硫合剂以杀死越冬病菌，在发病季节喷施0.3°Bé的石硫合剂，有杀虫治病的效果。

二、草坪草黑粉病

草坪草黑粉病主要侵染早熟禾、翦股颖、黑麦草、鸭茅草等。草坪植株染病后草叶变浅黄色，叶片逐渐卷曲并沿叶片出现平行的黑色条纹，后出现黑色烟灰状的粉末。受侵害时间长的叶片变弯曲，并从顶部向下碎裂，严重时整个草坪叶片变枯黄，植株生长不良，甚至死亡，极大地影响草坪的美观。

1. 症状

黑粉病的症状类型取决于病原物的种类、寄主的品种特性和发病时的气候。常见的症状有条黑粉病、秆黑粉病和疱黑粉病。

条黑粉病和秆黑粉病的症状基本相同，初期叶片褪绿发黄，随着病情的发展，叶片卷曲并在叶片和叶鞘上出现沿叶脉分布的条形稍隆起的冬孢子堆，孢子堆初呈白色，后变成灰白色或黑色，孢子堆破裂散出大量黑色的粉状孢子，可用刷子刷掉。发病严重时草叶卷曲并从顶端向下碎裂，导致植株死亡。单株草发病或发病植株零星分布时该病害不易被发现，直到大面积草株发病在草坪中形成黄色斑块时病害症状才明显。

疱黑粉病主要为害叶片，发病叶片呈黄绿色，背面产生椭圆形的疱斑，就是病原菌的冬孢子堆，疱斑周围褪绿。发病严重时整个叶片褪绿发白。冬孢子成熟后，孢子堆不破裂仍埋生在草叶表皮下。

2. 病原

属担子菌亚门冬孢菌纲黑粉菌目真菌。

3. 发病规律

病菌以冬孢子在土壤、病株残体或草种子上越冬，或以菌丝体在草叶、草茎、根颈或其他被侵染植株的营养器官上越冬。通过雨水、风、种子和植株的运输等进行传播。翌年环境条件适宜时，冬孢子萌发生成担子和担孢子，担孢子萌发产生菌丝，侵入植物幼苗的胚、芽鞘、叶腋、根颈芽和根颈节或成株的根茎和匍匐茎，逐渐生长扩散到整个植株，染病植株存活期间不断形成孢子，当病叶破裂、撕碎或植株死亡后，大量的孢子被释放并传播，继续侵染其他的植株。

春秋季温度凉爽温和时，病害症状表现最明显，但草坪的损失不大，因为春秋季利于禾草的旺盛生长。草坪黑粉病造成的损失大多数发生在夏季和冬季，因为夏季炎热干燥的环境条件不利于草的生长，冬季冷冻干燥的条件有利于病原菌保持活性，而被侵染的植株会干枯或受低温恶劣条件而死亡。当环境高温、干旱、肥料过多或不足时，发病植株易死亡。

草坪草黑粉病是系统侵染性病害，即病原真菌能在植株体内扩展，而且植株一旦被侵染，即使表面不表现症状，植株本身也一直处于病态。

4. 草坪草黑粉病的防治

① 种植抗病品种。

② 喷施三唑酮或多菌灵进行防治。

三、离蠕孢叶枯病

离蠕孢叶枯病别名根腐病。病原菌主要侵染画眉草亚科和黍亚科草，而狗牙根离蠕孢主要危害狗牙根。世界各地均有分布。主要为害叶、叶鞘、根和根颈等部位，造成叶枯、根腐、颈腐，植株死亡、草坪稀疏，形成枯草斑或枯草区。

1. 症状

叶片上病状明显，初期出现小的暗色不规则形斑点，随着病斑扩大，中心变成浅棕褐色，外缘有黄色晕圈。潮湿条件下病斑表面有黑色霉状物。潮湿条件下，叶鞘、茎部和根部都易受侵染腐烂，短时间内就会造成枯草区。不同种的离蠕孢菌所致叶枯病的症状不同。

① 狗牙根离蠕孢引起狗牙根的叶部、冠部和根部腐烂。叶斑形状不规则，暗褐色至黑色。严重时病叶死亡，草坪上出现不规则的枯草斑块，直径 5cm～1m。

② 禾草离蠕孢可侵染各种草坪草，为害叶和根部，造成叶斑、根腐及芽腐、苗腐、茎基腐、鞘腐。叶片和叶鞘上病斑呈椭圆形、梭形，病斑中部褐色，外缘有黄色晕圈。潮湿时病斑表面产生黑色霉层。发病重时病叶很快枯死，草坪上出现不规则的枯草斑。

2. 病原

离蠕孢菌为半知菌门丝孢目离蠕孢属真菌。

3. 发病规律

病菌以休眠菌丝在病株、残体、土壤和草种上越冬。病原菌孢子由气流和雨水传播。一般在春秋雨露多而气温适宜时，主要侵染叶片，造成叶斑和叶枯；夏季高温、高湿时，造成叶枯和根、茎、茎基部腐烂。

禾草离蠕孢多在夏季湿热条件下侵染冷季型草坪草；当气温升至20℃左右时，只发生叶斑，随着温度的升高，叶斑扩大。当气温升至29℃以上，草坪湿度又大时，出现叶枯并伴随茎腐和根腐，造成病害流行。其他离蠕孢菌引起的茎叶病害在冷凉、多湿的春季和秋季发病重。

草坪郁闭，肥水管理不好，病残体和杂草多，都有利于发病。播种时种子带菌率高，播期选择不当，萌发和出苗缓慢或者覆土过厚，气温低，出苗期延迟以及播种密度过大等因素都可能导致烂种、烂芽和苗枯等症状发生。另外，冻害和根部伤口也会加重病害。

4. 离蠕孢叶枯病的防治

（1）选择抗病品种　建植草坪时播种抗病和耐病的无病种子，减少病害的发生几率。

（2）加强栽培管理　确定好播种时间，覆土厚度适宜，注意苗期精细管理；合理使用氮肥，增加磷、钾肥；减少草坪的浇水次数，雨天及时排水；定期对草坪进行修剪，及时清除病残体，经常清理枯草层。

（3）化学药剂防治　药剂拌种，播种时用25％三唑酮可湿性粉剂或50％福美双可湿性粉剂拌种，用药量约为种子重量的0.25％。

第二章 枝干病害

园林植物茎干病害的种类虽不如叶部病害多,但对园林植物的危害性很大,花木的枝条或主干,受害后往往直接引起枝枯或全株枯死,对某些名贵花卉和古树名木,有时造成不可挽回的损失。

第一节 枝干的真菌性病害

引起茎干病害的病原,几乎包括了侵染性病原和非侵染性病原等各种因素。如真菌、细菌、植原体、寄生性种子植物和茎线虫等病原生物,都能为害花木的茎干。其中以真菌病害为主。

茎干病害的症状类型有腐烂、溃疡、枝枯、肿瘤、丛枝、带化、萎蔫、流胶、流脂等。不同症状类型的茎干病害,发展严重时,最重可导致茎干的枯萎死亡。

一、松瘤锈病

松瘤锈病又称松栎锈病。分布于黑龙江、吉林、辽宁、内蒙古、河北、河南、山西、安徽、江苏、浙江、江西、云南、四川、贵州、广西等许多松树分布区。为害樟子松、马尾松、黑松、油松、赤松、黄山松、华山松、巴山松等,转主寄主有麻栎、栓皮栎、蒙古栎、槲栎、白栎、木包树、板栗、波罗栎等,尤其麻栎、栓皮栎、蒙古栎更普遍。

1. 症状

感病松树树干畸形,生长缓慢,受害严重的引起侧枝、主梢枯死,甚至整株死亡。

病菌主要为害松树的主干、侧枝和栎类的叶片。松树枝干受侵染后,木质部增生形成瘿瘤。通常瘿瘤为近圆形,直径 5~60cm 不等。每年春夏之际,瘿瘤的皮层不规则破裂,溢出黄色液滴,其中混有性孢子。第二年在瘤的表皮下产生黄色疱状锈孢子器,后突破表皮外露。锈孢子器成熟后破裂,散放出黄粉状的锈孢子。破裂处当年形成新表皮,来年再形成锈孢子器、再破裂。连年发病后瘿瘤上部的枝干枯死,或易风折。

锈孢子侵染栎树叶片,初期在栎叶的背面产生鲜黄色小点,即夏孢子堆,叶正面褪绿变色。后期在夏孢子堆中生出许多近褐色的毛状物,即冬孢子柱。

2. 病原

病原菌为栎柱锈菌,属担子菌亚门冬孢菌纲锈菌目柱锈菌属。性孢子无色,混杂在黄色汁液内,自皮层裂缝中外溢。锈孢子器扁平、疱状,橙黄色;锈孢子球形或椭圆形，黄色或近无色，表面有粗疣。夏孢子堆黄色，半球形；夏孢子卵形至椭圆形，内含物橙黄色，壁无色，表面有细刺。冬孢子柱褐色，毛状；冬孢子长椭圆形，黄褐色，互相连接成柱状。冬孢子萌发产生担子及担孢子。

3. 发病规律

病菌的冬孢子成熟后不经休眠即萌发产生担子和担孢子。担孢子随风传播，落到松针上萌发产生芽管，自气孔侵入，后由针叶进入小枝，再进入侧枝、主干，在皮层中定殖。有的担孢子直接自伤口侵入枝干，以菌丝体越冬。病菌侵入皮层第2～第3年，春天可在瘤上挤出混有性孢子的液滴，第3～第4年产生锈孢子器，成熟后，锈孢子随风传播到栎叶上，萌发后由气孔侵入。5～6月份产生夏孢子堆，7～8月份产生冬孢子柱，8～9月份冬孢子萌发产生担子和担孢子，当年侵染松树。病害与温、湿度关系密切，环境温度较低，加上连续雨天湿度饱和，容易发病。

4. 松瘤锈病的防治

（1）加强检疫　禁止将疫区的苗木、幼树运往无病区，防止松疱锈病的扩散蔓延。

（2）农业防治　避免转主寄主植物混栽，从源头杜绝松瘤锈病的发生。及时、合理地修除病枝，及时清除病株，减少侵染来源。

（3）药剂防治　用松焦油原液、70％百菌清乳剂300倍液直接涂于发病部位；幼林用65％代森锌可湿性粉剂500倍液，或25％粉锈宁500倍液喷雾。（其他方法可参照海棠锈病的防治。）

二、杨树腐烂病

杨树腐烂病又称烂皮病、臭皮病、出疹子，为害杨树枝干，引起皮层腐烂，导致林木大量死亡。我国杨树栽培地区均有发生，山东、安徽、河北、河南、江苏等省发生普遍，为害杨树、柳树、槭树、榆树、接骨木、槐树、木槿等树种，是公园、绿地、行道树和苗圃杨树的常见病和多发病，常引起行道树大量枯死，新移栽的杨树发病最重。树苗携带病原物或林间植株上的病原真菌相互传播是该病发生的主要原因，与施用叶面肥、化肥、杀虫剂等无关。

1. 症状

（1）干腐型　主要发生于主干、大枝及枝干分叉处。发病初期呈暗褐色水渍状病斑，略肿胀，皮层组织腐烂变软，按压时有液体渗出，之后失水下陷，有时病部树皮龟裂，甚至变为丝状。病斑形状不规则，有明显的黑褐色边缘。发病后期在病斑上长出许多黑色小突起，即病菌分生孢子器。病部皮层变暗褐色糟烂，纤维素互相分离如麻状，易与木质部剥离，有时腐烂达木质部。在条件适宜时，病斑扩展迅速，纵向扩展比横向扩展速度快，当病斑围绕树干一周时，病斑上面树枝全部枯死。环境条件潮湿时，分生孢子器出现黄色卷曲状的分生孢子角。

（2）枯梢型　主要发生在苗木、幼树及大树的小枝条上。发病初期呈暗灰色，无明显的溃疡症状，病部迅速扩展，环绕一周后，上部枝条枯死。后期病部树皮开裂，潮湿时产生分生孢子角。

2. 病原

病害主要由子囊菌亚门的污黑腐皮壳侵染引起。无性型属半知菌亚门的金黄壳囊孢菌。

3. 发病规律

病菌主要以菌丝体、分生孢子器或子囊壳在病部组织内越冬。第二年春季子囊孢子和分生孢子成熟借风雨传播，从枝干伤口或死亡组织侵入，潜育期为6～10天。3月中、下旬开始发病，4月中下旬至6月份为发病盛期，病斑扩展迅速。7月份后病势渐缓，秋季又复发，10月份基本停止发展。

杨树腐烂病菌是一种弱寄生菌，只能侵染生长不良、树势衰弱的苗木和林木，通过虫伤、冻伤、机械损伤等各种伤口侵入，生长健壮的树木一般不易被侵染。

春季发病高峰是前年秋季侵染造成的结果，而不是当年春季侵染的缘故。干旱瘠薄的立地条件是发病的重要诱因，起苗时大量伤根和造林时苗木大量失水，是初栽幼树易于发病的内在原因。

杨树腐烂病的发生和流行与气候条件、树龄、树势、树皮含水量、栽培管理措施等有密切的关系。栽培管理不当易削弱树势，可促进病害大发生。冬季受冻害或春季干旱、夏季发生日灼伤，也易诱发此病。杨树苗木移栽前假植时间太长、移栽时伤根过多、移栽后灌水不及时或灌水不足、行道树修剪过度等均易造成病害严重发生。

4. 林木腐烂病的防治

（1）栽培抗病品种　栽培抗病品种是预防腐烂病的基本措施，同等环境条件下，小叶杨、加杨、美国白杨较抗腐烂病。选择适应性强、抗寒、耐干旱、耐盐碱、耐日灼、耐瘠薄的良种造林。改善林地条件，增强树势，同时防治其他病虫害，以免腐烂病的大面积发生。

（2）培育健壮苗木　腐烂病主要侵染生长势弱的苗木，因此培养大苗、壮苗是预防腐烂病发生的关键。育苗时，在条件允许的情况下，要选择距造林地较近，土壤肥沃，排灌条件良好的地块做苗圃。起苗、运苗要尽量少伤根、茎。该病病菌有潜伏侵染现象，苗木中带菌率很高时，只要条件适宜，常导致病害大发生，因此出圃前，做好分级和检疫工作。对有病和生长不良的苗木要及时销毁，不能进入造林地。避免机械损伤，减少害虫危害，特别是蛀干害虫。对冻伤和虫害要做到提前预防。

（3）加强栽培管理　要彻底清除病苗、病树，减少侵染来源。杨树腐烂病的发生与树皮含水量有密切关系，低含水量，有利于菌丝的生长。因此，栽植时要做到随起随栽，浇足底水或栽前用水浸泡苗木，使苗吸足水分，缩短缓苗期，增强抗性。栽后树干及时涂白可有效减轻腐烂病的发生。

幼林郁闭前加强松土锄草，促进林木正常生长；在干旱地区或干旱季节，及时进行灌溉，低洼盐碱地要排水排碱；修枝应掌握勤修、少修的原则，伤口要平滑，并涂波尔多液等药剂保护；防护林、片林边和行道树病害较严重，每年秋季应树干涂白，以防日灼伤害、冻伤和人畜损伤。

（4）化学防治　苗木栽植前，用50%的退菌特粉剂1500倍液或50%的甲基托布津1000倍液进行全株消毒。杨树腐烂病菌有喜酸和病斑变酸的特点，用10%的碳酸钠涂抹病斑，改变病菌的生存条件，治愈效果明显。在入冬或早春用40%福美砷50～100倍液涂于病斑或喷雾，也可用3～5°Bé石硫合剂或50%退菌特500～1000倍液喷施。对发病轻的病株，用刀将病斑和皮部变褐部分左右斜划成网状，刀深达木质部，然后在病斑部涂抹5°Bé石硫合剂、50%多菌灵200倍液或70%托布津200倍液，涂药5天后，再用50～100mg/kg赤霉素涂于病斑周围，可促进产生愈合组织，阻止复发。对严重感病的植株和林区要及时清除。

三、紫荆枯萎病

该病为一种植物输导系统病害，严重时可造成树木枯萎死亡。

1. 症状

发病枝上的叶片，先从尖端枯黄最后叶片凋落；丛生苗木中，往往先有1～2株枯黄，然后逐渐整丛枯黄而死。病枝下部的木质部表面有黄褐色纵条纹，横剖面导管周围有黄褐色轮纹。

2. 病原

病原为半知菌亚门的镰刀菌。

3. 发病规律

病菌在土壤或残株上越冬。次年6～7月份，病菌以地下害虫或水等为媒介侵入根部，顺导管蔓延至树木顶端。土壤微酸、温度28℃左右时，适于此病的发生和蔓延。

4. 紫荆枯萎病的防治

（1）加强栽培管理　对苗木肥水进行科学管理，增强植株的抗病能力。

（2）实行轮作　该病害属土传性病害，轮作可以减轻病害的发生。

（3）发现病株，及时处理　发病轻的植株浇2%的硫酸亚铁水至浸湿根部土壤，或用50%托布津可湿性粉剂400～800倍液浇灌树根。病重者砍除烧毁，并用70%的五氯硝基苯1～1.5kg或3%硫酸亚铁水灌树坑。

第二节　枝干的细菌性病害

引起园林植物茎干病害的细菌也很多，主要症状为萎蔫、肿瘤或软腐等。如鸢尾软腐病。

1. 症状

植株种植不久，病原细菌自根部侵入，可向上蔓延至茎部，向下扩展到更深的根部。感染病菌的植株嫩芽生长受阻，叶鞘水浸状，呈现黑绿色，不久变黑。嫩芽极易被拽掉。发病初期，根茎部发生水渍状软腐，继而使整个球根变成灰褐色糊状腐烂，并有恶臭。叶片刚刚受害时出现水渍状褐色条纹，随着病害的发展，病叶变黄干枯，向下蔓延使球根溃烂，病叶容易从地下茎上脱落。根系发病初期正常生长，而后变透明，呈黄绿色。种植前球根发病时，出现如冻伤的水渍状斑点，下部变成茶褐色并发出恶臭，具污白色黏液。染病症状较轻的球根种植后叶先端出现水渍状褐色病斑，停止展叶，不久后全叶变黄枯死，整个球根腐烂。病部发出的恶臭味和污灰色不洁黏稠物是识别该病的重要特征。

2. 病原

鸢尾软腐病由欧氏杆菌属胡萝卜软腐欧氏杆菌胡萝卜软腐亚种引起。

3. 发病规律

病原细菌寄生范围广，腐生力强，可以常年生存在带有染病植物残体的土壤中，特别是那些未经消毒杀菌处理的堆肥中更多。能借助水流、昆虫、病叶和健康叶之间的接触摩擦或通过操作工具进行传播。细菌主要从伤口侵入。高温高湿、植株机械伤或虫咬较多、鸢尾和其他植物的残体较多、土壤湿度大、栽植过密、种植时根尖受损和苗圃地连作等条件下，发病严重，其中湿度大是最主要的发病原因。4～8月份，气温达到27～30℃时，即病菌发育的适宜温度，加上通风不良，地块低洼或排水不畅，土壤又较黏重，此病发生很快。如果在生产、加工、贮藏前未进行彻底消毒杀菌，也容易感染此病。

4. 鸢尾软腐病的防治

（1）加强检疫　在引进和销售种球、种根时，严格履行检疫手续。

（2）药剂杀菌　对种球、种根、鳞茎等使用每毫升含农用链霉素350～700U的溶液浸40min消毒杀菌。播种和盆栽的培养土，用0.3%的福美双或0.2%的西力生拌5倍细土杀菌。生产用具用0.1%～0.5%高锰酸钾或5%石炭酸进行消毒。

（3）加强栽培管理　去除土壤中的植物残体，在已提前处理好的土壤中种植种球，种植时避免碰伤根尖，温室内种植时温度保持在适宜的范围内（12～15℃），避免高温。清晨适量浇水。栽植环境要通风透光，保持清洁卫生；合理浇水与施肥，少施氮肥，多施磷、钾肥，不用污水，不施未腐熟的肥料；每周或隔周对茎、叶用波尔多液喷一次，如发现染病植株后，随时将病部除去，伤口用多菌灵消毒，病害严重者及时拔掉并烧毁，并将周围土壤挖出进行处理，以免造成传染；避免连作。

（4）药物防治　发病初期，喷洒72%农用链霉素可湿性粉剂4000倍液，或用大蒜水（将大蒜捣碎浸水取其过滤液）喷洒叶面、涂抹病斑及根部浇灌等。也可将农用链霉素注射根茎部。发病较严重时，先剪除病叶，剥去根、茎上的腐烂部分，将植株剩下的根、茎浸泡在50%克菌丹500倍液，或50%退菌特1000倍液内5min，用清水冲洗干净，将根朝上放在阳光下晒30min，然后阴干4～5天，再种于素沙内,放阴凉处缓苗,待长出新根,发生新芽后,重新栽植在消毒的培养土中或地内。

第三节　枝干的线虫病害

线虫是仅次于昆虫的一大类生物,全世界约有 50 万种,已描述的约有 15000 种。其中植物寄生线虫约 3000 种,为害 4500 多种种子植物。我国园林植物线虫病害有百余种,为害枝干的主要有水仙茎线虫和松材线虫,后者为我国对内检疫对象。

松材线虫病又称松树萎蔫病,是松树的一种毁灭性流行病,致病力强,能导致寄主植物快速死亡,该病传播快,治理难度大。松材线虫分布于我国各地,在我国,松褐天牛是它的主要传媒昆虫。1982 年南京中山陵首次发现并报道。

该病由松材线虫引发,寄主有马尾松、赤松、黑松、南欧海松、湿地松、琉球松、白皮松等松属植物。还能为害冷杉属、云杉属、雪松属、落叶松属等植物。

1. 症状

外部症状是针叶失水陆续变为黄褐色乃至红褐色,萎蔫,针叶全呈红黄色。最后整株枯死。病死木的木质部往往由于有蓝变菌的存在而呈现蓝灰色。

初期染病植株外观正常,树脂分泌减少,蒸腾作用下降,在嫩枝上往往可见天牛啃食树皮的痕迹。之后针叶开始变色,树脂分泌停止,除见天牛补充营养痕迹外,还可发现产卵刻槽及其他甲虫侵害的痕迹。后期大部分针叶变为黄褐色,萎蔫,植株上有天牛和其他甲虫的蛀屑。最后针叶全部变为黄褐色至红褐色,病树整株干枯死亡。此时树体一般有许多次期害虫栖居。

2. 病原

松材线虫,属线形动物门线虫纲垫刃目滑刃科。雌雄虫都呈蠕虫形,虫体细长,长 1mm 左右。雌虫尾近圆锥形,末端宽圆,少数有微小的尾尖突。雄虫尾似鸟爪,向腹面弯曲。病材中的幼虫虫体前部和成虫相似,幼虫尾近圆锥形。

3. 发病规律

远距离传播主要依靠带有松材线虫病的松木木材及其制品传播。松材线虫通过松褐天牛补充营养的伤口进入木质部,寄生在树脂道中。线虫在大量繁殖的同时移动到全株,并导致树脂道薄壁细胞和上皮细胞的破坏和死亡,造成植株失水,蒸腾作用降低,树脂分泌急剧减少和停止。

松材线虫引发的松树萎蔫病的发生与流行与寄主树种、环境条件、媒介昆虫密切相关。低温能限制病害的发展,干旱可加速病害的流行。

该线虫经 4 龄幼虫期发育为成虫。雌、雄虫交尾后产卵,雌虫可保持 30 天左右的产卵期,1 条雌虫产卵约 100 粒。由卵孵化的幼虫在卵内即脱皮 1 次,孵出的幼虫为 2 龄。虫卵在温度 25℃下 30h 孵化。生长繁殖的最适温度为 25℃,低于

10℃时不能发育，28℃以上繁殖会受到抑制，在33℃以上则不能繁殖。

秋末冬初，病死树内的松材线虫已逐渐停止增殖，并有自然死亡的个体，同时开始出现另一种类型的3龄幼虫，称为分散型3龄虫，进入休眠阶段。翌年春季，当媒介昆虫松褐天牛将羽化时，分散型3龄虫脱皮后形成分散型4龄虫，即休眠幼虫（耐久型幼虫）。这个阶段的幼虫即分散型3龄、分散型4龄幼虫在形态上及生物学特性上都与繁殖阶段不同，如角质膜加厚、内含物增多、形成休眠幼虫口针、食道退化。这阶段幼虫抵抗不良环境能力加强，休眠幼虫适宜昆虫携带传播。

松褐天牛在北方地区一般为一年1代，广东一年2～3代，以2代为主。在一年1代的地区，春天可见松材线虫分散型3龄虫明显地分布在松褐天牛蛀道周围，并渐渐向蛹室集中。这主要是由于蛹室内含有大量的不饱和脂肪酸，如油酸、亚油酸、棕油酸等对线虫产生趋化活性。当松褐天牛即将羽化时，分散型3龄虫脱皮形成休眠幼虫，通过松褐天牛的气门进入气管，随天牛羽化离开寄主植物。松材线虫对二氧化碳有强烈的趋化性，天牛蛹羽化时产生的二氧化碳是休眠幼虫被吸引至气管中的重要原因。在松褐天牛体上的松材线虫均为休眠幼虫，多分布于气管中，也会附着在体表及前翅内侧。1只天牛可携带成千上万条线虫，据记载最高可达280000条。当松褐天牛补充营养时，大量的休眠幼虫则从其啃食树皮所造成的伤口侵入健康树开始为害。松褐天牛在产卵期线虫携带量显著减少，少量线虫也可从产卵时所造成的伤口侵入寄主。休眠幼虫进入树体后即脱皮为成虫进入繁殖阶段，大约以4天产1代的速度大量繁殖，并逐渐扩散到树干、树枝及树根。被松材线虫侵染了的松树大抵是松褐天牛产卵的对象。翌年松褐天牛羽化时又会携带大量线虫，并"接种"健树上，如此循环，导致松材线虫的传播。

4. 松材线虫病的防治

（1）植物检疫　在原产地仔细观察树木发育是否正常，注意察看有无树脂分泌减少、停止，针叶变褐、萎蔫，枝干及整株枯死的现象，同时观察树干上有无天牛蛀食的痕迹、产卵孔、羽化孔等，如有，再行解剖检查。解剖检查是用工具将可疑感病的树木锯断劈开，看材质重量是否明显减轻；木质部有无蓝变现象；树干内有无松褐天牛栖居的痕迹。漏斗分离检验是从罹病木发病部位或天牛栖居处钻取木材组织并粉碎，用双层纱布包好，置于下方带有胶管和截流夹的玻璃漏斗上，加水浸泡12h，取下部浸泡液离心，取其沉淀液15mL，置于解剖镜下，对照松材线虫的形态特征进行检查鉴定。

（2）农业措施　及时砍除和烧毁病树和垂死树，清除病株残体。伐除后必须烧毁，避免残留物成为新的感染源。设立隔离带，以切断松材线虫的传播途径，如此，可切断天牛的食物补给，可有效地控制天牛虫媒的扩散，以达到防治松材线虫的目的。

（3）化学防治

① 消灭媒介昆虫松墨天牛。在晚夏和秋季10月份以前喷洒杀螟松乳剂于被害

木表面（每亩树表用药 400～600mL），可以杀死树皮下的天牛幼虫；在冬季和早春，天牛幼虫或蛹处于病树木质部内，喷洒药剂防治效果差，也不稳定。伐除和处理被害木，残留伐根要低，同时对伐根进行剥皮处理，伐木枝梢集中烧毁。

原木处理可用溴甲烷熏蒸或加工成 2cm 以下薄板。在天牛羽化后补充营养期间，可喷洒 0.5％杀螟松乳剂 2～3kg/株防治天牛，保护健树树冠。（其余方法参考松褐天牛的防治。）

② 防治松材线虫。在线虫侵染前数星期，用甲拌磷、治线磷等内吸性杀虫和杀线剂施于松树根部土壤中，或用丰索磷注射树干，预防线虫侵入和繁殖。采用内吸性杀线剂注射树干，能有效地预防线虫侵入。

③ 生物防治。利用白僵菌防治昆虫介体，也可用捕线虫真菌来防治松材线虫。

④ 选种抗病品种。日本主要利用马尾松、火炬松和日本黑松杂交，选育抗病品种。

第四节　枝干的寄生性种子植物

寄生性种子植物由于缺少足够的叶绿体或某些器官退化而依赖其他植物体内营养物质生活。主要属于桑寄生科、旋花科和列当科，此外也有玄参科和樟科等的部分植物，约计 2500 种以上。其中桑寄生科超过总数的一半。寄生性种子植物由于摄取寄主植物的营养或缠绕寄主而使寄主植物生长不良。

一、桑寄生

桑寄生为桑寄生科常绿小灌木，老枝无毛，有突起的灰黄色皮孔，小枝稍被暗灰色短毛。叶互生或近于对生，革质，卵圆形至长椭圆状卵形，先端钝圆，全缘，幼时被毛；叶柄长约 1cm。聚伞花序 1～3 个聚生叶腋，浆果椭圆形，有瘤状突起。花期 8～9 月份，果期 9～10 月份。

该病为多年生寄生植物，主要为害林木，在全国大部分地区均有发生。寄主以乔木为主，桑、构、槐、榆、木棉、朴、板栗、油茶和松等都可受害。

1. 症状

被害植株枝干上丛生寄生性植物的植株，寄生状非常明显。初期受害嫩枝肿大，渐长成瘤状，由于吸根向下延伸，往往形成鸡冠状长瘤。受害严重的植物落叶提前，发芽延后，开花不全或延迟，木质纹理遭到破坏，甚至造成枝枯或整株死亡。

2. 病原

桑寄生属和槲寄生属等寄生性种子植物。

3. 发病规律

寄生性种子植物的种子靠鸟类传播，黏附于树皮上，吸水萌发后与寄主接触处形成吸盘，并分泌消解酶，侵入寄主的输导组织，吸取养分，在根吸盘形成后数日便开始形成胚叶，长出茎叶部分。部分根出条沿着寄主枝条延伸，隔一段距离形成一条新的吸根侵入寄主皮层,并形成新的枝丛。寄生物为多年生植物,在寄主的枝干上越冬,每年产生大量种子。

二、菟丝子

菟丝子主要为害栽培和野生植物的幼苗及幼树。寄主有园林植物中的法国冬青、木槿、小叶冬青、金叶莸等。被害植株生长受阻甚至枯死。

1. 病害

菟丝子发生在植株上,以黄色丝状的茎缠绕于寄主植物的枝干,寄生状非常显著。与寄主植物接触处有圆形的吸盘,以吸取养分。受菟丝子为害的植物黄化、生长衰弱,严重者成片枯黄死亡。

2. 病原

常见的菟丝子有两种:

日本菟丝子——茎线状,黄白色,体内不含叶绿素,叶退化为鳞片状,茎粗壮多分枝,其上有突起的紫斑,花序旁生,果卵圆形。

中国菟丝子——茎为金黄色,柔软纤细,无根,无叶绿素,叶片退化成鳞片状。

3. 发病规律

在自然条件下种子成熟,蒴果开裂,种子落入土中,成为第二年发生的主要来源。当环境条件适宜时,种子萌发,胚根入土中,胚芽伸向地面,遇到寄主时就缠绕在茎上,长出吸盘,侵入寄主维管束中,进行寄生,下部的茎逐渐萎缩干枯与土壤分离,以后上部的茎不断缠绕寄主,吸收寄主养分,不断生长,向四周蔓延扩展。为害重时田间可见成片的金黄色寄生物。

三、寄生性植物的防治

1. 人工防治

在春末夏初检查园地,发现菟丝子立即清除;检查林木时,发现有寄生的植物,彻底砍除病枝,以便减轻发病。由于寄生植物的吸盘和寄主缠绕较紧密,清除时注意尽可能少伤害寄主。

2. 药剂防治

用敌草隆每亩0.25kg,或用二硝基酚铵盐防治。或用鲁保一号,每亩1.5~2.5kg,在雨后阴天进行喷洒,如用药前打断寄生物的茎蔓,造成伤口,防治效果更好。国外有用硫酸铜、氯化苯、氨基醋酸和2,4-D进行防治桑寄生的报道。

第五节 枝干的生理性病害

枝干的生理性病害常见的有流胶病等。

流胶病在我国桃、地产区均有发生,是一种极为普遍的病害。桃及其他核果类植物如杏、李、樱桃等的枝、干易发生。植株流胶太多会严重削弱树势,重者会引起死枝、死树。

1. 症状

主要为害主干和主枝桠处，小枝条、果实也可受害。主干和主枝受害初期，病部稍肿胀，早春树液开始流动时，从病部流出半透明黄色树胶，尤其雨后流胶现象更为严重。流出的树胶与空气接触后，变为红褐色，呈胶冻状。干燥后变为红褐色至茶褐色的坚硬胶块。病部易被腐生菌侵染，使皮层和木质部变褐腐烂，致树势衰弱，叶片变黄、变小，严重时枝干或全株枯死。果实发病，由果核内分泌黄色胶质。溢出果面，病部硬化，严重时龟裂，不能正常生长发育，失去食用价值。病枝皮层细胞之间胶化是组织明显的病变。在初生木质部则形成胶腔，胶腔内的游离细胞不含淀粉。由于酶的作用，胞间膜及细胞内含物溶解。寄主组织形成胶物质，是次生现象。

2. 病因

① 由于寄生性真菌及细菌的危害如干腐病、腐烂病、炭疽病、疮痂病、细菌性穿孔病和真菌性穿孔病等，这些病害或寄生枝干，或危害叶片，使病株生长衰弱，降低抗性。引起树体流胶。

② 虫害，特别是蛀干害虫，所造成的伤口易诱发流胶病。

③ 机械损伤造成的伤口以及冻害、日灼伤等。

④ 生长期修剪过度及重整枝。

⑤ 接穗不良及使用不亲和的砧木。

⑥ 土壤不良，如过于黏重以及酸性大等。

⑦ 排水不良，灌溉不适当，地面积水过多等。

⑧ 生理失调。

3. 发病规律

流胶在早春，树液上流旺盛时发生多。一般4～10月份间，雨季，特别是长期干旱后偶降暴雨，即低温雨后，流胶病严重。树龄大的桃树流胶严重，幼龄树发病轻。果实流胶与虫害有关，蝽象为害是果实流胶的主要原因。砂壤和砾壤土栽培流胶病很少发生，黏壤土和肥沃土栽培流胶病易发生。

4. 流胶病的防治

(1) 加强管理，增强树势是防止或减轻该病的根本措施　增施有机肥，低洼积水地注意排水，酸碱土壤应适当施用石灰或过磷酸钙，改良土壤，盐碱地要注意排盐；合理修剪，减少枝干伤口，避免连作。

(2) 防治枝干病虫害，预防病虫伤　及早防治桃树上的害虫如介壳虫、蚜虫、天牛等。冬春季树干涂白，预防冻害和日灼伤。

(3) 药剂保护与防治　早春发芽前将流胶部位病组织刮除，伤口涂抹煤焦油或5°Bé石硫合剂，可有效防治流胶病。在树体休眠期使用环扎技术，涂抹促花王1号，可有效防治流胶病。

第三章 根部病害

园林植物根部病害种类不多，但发生后往往造成毁灭性后果。真菌引起的根部病害症状是产生白色菌丝、菌核和菌索。根部病害的诊断和防治比较困难，因为根部病害在地下部发展，发生初期不易被发现，当地上部分表现出症状时已经到了发病后期，失去了早期防治机会。另外，根系生长与土壤各种因素关系密切，侵染性病害的发生很容易和生理性病害相混淆，不易确诊。

一、苗木立枯病

又称苗木猝倒病，是苗圃地中发生的一种常见病，主要为害杉木属、松属、落叶松属等针叶树幼苗，针叶树种中除柏类抗病外其他都易感病。该病也为害刺槐、桑、泡桐、枫杨、银杏、榆、椿等阔叶树幼苗及大丽花、菊花、香石竹、唐菖蒲、孔雀草、一串红等上百种花卉，幼苗死亡率很高，常造成缺苗断垄，影响育苗。

1. 症状

苗木立枯病从播种到幼苗出土，甚至1~2年生苗木都可受害。

根据为害时期不同可出现4种症状。

（1）种芽腐烂 播种后种芽出土前被病原菌侵入引起腐烂，地面表现缺苗，此病又叫种腐。

（2）茎叶腐烂 又称顶腐。幼苗出土期，苗圃湿度大，苗间稠密或遮盖物揭取过迟，小苗被病菌侵染，幼苗茎叶黏结、腐烂，上面常有白色丝状物，后期产生小的菌核。

（3）幼苗猝倒 幼苗出土后，由于苗木细嫩未木质化，未形成角质层和木栓层，病菌自根颈侵入，产生褐色斑点，病斑扩大呈水浸状，根颈组织受到破坏，继而腐烂，小苗迅速倒伏，引起典型的猝倒病。

（4）苗木立枯 苗木茎部木质化后，病菌从根部侵入，使根部腐烂，吸收能力丧失，苗木干枯而死，但不倒伏，就是典型的立枯病。

2. 病原

侵染性病原主要是真菌中的镰刀菌、丝核菌和腐霉菌。非侵染性病原是由于土壤积水，覆盖过厚，土表板结、地表温度过高灼伤根颈所引起。

3. 发病规律

此病主要发生在一年生以下幼苗（少数二年生苗也会发病），特别是出土1个月以内的幼苗发病重。潜育期1~2天，发病与以下情况有关：

① 播种期。播种太早，土温低，难出土，种子在土壤中滞留时间长易感病；播种太晚，幼苗木质化晚，若遇梅雨期，易发病。

② 前茬植物感病，土壤中含菌量多。
③ 土壤湿度大，土质差，施用的有机肥料未腐熟，发病重。

4. 立枯病的防治

(1) 苗圃地的选择　选择苗圃地时，尽量选地势高、土层深厚、土质疏松的地块。

(2) 化学药剂防治　发病严重地区，播种前进行土壤消毒，每亩用40%福尔马林液50mL加水8～12kg浇灌床面，并以草帘覆盖，一周后播种；或用1%～3%硫酸亚铁，每平方米4～5kg浇床土，一周后播种；或在播种或栽种前每亩施1.5～3kg 70%五氯硝基苯粉剂；播种时每100kg种子用250～500g 70%五氯硝基苯拌种；新出土的幼苗每平方米浇1%的硫酸亚铁2～4kg预防；初得病幼苗可用50%的代森铵200～400倍液，按每平方米2～4kg浇灌保苗，或喷等量式波尔多液120～170倍液，10～15天喷一次。

(3) 栽培管理　苗木播种或栽植前大水浇地，幼苗出土后20天内严格控制灌水。科学掌握播种期，使苗木适时发芽，及时木质化，生长健壮，增加抗病性；避免同种植物连作。

二、苗木紫纹羽病

紫纹羽病又称紫斜纹病、紫色根腐病，是林木上的一种严重病害。除禾本科外几乎所有木本和草本植物都可以受害，园林植物中主要为害松、柏、杨、柳、杉、栎、刺槐、漆树等，使林木的根和根际处树皮腐烂、树木死亡。

1. 症状

该病主要为害根部，病根表面呈紫色。幼根先受害，逐渐蔓延至粗大的主根及侧根，初期病根失去弹力和光泽，表面出现淡紫色疏松、棉絮状菌丝体，后逐渐集结成网状，颜色加深，整个病根表面为深紫色短绒状菌丝体所包被，还可产生细小紫红色菌核。病根皮层腐烂，极易剥落。木质部初呈黄色，湿腐，后期变为淡紫色，病害扩展到根颈后，菌丝体继续向上延伸至地面，包围主干基部。6～7月份菌丝体上产生微薄子实层，白粉状。受害树木生长势减弱，顶枝不抽芽，叶形短小发黄，皱缩卷曲，逐渐枯黄。枝条干枯，最后全株枯死。

2. 病原

属担子菌亚门银耳目的紫卷担子菌。

3. 发病规律

病菌在土壤中病根上越冬。春季开始侵入嫩根，夏季在根表皮生成一层紫色菌丝层和菌核。菌核有抵抗不良环境条件的能力，能在土壤中长期存活。

栽植过密、地势低洼、雨水量多、排水不良等条件下发病重。

4. 紫纹羽病的防治

(1) 栽培管理　雨季注意排水，降低田间温度；加强养护管理，使苗木生长健壮，增强抗病性。

(2) 栽植前进行苗木检疫　发现病株，剪除发病部位，并将苗浸于1％硫酸铜液中或20％的石灰水中1h进行消毒，消毒后用清水洗净，然后栽植。

(3) 药剂防治　发病初期，扒开土壤露出根系，剪除病根，再用20％石灰水或20％硫酸亚铁水浇灌，对根部土壤进行消毒，或更换无菌土；发病严重时，及时挖除病株并烧毁，并用石灰水或硫酸亚铁水消毒树坑周围土壤。

三、白纹羽病

白纹羽病是我国园林植物中常见的一种根部病害。该病在全国各地均有分布，主要为害杨、柳、银杏、槐、海棠、漆树、梨树、榆叶梅、云杉等。严重时造成整株枯死。

1. 症状

该病侵染根部，须根全部腐烂，并逐渐发展至主根，使根部表皮与木质部脱离，根部表面覆盖一层密集交织似羽状的白色菌丝体。菌丝有时可蔓延至地表，形似蛛网，发病后期病株皮层内可形成黑色小球状的菌核。被害植株逐年衰弱以至死亡。

2. 病原

病原为核座坚壳菌，属子囊菌亚门核菌纲球壳菌目座坚壳属。

3. 发病规律

病原菌以病根上的菌核和菌丝体在土壤内越冬，次年夏天病菌由须根侵入。高温高湿、地势低洼、通风透光差的地块，发病较重。植物生长势弱有利于病害发生。病菌可以随苗木做远距离传播。

4. 白纹羽病的防治

① 加强苗木检疫，可用20％的石灰水浸苗1h后再栽植。

② 苗圃地注意排水，不能偏施氮肥。

③ 发现病株应挖出烧毁，周围土壤用20％石灰水或250倍的五氯酚钠液15～50kg浇灌。发病严重的苗圃地应改种禾本科作植物，5～6年后才能继续育苗。

附录一 常用农药简介

一、常用杀虫、杀螨剂简介

1. 有机磷杀虫剂

(1) 敌敌畏 具有触杀、熏蒸和胃毒作用。对人、畜中毒。对鳞翅目、膜翅目、同翅目、双翅目、半翅目等害虫均有良好的防治效果。击倒迅速。常见加工剂型有50%、80%乳油。用50%乳油1000~1500倍液或80%乳油2000~3000倍液喷雾,可防治花卉上的蚜虫、蛾蝶幼虫、介壳虫若虫及粉虱等。温室、大棚内可用于熏蒸杀虫。

(2) 辛硫磷(肟硫磷、倍腈松) 具触杀和胃毒作用。对人畜低毒。可用于防治鳞翅目幼虫及蚜、蚧等。常见剂型有3%、5%颗粒剂,25%微胶囊剂,50%、75%乳油。一般使用浓度为50%乳油1000~1500倍液喷雾;5%颗粒剂30kg/hm^{2}防治地下害虫。

(3) 杀扑磷(速蚧克、杀扑磷) 具触杀、胃毒及熏蒸作用,并能渗入植物组织内。对人、畜高毒。是一种广谱性杀虫剂,尤其对于介壳虫有特效。常见剂型有40%乳油。一般使用浓度为40%乳油稀释1000~3000倍液喷雾,在若蚧期使用效果最好。

(4) 毒死蜱(乐斯本、氯吡硫磷) 具触杀、胃毒及熏蒸作用。对人、畜中毒。是一种广谱性杀虫剂。对于鳞翅目幼虫、蚜虫、叶蝉及螨类效果好,也可用于防治地下害虫。常见剂型有40.7%、40%乳油。一般使用浓度为40.7%乳油稀释1000~2000倍液喷雾。

(5) 喹硫磷(爱卡士、喹恶磷) 具触杀、胃毒和内渗作用。对人、畜中毒。是一种广谱性杀虫剂。对于鳞翅目幼虫、蚜虫、叶蝉、蓟马及螨类效果好。常见剂型有25%乳油、5%颗粒剂。一般使用浓度为25%乳油稀释800~1200倍液喷雾。

2. 有机氮杀虫剂

(1) 吡虫啉 属强内吸杀虫剂。对蚜虫、叶蝉、粉虱、蓟马等效果好;对鳞翅目、鞘翅目、双翅目昆虫也有效。由于其具有优良内吸性,特别适于种子处理和做颗粒。对人、畜低毒。常见剂型有10%、15%可湿性粉剂,10%乳油。防治各类蚜虫,每千克种子用药1g有效成分处理;叶面喷雾时,10%可湿性粉剂的用药量为150g/hm^2;毒土处理,土壤中的浓度为1.25mg/kg时,可长时间防治蚜虫。

(2) 抗蚜威(辟蚜雾) 具触杀、熏蒸和渗透叶面作用。能防治对有机磷杀虫剂产生抗性的蚜虫。药效迅速,残效期短,对作物安全,对蚜虫天敌毒性低,是综合防治蚜虫较理想的药剂。对人、畜中毒。常见剂型有50%可湿性粉剂、10%烟剂、5%颗粒剂。一般使用浓度为50%可湿性粉剂,每公顷150~270g,兑水450~

900L 喷雾。

(3) 灭多威（万灵） 具触杀及胃毒作用，具有一定的杀卵效果。适于防治鳞翅目、鞘翅目、同翅目等昆虫。对人、畜高毒。常见剂型有 24% 水溶性液剂，40%、90% 可溶性粉剂，2% 乳油，10% 可湿性粉剂。一般用量为 24% 的水剂 $0.6\sim0.8L/hm^2$，兑水喷雾。

(4) 唑蚜威 高效选择性内吸杀虫剂，对多种蚜虫有较好的防治效果，对抗性蚜也有较高的活性。对人、畜中毒。常见剂型有 25% 可湿性粉剂，24%、48% 乳油。每公顷使用有效成分 30g 即可。

3. 拟除虫菊酯类杀虫剂

(1) 甲氰菊酯（灭扫利） 具触杀、胃毒及一定的忌避作用。对人、畜中毒。可用于防治鳞翅目、鞘翅目。同翅目、双翅目、半翅目等害虫及多种害螨。常见剂型为 20% 乳油。一般使用浓度为 20% 乳油稀释 2000～3000 倍液喷雾。

(2) 联苯菊酯（虫螨灵、天王星） 具触杀、胃毒作用。对人、畜中毒。可用于防治鳞翅目幼虫、蚜虫、叶蝉、粉虱、潜叶蛾、叶螨等。常见剂型有 2.5%、10% 乳油。一般使用浓度为 10% 乳油稀释 3000～5000 倍液喷雾。

(3) 顺式氰戊菊酯（来福灵） 具强触杀作用，有一定的胃毒和拒食作用。效果迅速，击倒力强。对人、畜中毒。对鱼、蜜蜂高毒。可用于防治鳞翅目、半翅目、双翅目的幼虫。常见剂型为 5% 乳油。一般使用浓度为 5% 乳油稀释 2000～5000 倍液喷雾。

(4) 氯氰菊酯（安绿宝、灭百可、兴棉宝、赛波凯） 具触杀、胃毒和一定的杀卵作用。该药对鳞翅目幼虫、同翅目半翅目昆虫效果好。对人、畜中毒。常见剂型为 10% 乳油。一般使用浓度为 10% 乳油稀释 2000～5000 倍液喷雾。

4. 混合杀虫剂

(1) 辛敌乳油 由 25% 辛硫磷和 25% 敌百虫混配而成。具触杀及胃毒作用，可防治蚜虫及鳞翅目害虫。对人、畜低毒。常见剂型有为 50% 乳油。一般使用浓度为 50% 乳油稀释 1000～2000 倍液喷雾。

(2) 速杀灵 由氰戊菊酯和乐果 1:2 混配而成。具触杀、胃毒及一定的内吸、杀卵作用。可防治蚜虫、叶螨及鳞翅目害虫。对人、畜中毒。常见剂型有为 30% 乳油，一般使用浓度为 30% 乳油稀释 1500～2000 倍液喷雾。

(3) 桃小灵 由氰戊菊酯和马拉硫磷混配而成。具触杀及胃毒作用，兼有拒食、杀卵及杀蛹作用。可防治蚜虫、叶螨及鳞翅目害虫。对人、畜中毒。常见剂型有为 30% 乳油。一般使用浓度为 30% 乳油稀释 2000～2500 倍液喷雾。

(4) 增效机油乳剂（敌蚜螨） 由机油和溴氰菊与而成，具强烈地触刹作用。为一广谱性的杀虫、杀螨剂。可防治蚜虫、叶螨、介壳虫以及鳞翅目幼虫等，对人、畜低毒。常见剂型有为 85% 乳油。每公顷需 85% 乳油 1500～2500mL 兑水喷雾；将其稀释 100～300 倍液喷雾，可有效地防治褐软蚧等介壳，但需注意药害。

5. 生物源杀虫剂

(1) 阿维菌素（灭虫灵、7051杀虫素、爱福丁） 是新型抗生素类杀虫、杀螨剂。具触杀和胃毒作用。对于鳞翅目、鞘翅目、同翅目、斑潜蝇及螨类有高效。对人、畜高毒。常见剂型有1.0%、0.6%、1.8%乳油。一般使用浓度为1.8%乳油稀释1000～3000倍液喷雾。

(2) 苏云金杆菌 该药剂是一种细菌性杀虫剂，杀虫的有效成分是细菌及其产生的毒素。原药为黄褐色固体，属低毒杀虫剂，为好气性蜡状芽孢杆菌群，在芽孢囊内产生晶体，有12个血清型，17个变种。它可用于防治直翅目、鞘翅目、双翅目、膜翅目，特别是鳞翅目的多种害虫。常见剂型有可湿性粉剂（100亿活孢子/g），Bt乳剂（100亿活孢子/mL）可用于喷雾、喷粉、灌心等，也可用于飞机防治。如用100亿孢子/g的菌粉兑水稀释2000倍液喷雾，可防治多种鳞翅目幼虫。30℃以上施药效果最好。苏云金杆菌可与敌百虫、菊酯类等农药混合使用速度快。但不能与杀菌剂混用。

(3) 白僵菌 该药剂是一种真菌性杀虫剂，不污染环境，害虫不易产生抗性。可用于防治鳞翅目、同翅目、膜翅目、直翅目等害虫。对人、畜及环境安全，对蚕感染力很强。其常见的剂型为粉剂（每克菌粉含有孢子50亿～70亿个）。一般使用浓度为：菌粉稀释50～60倍液喷雾。常见剂型有1.0%、0.6%、1.8%乳油。

(4) 核型多角体病毒 该药剂是一种病毒杀虫剂，具有胃毒作用。对人、畜、鸟、益虫、鱼及环境安全，对植物安全，害虫不易产生抗性，不耐高湿，易被紫外线照射失活，作用较慢。适于防治鳞翅目害虫。其常见的剂型为粉剂、可湿性粉剂。一般使用方法为每公顷用$(3\sim5)\times10^{11}$PIB兑水喷雾。

(5) 茴蒿素 该药为一种植物性杀虫剂。主要成分为山道年及百部碱。主要杀虫作用为胃毒。可用于防治鳞翅目幼虫。对人、畜低毒。其常见的剂型为0.65%水剂。一般使用浓度为0.65%水剂稀释400～500倍液喷雾。

(6) 印楝素 该药为一种植物性杀虫剂。具有拒食、忌避、毒杀及影响昆虫生长发育等多种作用，并具有良好的内吸传导性。能防治鳞翅目、同翅目、鞘翅目等多种害虫。对人、畜、鸟类及天敌安全。生产上常用0.1%～1%印楝素种核乙醇提取液喷雾。

6. 熏蒸杀虫剂

(1) 磷化铝 多为片剂，每片约3g。磷化铝以分解产生的毒气杀灭害虫，对各虫态都有效。对人、畜剧毒。可用于密闭熏蒸防治种实害虫、蛀干害虫等。防治效果与密闭好坏、温度及时间长短有关。山东兖州市用磷化铝堵孔防治光肩星天牛，每孔用量1/4～1/8片，效果达90%以上。熏蒸时用量一般为12～15片/m³。

(2) 溴甲烷 该药杀虫谱广，对害虫各虫期都有强烈毒杀作用，并能杀螨。可用于温室苗木熏蒸及帐幕内枝干害虫、种实害虫熏蒸等。如温室内苗木熏蒸防治蚧类、蚜虫、红蜘蛛、潜叶蛾及钻蛀性害虫。对哺乳动物高毒。

最近几年,山东的菜农普遍采用从以色列进口的听装溴甲烷(似装啤酒的易拉罐,熏蒸时用尖利物将其扎破即可)进行土壤熏蒸处理,按每平方米用药 50g 计,一听 681g 装的溴甲烷可消毒土壤 $13m^2$。消毒时一定要在密闭的小拱棚内进行。熏蒸 2~3 天后,揭开薄膜通风 14 天以上。该法不仅可杀死各种病虫,而且对于地下害虫杂草种子也有效。

7. 特异性杀虫剂

(1) 灭幼脲 该品为广谱特异性杀虫剂,属几丁质合成抑制剂。具胃毒和触杀作用。迟效,一般药后 3~4 天药效明显。对人、畜低毒,对天敌安全,对鳞翅目幼虫有良好的防治效果。常见剂型有 25%、50%胶悬剂。一般使用浓度为 50%胶悬剂加水稀释 1000~2500 倍液,每公顷施药量 120~150g 有效成分。在幼虫 3 龄前用药效果最好,持效期 15~20 天。

(2) 定虫隆(抑太保) 是酰基脲类特异性低毒杀虫剂。主要为胃毒作用,兼有触杀作用,属几丁质合成抑制剂。杀虫速度慢,一般在施药后 5~7 天才显高效。对人、畜低毒。可用于防治鳞翅目、直翅目、鞘翅目、膜翅目、双翅目等害虫,但对叶蝉、蚜虫、飞虱等无效。常见剂型有 5%乳油。一般使用浓度为 5%乳油稀释 1000~2000 倍液喷雾。

(3) 噻嗪酮(优乐得、扑虱灵) 为一触杀性杀虫剂,无内吸作用,对于粉虱、叶蝉及介壳虫类防治效果好。对人、畜低毒。常见剂型为 25%可湿性粉剂。一般使用浓度为 25%可湿性粉剂稀释 1500~2000 倍液喷雾。

(4) 抑食肼 对害虫作用迅速,具有胃毒作用。叶面喷雾和其他使用方法均可降低幼虫、成虫的取食能力,并能抑制产卵。适于防治鳞翅目及部分同翅目、双翅目害虫。常见剂型有 5%乳油。一般使用浓度为 5%乳油稀释 1000 倍液喷雾。

8. 杀螨剂

(1) 浏阳霉素 为抗生素类杀螨剂。对多种叶蝉有良好的触杀作用,对螨卵也有一定的抑制作用。对人、畜低毒,对植物及多种天敌昆虫安全。常见的剂型为触杀和胃毒作用。对于鳞翅目、鞘翅目、同翅目、斑潜蝇及螨类有高效。对人、畜高毒。常见剂型为 10%乳油。一般使用浓度为 10%乳油稀释 1000~2000 倍液喷雾。

(2) 噻螨酮(尼索朗) 具强杀卵、幼螨、若螨作用。药效迟缓,一般施药后 7 天才显高效。残效达 50 天左右。属低毒杀螨剂。常见剂型有 5%乳油、5%可湿性粉剂。一般使用浓度为 5%乳油稀释 1500~2000 倍液,叶均 2~3 头螨时喷药。

(3) 哒螨酮(牵牛星、扫螨净) 具触杀和胃毒作用,可杀螨各个发育阶段,残效长达 30 天以上。对人、畜中毒。常见剂型有 20%可湿性粉剂、15%乳油。20%可湿性粉剂稀释 2000~4000 倍喷雾,在害螨大发生时(6~7 月份)喷洒。除杀螨外,对飞虱、叶蝉、蚜虫、蓟马等害虫防效甚好。但该药也杀伤天敌,1 年最好只用 1 次。

(4) 炔螨特 具有触杀、胃毒作用,无内吸作用。对成螨、若螨有效,杀卵效果差。对人、畜低毒，对鱼类高毒。常见剂型为73％乳油。一般使用浓度为73％乳油，稀释2000～3000倍液喷雾。

（5）四螨嗪（阿波罗） 具有触杀作用。对螨卵活性强，对若螨也有一定的活性，对成螨效果差，有较长的持效期。对鸟类、鱼类、天敌昆虫安全。对人、畜低毒。常见剂型有10％、20％可湿性粉剂，25％、50％、20％悬浮剂。一般使用浓度为20％悬浮剂稀释2000～2500倍液喷雾，10％可湿性粉剂稀释1000～1500倍液喷雾。

二、常用杀菌剂及杀线虫剂简介

1. 非内吸性杀菌剂

（1）代森锰锌（喷克、大生、大生富、速克净） 代森锰锌属有机硫类低毒杀菌剂。是杀菌谱较广的保护性杀菌剂。对果树、园林植物上的炭疽病、早疫病和各种叶斑病等多种病害有效，同时它常与内吸性杀菌剂混配，用于延缓抗性的产生。制剂有70％代森锰锌可湿性粉剂，外观为灰黄色粉末。本品不要与铜制剂和碱性药剂混用。

（2）百菌清（达科宁） 百菌清属苯并咪唑类低毒杀菌剂。对鱼类毒性大。其杀菌谱广，对多种作物真菌病害具有预防作用。在植物表面有良好的黏着性，不易受雨水等冲刷，一般药效期约7～10天。制剂有75％百菌清可湿性粉剂，外观为白色至灰色疏松粉末；10％百菌清油剂，外观为绿黄色油状均相液体；45％百菌清烟剂外观，为绿色圆饼状物。适用于预防各种作物的真菌病害。如霜霉病、疫病、白粉病、锈病、叶斑病、灰霉病、炭疽病、叶霉病、蔓枯病、疮痂病、果腐病等。油剂对桃、梨、柿、梅及苹果幼果可致药害。烟剂对家蚕、柞蚕、蜜蜂有毒害作用。

（3）乙烯菌核利（农利灵） 乙烯菌核利属二甲酰亚胺类低毒杀菌剂，有触杀性。对果树园林植物类作物的灰霉病、褐斑病、菌核病有良好的防治效果。制剂有50％农利灵可湿性粉剂，外观为灰白色粉末。可用于防治各种花卉、园林植物的灰霉病、园林植物早疫病、菌核病、黑斑病。在黄瓜和番茄上的安全间隔期为21～35天。

（4）异菌脲（扑海因） 异菌脲属氨基甲酰脲类低毒杀菌剂。是广谱性的触杀性杀菌剂，具保护治疗双重作用。制剂有50％扑海因可湿性粉剂，外观为浅黄色粉末；25％扑海因悬浮剂，外观为奶油色浆糊状物，能与除碱性物质以外的大多数农药混用。对葡萄孢属、链孢霉属、核盘菌属引起的灰霉病、菌核病、苹果斑点落叶病、梨黑星病等均有较好防效，常用稀释倍数为1000倍，在苹果上使用，一个生长季最多使用3次，安全间隔期为7天。

（5）菌核净 菌核净属亚胺类低毒杀菌剂。具有直接杀菌、内渗治疗作用、残效期长等特性。对于白粉病、油菜菌核病防治较好。制剂有40％菌核净可湿性粉剂，外观为淡棕色粉末。遇碱和日光照射易分解。

（6）腐霉利（速克灵、杀霉利） 腐霉利属亚胺类低毒杀菌剂。具保护治疗双重作用，对灰霉病、菌核病等防治效果好。制剂有50%速克灵可湿性粉剂，制剂为浅棕色粉末。可防治多种园林植物、果树、农作物的灰霉病、菌核病、叶斑病。药剂配好后尽快使用；不能与碱性药剂混用，也不宜与有机磷农药混配；单一使用该药容易使病菌产生抗药性，应与其他杀菌剂轮换使用。

(7) 氢氧化铜（可杀得） 氢氧化铜属无机铜类低毒保护性杀菌剂。其中起杀菌活性的物质为铜离子。制剂有77%可杀得可湿性粉剂，外观为蓝色粉末。可用于防治瓜类角斑病、霜霉病、番茄早疫病等真、细菌性病害。避免与强酸或强碱性物质混用；高温高湿气候条件及对铜敏感作物慎用。

(8) 氯苯嘧啶醇（乐比耕、异嘧菌醇） 氯苯嘧啶醇属嘧啶类低毒杀菌剂，用于叶面喷洒，具有预防治疗作用，杀菌谱广。制剂有6%乐比耕可湿性粉剂，外观为白色粉末。可防治果树、园林植物、油料作物的白粉病、锈病、炭疽病及多种叶斑病。在果树上使用的安全间隔期为21天。

(9) 抗霉菌素120（农抗120，农用抗菌素） 抗菌素120属农用抗菌素类低毒广谱杀菌剂，它对许多植物病原菌有强烈的抑制作用。制剂有2%、4%抗霉菌素120水剂，外观为褐色液体，无霉变结块，无臭味。对园林植物、果树、农作物、花卉上的白粉病、锈病、枯萎病等都有一定防效。本剂勿与碱性农药混用。

(10) 链霉素 链霉素属低毒抗菌素类杀菌剂，对多种作物的细菌性病害有防治作用，对一些真菌病害也有效。制剂有72%农用硫酸链霉素可溶性粉剂，外观为呈白色或类白色粉末，低温下较稳定，高温下易分解失效，持效期7~10天。可防治大白菜软腐病等细菌病害。该剂不能与碱性农药或碱性水混合使用；喷药8h内遇雨应补喷；避免高温日晒，严防受潮。

(11) 混合脂肪酸（83增抗剂） 低毒，具有使病毒钝化的作用，抑制病毒初浸染降低病毒在植物体内增殖和扩展速度。制剂有10%混合脂肪酸水乳剂，外观为乳黄色黏稠状液体。主要用于防治烟草花叶病毒。使用本品应充分摇匀，然后兑水稀释，喷后24h内遇雨需补喷；宜在植株生长前期使用，后期使用效果不佳。本品在低温下会凝固，可放入温水中待制剂融化后再加水稀释。

(12) 霜脲锰锌（克露） 霜脲锰锌是霜脲氰和代森锰锌混合而成，属低毒杀菌剂，对鱼低毒。对蜜蜂无毒害作用。对霜霉病和疫病有效。单独使用霜脲氰药效期短，与保护性杀菌剂混配，可以延长持效期。制剂有72%克露可湿性粉剂，外观为淡黄色粉末。主要用于防治黄瓜霜霉病。此药贮存在阴凉干燥处，未能及时用完的药，必须密封保存。

(13) 春雷氧氯铜（加瑞农） 春雷氧氯铜为春雷霉素与王铜混配而成，王铜外观为绿色或蓝绿色粉末。春雷氧氯铜属低毒杀菌剂。制剂有50%加瑞农可湿性粉剂，外观为浅绿色粉末，除碱性农药外，可与多种农药相混。对多种作物的叶斑病、炭疽病、白粉病、早疫病和霜霉病等真菌病害及由细菌引起的角斑病、软腐病和溃疡病等有一定的防治效果。该药对苹果、葡萄等作物的嫩叶敏感，会出现轻微的卷曲和褐斑，使用时一定要注意浓度，宜在下午4时后喷药；安全间隔期为7天。

(14) 植病灵　植病灵为三十烷醇、硫酸铜、十二烷基硫酸钠混合而成，三十烷醇是生长调节物质，可促进植物生长发育，三十烷醇与十二烷基硫酸钠结合后可使寄主细胞中的病毒脱落并对症毒起钝化作用。硫酸铜通过铜离子起杀菌作用。制剂有1.5%植病灵乳剂，外观为绿色至天蓝色液体。可用于防治番茄花叶病和蕨叶病、烟草花叶病毒。应贮存在阴凉避光处，用时充分摇匀；在作物表面无水时喷施；喷雾必须均匀，避免同生物农药混用。

2. 内吸性杀菌剂

(1) 三乙膦酸铝（疫霉灵、疫霜灵、乙磷铝）　低毒杀菌剂，在植物体内能上下传导，具有保护和治疗作用。它对霜霉属，疫霉属等藻菌引起的病害有良好的防效。制剂有40%、80%三乙膦酸铝可湿性粉剂，外观为淡黄色或黄褐色粉末；90%三乙膦酸铝可溶性粉剂，外观为白色粉末。用于防治黄瓜霜霉病，白菜霜霉病、烟草黑胫病。勿与酸性、碱性农药混用，以免分解失效；本品易吸潮结块，但不影响使用效果。

(2) 苯醚甲环唑（世高）　为低毒广谱性杀菌剂。具有治疗效果好、持效期长的特点。可用于防治子囊菌亚门、担子菌亚门和半知菌亚门病原菌引起的叶斑病、炭疽病、早疫病、白粉病、锈病等。制剂有10%水分散粒剂，3%悬浮种衣剂。

(3) 甲霜灵（雷多米尔、瑞毒霜、甲霜安）　甲霜灵属低毒杀菌剂，是一种具有保护、治疗作用的内吸性杀菌剂，可被植物的根、茎、叶吸收，并随植物体内水分运转而转移到植物的各个器官。可以作茎叶处理、种子处理和土壤处理，对霜霉菌、疫霉菌、腐霉菌所引起的病害有效。制剂有25%雷多米尔可湿性粉剂，外观为白色至米色粉末。可用于防治园林植物的霜霉病、晚疫病。该药易产生抗性，应与其他杀菌剂复配使用；每季施药次数不得超过三次。

(4) 三唑酮（百理通、粉锈宁）　属低毒杀菌剂，是一种高效、低残留、持效期长、内吸性强的三唑类杀菌剂。被植物的各部分吸收后，能在植物体内传导。对锈病和白粉病具有预防、铲除、治疗、熏蒸等作用。对鱼类及鸟类比较安全。对蜜蜂和天敌无害。制剂有25%百理通可湿性粉剂，外观为白色至黄色粉末。20%三唑酮乳油，外观为黄棕色油状液体。15%三唑酮烟剂，外观为棕红色透明液体。对根腐病、叶枯病也有很好的防治效果。安全间隔期为20天。

(5) 丙环唑（敌力脱、丙唑灵、氧环宁、必扑尔）　丙环唑属低毒杀菌剂，是一种具有保护和治疗作用的三唑类杀菌剂，可被根、茎、叶吸收，并可在植物体内向上传导。残效期一个月。制剂有25%敌力乳油，外观为浅黄色液体。可以防治子囊菌、担子菌和半知菌引起的病害，如白粉病、锈病、叶斑病、白绢病，但对卵菌病害如霜霉病、疫病无效。贮存温度不得超过35℃。

(6) 烯唑醇（速保利）　属中等毒杀菌剂，具有保护、治疗、铲除和内吸向顶传导作用的广谱杀菌剂。抗菌谱广,特别对子囊菌和担子菌高效,如白粉病菌、锈菌、黑粉菌和黑星病菌等,另外还有尾孢霉、青霉菌、核盘菌、丝核菌等。产生抗药较慢,程度较低,一般不致发生田间防治失效。制剂有12.5%速保利可湿性粉剂,外观为浅黄色细粉,不易燃、不易爆。适用于防治各种作物上的白粉病、锈病、黑穗病、叶斑病。本品不能与碱性农药混用。

(7) 噻菌灵（特克多） 噻菌灵是白色粉末。属低毒杀菌剂。与苯菌灵等苯并咪唑药剂有正交互抗药性。具有内吸传导作用。抗菌活性限于子囊担子菌、半知菌,而对卵菌和接合菌无活性。制剂有45%特克多悬浮剂外观为奶油色黏稠液体,在高温、低温水中及酸碱液中均稳定可防治多种果树、园林植物的白粉病、炭疽病、灰霉病、青霉病。本剂对鱼有毒。

(8) 多抗霉素（多氧霉素、多效霉素、宝丽安、保利霉素） 多抗霉素溶于水。对紫外线稳定,在酸性和中性溶液稳定,在碱性溶液中不稳定。多抗霉素属低毒杀菌剂。是一种广谱性抗生素杀菌剂,具有较好的内吸传导作用。该药对动物没有毒性,对植物没有药害。制剂有10%宝丽安可湿性粉剂,外观为浅棕黄色粉末及3%、2%、1.5%多抗霉素可湿性粉剂,外观为灰褐色粉末。主要防治对象有黄瓜霜霉病、瓜类枯萎病、苹果斑点落叶病、草莓和葡萄灰霉病及梨黑斑病等多种真菌病害。本剂不能与酸性或碱性药剂混用。

(9) 噁霜灵（杀毒矾） 苯基酰胺类低毒杀菌剂。对鸟和鱼类低毒。药效略低于甲霜灵,与其他苯基酰胺类药剂有正交互抗药性,属于易产生抗性的产品。具有接触杀菌和内吸传导活性。有优良的保护治疗铲除活性,药效可持续13～15天,其抗菌活性仅限于卵菌,对子囊菌、半知菌、担子无活性,噁霜锰锌为噁霜灵与代森锰锌混配而成,其抗菌谱更广,除控制卵菌病害外,也能控制其他病害。制剂有64%杀毒矾可湿性粉剂,外观为米色至浅黄色细粉末。用于防治各种园林植物的霜霉病、疫病、早疫病、白粉病等。不要与碱性农药混用;不要放在高于30℃的地方。

(10) 氟硅唑（福星） 低毒三唑类杀菌剂。对子囊菌、担子菌和半知菌所致病害有效。对卵菌无效。对梨黑星病有特效,并有兼治梨赤星病作用。制剂有40%福星乳油外观为棕色液体。主要防治梨黑星病。酥梨类品种在幼果期对此药敏感,应谨慎用药;应避免病菌对福星产生抗性,应与其他保护性药剂交替使用。

(11) 霜霉威（普力克） 具有内吸传导作用,低毒。对卵菌类、真菌有效。制剂有66.5%、72.2%普力克水剂为无色、无味水溶液。可以防治多种作物苗期的猝倒病、霜霉病、疫病等病害。黄瓜作物上安全间隔期为3天。

(12) 烯酰吗啉（安克） 烯酰吗啉属低毒杀菌剂,对鱼中等毒性,对蜜蜂和鸟低毒,对家蚕无毒,对天敌无影响。它对藻状菌的霜霉科和疫霉属的真菌有效,有很强的内吸性。制剂有69%安克锰锌水分散粒剂、69%安克锰锌可湿性粉剂,外观分别为绿黄色粉末和外观为米色圆柱形颗粒。其主要成分为烯酰吗啉和代森锰锌。主要防治黄瓜霜霉病。与瑞毒霉等无交互抗性,可与铜制剂、百菌清等混用。

(13) 恶霉灵（土菌消）　为低毒的内吸土壤消毒剂,对腐霉菌、镰刀菌引起的猝倒病、立枯病等土传病害有较好的效果,对土壤中病原菌以外的细菌、放线菌影响很小,对环境安全。制剂有30％土菌消水剂、70％土菌消可湿性粉剂。闷种易产生药害。

3. 杀线虫剂

(1) 二氯异丙醚　为一具熏蒸作用的杀线虫剂,由于蒸气压低,气体在土壤中挥发缓慢,对植物安全,可在播种前10～20天处理土壤,或在播种后或植物生长期使用。对人、畜低毒,残效期10天左右,但地温低于10℃时不可用。制剂有30％颗粒剂、80％乳油。施药量为60～90kg/hm^2,距离15cm处开沟或穴施,深10～20cm,穴距20cm,施药后覆土。

(2) 克线磷（苯胺磷、力满库、苯线磷、线威磷）　具有触杀和内吸传导作用,对人、畜高毒,杀线虫效果较为理想,可在播种前、移栽时或生长期时撒在沟、穴内或植株附近土中,制剂有10％力满库颗粒剂。用量为30～60kg。

(3) 丙线磷（益收宝、灭克磷、益舒宝、灭线磷）　有触杀和熏蒸作用。对人、畜高毒。制剂有5％、10％、20％灭线磷颗粒剂。用量为有效成分4.5～5.25kg/hm^2。

(4) 氯唑磷（米乐尔、异唑磷）　有机磷高毒杀线虫剂,具有内吸、触杀和胃毒作用,对水生动物高毒,对蜜蜂有毒,对鸟类口服有毒,推荐剂量对蚯蚓无毒。制剂有3％米乐尔颗粒剂适用于防治各种园艺作物上的多种线虫病害。使用量为67.5～97.5kg/hm^2,播种时沟旁带施,与土混匀后播种覆土。

附录二 禁止使用的农药简介

为了从源头上解决农产品尤其是园林植物、水果、茶叶的农药残留超标问题，我国农业部于 2002 年 5 月 24 日发布了第 199 号公告。

一、国家明令禁止使用的农药

国家明令禁止使用的农药是六六六（HCH），滴滴涕（DDT），毒杀芬（camphechlor），二溴氯丙烷（dibromochloropane），杀虫脒（chlordimeform），二溴乙烷（EDB），除草醚（nitrofen），艾氏剂（aldrin），狄氏剂（dieldrin），汞制剂（mercurycompounds），砷（arsena）、铅（acetate）类，敌枯双，氟乙酰胺（fluoroacetamide），甘氟（gliftor），毒鼠强（tetramine），氟乙酸钠（sodiumfluoroacetate），毒鼠硅（silatrane）。

二、在园林植物、果树、茶叶、中草药材上不得使用和限制使用的农药

甲胺磷（methamidophos），甲基对硫磷（parathion-methyl），对硫磷（parathion），久效磷（monocrotophos），磷胺（phosphamidon），甲拌磷（phorate），甲基异柳磷（isofenphos-methyl），特丁硫磷（terbufos），甲基硫环磷（phosfolan-methyl），治螟磷（sulfotep），内吸磷（demeton），克百威（carbofuran），涕灭威（aldicarb），灭线磷（ethoprophos），硫环磷（phosfolan），蝇毒磷（coumaphos），地虫硫磷（fonofos），氯唑磷（isazofos），苯线磷（fenamiphos）共 19 种高毒农药不得用于园林植物、果树、茶叶、中草药材上。三氯杀螨醇（dicofol）、氰戊菊酯（fenvalerate）不得用于茶树上。任何农药产品都不得超出农药登记批准的使用范围使用。

参 考 文 献

[1] 孔德建编.园林植物病虫害防治.北京:中国电力出版社,2009.
[2] 黄少彬编.园林植物病虫害防治.北京:高等教育出版社,2006.
[3] 程亚樵,丁世民主编.园林植物病虫害防治技术.北京:中国农业大学出版社,2007.
[4] 刘振宇主编.园林植物病虫害防治手册.北京:化学工业出版社,2009.
[5] 杨子琦,曹华国主编.园林植物病虫害防治图鉴.北京:中国林业出版社,2002.
[6] 陈岭伟编.园林植物病虫害防治.北京:高等教育出版社,2002.
[7] 卢稀平编.园林植物病虫害防治.上海:上海交通大学出版社,2004.
[8] 费显伟等编.园艺植物病虫害防治.北京:高等教育出版社,2005.
[9] 张学哲等编.作物病虫害防治.北京:高等教育出版社,2005.
[10] 陈国华编.农村常用百科知识问答.沈阳:辽宁科学技术出版社,2008.
[11] 王就光,郭晓宓,李华平等.园林植物病虫害防治.北京:中国农业出版社,2006.
[12] 方中达主编.中国农业百科全书——植物病理学卷.北京:中国农业出版社,1996.
[13] 方中达主编.中国农业植物病害.北京:中国农业出版社,1996.
[14] 李宏喜,陈丽编.实用果蔬保鲜技术.北京:科学技术文献出版社,2000.
[15] 华中农业大学等.园林植物病理学.第2版.北京:农业出版社,1985.
[16] 李涛,张圣喜主编.植物保护技术.北京:化学工业出版社,2009.
[17] 卢颖主编.植物保护.北京:化学工业出版社,2009.
[18] 王存兴主编.植物病理学.北京:化学工业出版社,2009.